高职高专"十三五"规划教材

Photoshop CS6 平面设计与制作

主　编　　孙冠男
副主编　　刘　源　蔡江宏　陆　阳

北京航空航天大学出版社

内容简介

本书全面系统地介绍 Photoshop CS6 的基本操作方法和图形图像处理技巧,包括图像处理基础知识、Photoshop CS6 的基本操作、选区的创建与编辑、图层的创建与编辑、绘图与修饰、滤镜的操作与使用、路径的操作与使用、蒙版的操作与使用、通道的操作与使用等内容,并在最后一章精心安排了 5 个精彩案例,以提高初学者的实际应用能力。

本书可作为高职高专院校数字媒体艺术、室内设计技术等相关专业的教材,也可供初学者自学参考。

图书在版编目(CIP)数据

Photoshop CS6 平面设计与制作 / 孙冠男主编. --北京 :北京航空航天大学出版社,2019.1

ISBN 978-7-5124-2921-5

Ⅰ. ①P… Ⅱ. ①孙… Ⅲ. ①平面设计—图象处理软件—教材 Ⅳ. ①TP391.413

中国版本图书馆 CIP 数据核字(2019)第 007329 号

Photoshop CS6 平面设计与制作

主　编　孙冠男

副主编　刘　源　蔡江宏　陆　阳

责任编辑　王　实

*

北京航空航天大学出版社出版发行

北京市海淀区学院路 37 号(邮编 100191)　http://www.buaapress.com.cn

发行部电话:(010)82317024　传真:(010)82328026

读者信箱:goodtextbook@126.com　邮购电话:(010)82316936

北京宏伟双华印刷有限公司印装　各地书店经销

*

开本:787×1 092　1/16　印张:15.25　字数:390 千字

2019 年 1 月第 1 版　2021 年 8 月第 2 次印刷　印数:3 001~4 000册

ISBN 978-7-5124-2921-5　定价:49.00 元

前 言

Photoshop是由Adobe公司开发的图形图像处理和编辑软件，功能强大，易学易用，是平面设计领域最为流行的软件之一。Photoshop CS6是Adobe公司历史上最大规模的一次产品升级后的代表作品，是集图像扫描、编辑修改、图像制作、广告创意、图像输入与输出于一体的图形图像处理软件，深受广大平面设计人员和电脑美术爱好者的喜爱。

目前，我国很多高职高专院校的艺术设计类专业都将Photoshop作为一门重要的专业课程。为了帮助高职高专院校的教师全面、系统地讲授这门课程，使学生能够熟练地应用Photoshop来进行设计创意，几位长期在高职高专院校从事Photoshop教学的教师共同编写了本书。

全书以“截图＋详解”的模式详尽地介绍了Photoshop CS6的全部功能，将软件操作的重点、难点化整为零，通俗易懂，详细准确地提炼出软件的操作要点，确保读者能够快速理解、掌握每一个操作细节。此外，本书在最后一章精心设计了5个实践案例，使读者能够在案例中举一反三，掌握相应的软件功能和操作技巧。

本书可作为高职高专院校数字媒体艺术、室内设计技术等相关专业的教材，也可供初学者自学参考。

本书由孙冠男、蔡江宏、陆阳、刘源共同编写，其中，孙冠男负责第1～4章的编写、全书整体结构的安排及编审工作，蔡江宏负责第5～6章的编写工作，陆阳负责第7～8章的编写工作，刘源负责第9～10章的编写工作。

由于编者水平有限，书中难免存在错误和不妥之处，恳请广大读者批评指正。

编　者

2018年10月

北航理工图书

扫描左侧二维码，关注“北航理工图书”公众号，回复“2921”获取本书课件和素材的下载地址。如有疑问，请发送邮件至goodtextbook@126.com或拨打010－82317037联系我们。

目　录

第1章　图像处理的基础知识 ……… 1
1.1　位图和矢量图 ……… 1
1.2　分辨率 ……… 2
1.3　颜色深度与颜色模式 ……… 3
1.4　常用的图像文件格式 ……… 4
第2章　Photoshop CS6 的基本操作 ……… 6
2.1　Photoshop CS6 的工作界面 ……… 6
2.2　Photoshop CS6 的文件操作 ……… 8
2.3　Photoshop CS6 的图像显示 ……… 10
2.4　Photoshop CS6 图像和画布尺寸的设置 ……… 12
第3章　选区的创建与编辑 ……… 14
3.1　选区的创建 ……… 14
3.1.1　选框工具 ……… 14
3.1.2　套索工具 ……… 16
3.1.3　魔棒工具 ……… 17
3.1.4　色彩范围命令 ……… 18
3.2　选区的操作 ……… 19
3.2.1　选区的修改 ……… 19
3.2.2　选区的移动 ……… 21
3.2.3　选区的羽化 ……… 21
3.2.4　选区的全选和反选 ……… 21
第4章　图层的创建与编辑 ……… 22
4.1　图层的基本概念 ……… 22
4.1.1　图层的定义 ……… 22
4.1.2　图层的种类 ……… 22
4.1.3　图层控制面板 ……… 23
4.2　图层的操作 ……… 24
4.2.1　选择图层 ……… 24
4.2.2　创建图层 ……… 25
4.2.3　复制与剪切图层 ……… 25
4.2.4　显示与隐藏图层 ……… 26
4.2.5　移动图层 ……… 26
4.2.6　删除图层 ……… 27
4.2.7　链接图层 ……… 27
4.2.8　图层对齐 ……… 27
4.2.9　图层分布 ……… 28
4.2.10　图层排列 ……… 29
4.2.11　图层合并 ……… 29
4.2.12　图层归组 ……… 30

4.2.13 图层修边 …… 31
4.2.14 载入图层选区 …… 31
4.2.15 修改图层名称 …… 31
4.3 图层混合模式 …… 31
4.4 图层样式 …… 34
第5章 绘图与修饰 …… 43
5.1 绘图工具 …… 43
5.1.1 绘图工具的设置 …… 43
5.1.2 画笔工具 …… 44
5.1.3 橡皮擦工具 …… 46
5.1.4 渐变工具 …… 47
5.2 修饰工具 …… 49
5.2.1 仿制图章工具 …… 49
5.2.2 污点修复画笔工具 …… 50
5.2.3 模糊工具 …… 53
5.2.4 减淡工具 …… 54
5.3 色彩调整 …… 56
5.3.1 颜色模式的转换 …… 56
5.3.2 调色命令 …… 56
第6章 滤 镜 …… 71
6.1 概 述 …… 71
6.2 滤镜的操作 …… 72
6.2.1 滤镜库 …… 72
6.2.2 风格化滤镜组 …… 73
6.2.3 画笔描边滤镜组 …… 79
6.2.4 扭曲滤镜组 …… 85
6.2.5 素描滤镜组 …… 93
6.2.6 纹理滤镜组 …… 104
6.2.7 艺术效果滤镜组 …… 108
6.2.8 模糊滤镜组 …… 120
6.2.9 锐化滤镜组 …… 127
6.2.10 视频滤镜组 …… 130
6.2.11 像素化滤镜组 …… 131
6.2.12 渲染滤镜组 …… 133
6.2.13 杂色滤镜组 …… 137
6.2.14 其他滤镜组 …… 139
6.2.15 Digimarc 滤镜组 …… 142
6.2.16 液化滤镜 …… 142
6.2.17 消失点滤镜 …… 144
6.3 外挂滤镜 …… 145
第7章 路 径 …… 146
7.1 概 述 …… 146

7.1.1 路径的概念 …… 146
7.1.2 锚点的概念 …… 146
7.2 创建路径 …… 147
7.2.1 使用钢笔工具创建路径 …… 147
7.2.2 使用自由钢笔工具创建路径 …… 149
7.2.3 使用形状工具创建路径 …… 149
7.2.4 显示与隐藏锚点 …… 150
7.2.5 转换锚点 …… 150
7.2.6 选择与移动锚点 …… 151
7.2.7 添加与删除锚点 …… 152
7.2.8 选择与移动路径 …… 152
7.2.9 存储路径 …… 154
7.2.10 删除路径 …… 154
7.2.11 显示与隐藏路径 …… 154
7.2.12 重命名已存储的路径 …… 154
7.2.13 复制路径 …… 154
7.2.14 描边路径 …… 155
7.2.15 填充路径 …… 156
7.2.16 路径与选区之间的转化 …… 157
7.2.17 路径编辑技巧 …… 158
7.3 路径高级操作 …… 159
7.3.1 文字沿路径排列 …… 159
7.3.2 文字转化为路径 …… 159
7.3.3 路径运算 …… 160
第8章 蒙 版 …… 162
8.1 概 述 …… 162
8.2 快速蒙版 …… 162
8.2.1 快速蒙版的设置 …… 162
8.2.2 使用快速蒙版编辑选区 …… 163
8.3 剪贴蒙版 …… 164
8.3.1 创建剪贴蒙版 …… 164
8.3.2 释放剪贴蒙版 …… 164
8.4 图层蒙版与矢量蒙版 …… 165
8.4.1 图层蒙版 …… 165
8.4.2 矢量蒙版 …… 170
8.5 与蒙版相关的图层 …… 172
8.5.1 调整层 …… 172
8.5.2 填充层 …… 172
8.5.3 形状层 …… 174
第9章 通 道 …… 175
9.1 通道的工作方式 …… 175
9.1.1 通道概述 …… 175

9.1.2 颜色通道 …… 176
9.1.3 Alpha 通道 …… 178
9.1.4 专色通道 …… 179
9.2 通道的基本操作 …… 180
9.2.1 选择通道 …… 180
9.2.2 通道的显示和隐藏 …… 181
9.2.3 将颜色通道显示为彩色 …… 182
9.2.4 创建 Alpha 通道 …… 182
9.2.5 重命名 Alpha 通道 …… 184
9.2.6 复制通道 …… 185
9.2.7 删除通道 …… 185
9.2.8 替换通道 …… 185
9.2.9 存储与载入选区 …… 186
9.2.10 分离与合并通道 …… 187
第 10 章 实践案例 …… 188
10.1 抽象插画绘制 …… 188
10.1.1 项目要求 …… 188
10.1.2 项目分析 …… 188
10.1.3 项目制作 …… 189
10.1.4 项目总结 …… 206
10.2 扁平化图标的临摹 …… 206
10.2.1 项目要求 …… 206
10.2.2 项目分析 …… 206
10.2.3 项目制作 …… 207
10.2.4 项目总结 …… 216
10.3 特效图标的绘制 …… 216
10.3.1 项目要求 …… 216
10.3.2 项目分析 …… 217
10.3.3 项目制作 …… 217
10.3.4 项目总结 …… 223
10.4 滤镜项目训练 …… 223
10.4.1 项目要求 …… 223
10.4.2 项目分析 …… 224
10.4.3 项目制作 …… 224
10.4.4 项目总结 …… 227
10.5 通道抠图训练 …… 227
10.5.1 项目要求 …… 227
10.5.2 项目分析 …… 227
10.5.3 项目制作 …… 229
10.5.4 项目总结 …… 235
参考文献 …… 236

第1章　图像处理的基础知识

1.1　位图和矢量图

图像文件可以分为位图和矢量图两大类。

1. 位　图

位图图像亦称为点阵图像，是由称作像素的单个点组成的，这些点可以进行不同的排列和染色以构成图像。像素是组成图像的最基本单元，是一个小的矩形颜色块，每个像素都有位置、颜色、尺寸等属性，单位长度内的像素越多，图像质量越高，效果越好。

放大位图，实际就是放大位图中的每一个像素，从而使线条和形状显得参差不齐。然而，如果从稍远的位置观看它，图像的颜色和形状又显得是连续的。

一幅位图的原始效果如图1-1所示，放大后可以清晰地看到像素的小方块形状与不同的颜色，效果如图1-2所示。

图1-1

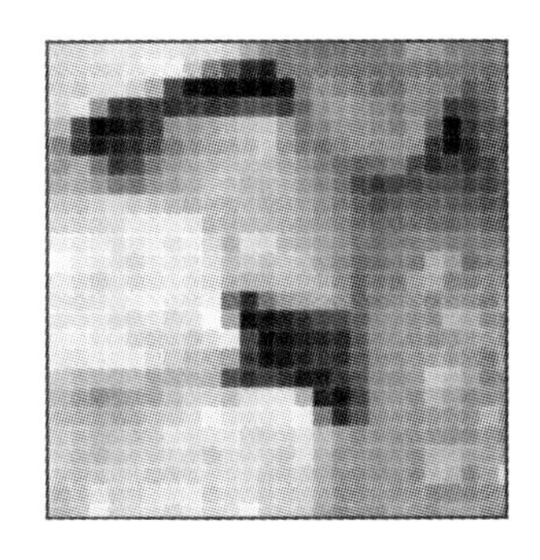

图1-2

处理位图时要着重考虑分辨率，分辨率既会影响位图的质量，也会影响图像文件的大小。如果分辨率处理不当，图像就会出现锯齿状边缘并丢失细节。

2. 矢量图

矢量图亦称为向量图，是根据几何特性来绘制图形的。矢量图中的图形元素称为对象。每个对象都是一个自成一体的实体，都具有颜色、形状、轮廓、大小和屏幕位置等属性。

矢量图和分辨率无关，对图形进行缩放、旋转或变形操作时，边缘不会产生锯齿效果，适用于图形设计、文字设计及一些标志设计、版式设计等。

一幅矢量图的原始效果如图1-3所示，放大后效果如图1-4所示。

矢量图可以无限放大，而且文件小，但最大的缺点是难以表现出位图丰富的色彩层次和逼真的图像效果。

图 1-3

图 1-4

1.2 分辨率

在平面设计领域内，分辨率是一种用于描述图像文件信息的术语，可以分为图像分辨率、屏幕分辨率和输出分辨率。

1. 图像分辨率

图像分辨率是指图像中存储的信息量，即每英寸或每厘米图像内有多少个像素点，单位为像素/英寸或像素/厘米。

在两幅相同尺寸的图像中，高分辨率图像比低分辨率图像所包含的像素多，更能清晰地表现图像的色彩和内容。高分辨率图像如图 1-5 所示，低分辨率图像如图 1-6 所示。

图 1-5

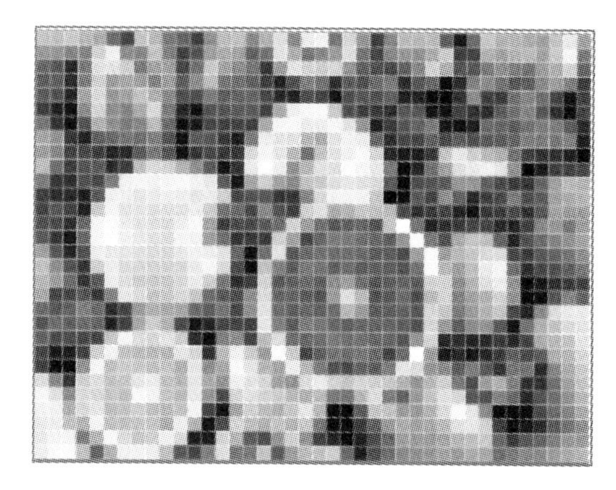

图 1-6

2. 屏幕分辨率

屏幕分辨率是指计算机显示器每单位长度内能够显示的像素数量。屏幕分辨率的高低取决于计算机显卡、显示器等硬件基础与设置情况。在 Photoshop CS6 中，图像像素被直接转换成显示器像素，当图像分辨率高于显示器分辨率时，屏幕上显示的图像就比实际尺寸大。

1.3　颜色深度与颜色模式

颜色深度通常用来衡量图像中颜色的数量，其单位是位(bit)，所以颜色深度也称为位深度。图像的颜色深度越高，其中所包含的颜色数量越多，图像的质量就越高。常见的颜色深度有 1 位、8 位、24 位和 32 位等，通常，1 位图像包含 21 种颜色，8 位图像包含 28 种颜色，24 位图像包含 224 种颜色。

颜色模式决定了图像中的色彩组织形式和生成方式，不同颜色模式的图像有不同的色彩搭配形式，从而产生不同的编辑、处理和输出方法。同时，颜色模式也能决定图像的颜色数量、图像大小及质量。常见的颜色模式有 RGB 模式、CMYK 模式、HSB 模式、Lab 模式、位图模式、灰度模式和索引模式等。

1. RGB 模式

RGB 模式是工业界的一种通用的颜色标准，通过对红(R)、绿(G)、蓝(B)3 个颜色通道的变化以及它们相互之间的叠加来得到各种各样的颜色。RGB 即代表红、绿、蓝 3 个通道的颜色。这个标准几乎包括了人类视力所能感知的所有颜色，是目前运用最为广泛的颜色系统之一。由于红、绿、蓝三原色全部叠加起来产生白色，因此由 RGB 模式产生颜色的方法称为色光加色法。RGB 模式的图像有三个不同的颜色通道，用 0～255 阶来描述各像素的颜色值，当像素在三个通道之中的色值相同时，产生的是灰色。当三个通道中的色值都是 255 时，产生的是白色。当三个通道中的色值都是 0 时，产生的是黑色。

2. CMYK 颜色模式

CMYK 模式是一种印刷模式。其中，四个字母分别指青(Cyan)、洋红(Magenta)、黄(Yellow)、黑(Black)，在印刷中代表四种颜色的油墨。CMYK 模式在本质上与 RGB 模式没有什么区别，只是产生色彩的原理不同，在 RGB 模式中由光源发出的色光混合生成颜色，而在 CMYK 模式中由光线照到有不同比例 C、M、Y、K 油墨的纸上，部分光谱被吸收后，反射到人眼的光产生颜色。由于 C、M、Y、K 在混合成色时，随着 C、M、Y、K 四种成分的增多，反射到人眼的光会越来越少，光线的亮度会越来越低，所以 CMYK 模式产生颜色的方法又被称为色光减色法。

3. HSB 模式

HSB 模式是基于人对颜色的心理感受的一种颜色模式。其中，三个字母分别表示色相(Hue)、饱和度(Saturation)和亮度(Brightness)。这种颜色模式比较符合人的视觉感受，让人觉得更加直观一些。

4. Lab 模式

Lab 模式是一个理论上包括了人眼可以看见的所有色彩的色彩模式。因为 Lab 描述的是颜色的显示方式，而不是设备(如显示器、打印机或数码相机)生成颜色所需的特定色料的数量，所以 Lab 被视为与设备无关的颜色模型。这种颜色模式在众多颜色模式中表示的色域最大。

5. 位图模式

位图模式用两种颜色(黑和白)来表示图像中的像素，因此也称为黑白图像或 1 位图模式。在转换为位图模式前，图像必须是灰度模式。

6. 灰度模式

灰度模式可以使用多达256级灰度颜色来表现图像，使图像的过渡更平滑细腻。灰度图像的每个像素都有一个0(黑色)～255(白色)之间的亮度值。

7. 索引模式

索引模式是网络和动画中常用的图像模式，索引颜色图像包含一个颜色表，该表内有256种颜色。如果原图像中颜色没有该表内的颜色，则Photoshop CS6会从可使用的颜色中选出最相近颜色来模拟这些颜色，这样可以减小图像文件的大小。索引模式用来存放图像中的颜色并为这些颜色建立颜色索引，颜色表可在转换的过程中定义或在生成索引图像后修改。

1.4 常用的图像文件格式

1. PSD格式

PSD是Photoshop的专用图像格式，可以存储Photoshop中所有的图层、通道、参考线、注解和颜色模式等信息。在保存图像时，由于PSD文件保留所有原图像数据信息，因而修改起来较为方便，但图像文件要比其他格式图像文件大得多。随着Photoshop在图形图像处理领域的影响力不断扩大，越来越多的图像浏览软件和图像处理软件开始支持PSD格式，如ACDSee、“我形我速”等软件都可以打开PSD格式图像。

2. JPEG格式

JPEG格式又称JPG格式，是最为常用的一种图像格式。JPEG格式的压缩技术十分先进，可以在获得较高压缩率的同时展现十分丰富生动的图像，即可以用最小的文件得到较高的图像品质。因此，在图片质量相同的情况下，JPEG格式的文件最小，使各类网页在短时间内展示大量高质量图像成为可能，所以JPEG顺理成章地成为网络上应用最广的图像格式。目前，各类浏览器均支持JPEG图像格式。

3. GIF格式

GIF格式的原义是“图像互换格式”，也是较为常用的一种图像格式，具有压缩率高、图像文件小的特点。但GIF格式的缺点是仅能支持256色，色彩的丰富程度远小于JPG格式。因此，GIF格式通常适用于图标、按钮等只需少量颜色的图像。这种格式的另一个特点是在一个GIF格式文件中可以存多幅彩色图像，并逐幅显示到屏幕上，进而构成一种最简单的动画。

4. BMP格式

BMP格式是Windows操作系统中的标准图像格式。这种格式采用位映射存储方式，而不采用其他任何压缩，所以BMP格式的图像文件很大。由于BMP格式是Windows环境下交换与图有关的数据的一种标准，因此在Windows环境下运行的图形图像软件都支持BMP格式的图像。

5. TIF格式

TIF格式是标签图像文件格式。这种格式支持24个通道，比其他格式复杂，图像的文件也非常大。但TIF格式的最大特点是可移植性非常强，适用于PC、Macintosh和UNIX工作站3种平台，因此是一种使用非常广泛的绘图格式。另外，TIF格式支持Photoshop中的复杂工具和滤镜特效。这种格式一般用于印刷和输出。

6. EPS 格式

EPS 格式是桌面印刷系统普遍使用的通用交换格式中的一种。使用 Illustrator 软件制作或处理的图像一般都存储为 EPS 格式，这种图像可以使用 Photoshop 直接打开，因此一般用于 Illustrator 和 Photoshop 之间图像的交换。在 Photoshop CS6 中，可以将图像存储为 EPS 格式，以方便 Illustrator、PageMaker 等其他软件使用。

7. 图像格式的选择

不同的图像文件格式所适用的范围和任务不同，一般可以根据工作任务的需要来选取图片格式。TIF、EPS 格式一般用于印刷，PDF 一般用于出版物的电子版展示，GIF、JPEG、PNG 一般用于 Internet 网络图像，PSD、PDD、TIF 一般用于 Photoshop 工作。

第 2 章　Photoshop CS6 的基本操作

2.1　Photoshop CS6 的工作界面

Photoshop CS6 的工作界面主要由菜单栏、工具栏、工具属性栏、状态栏、控制面板和操作区组成，如图 2-1 所示。

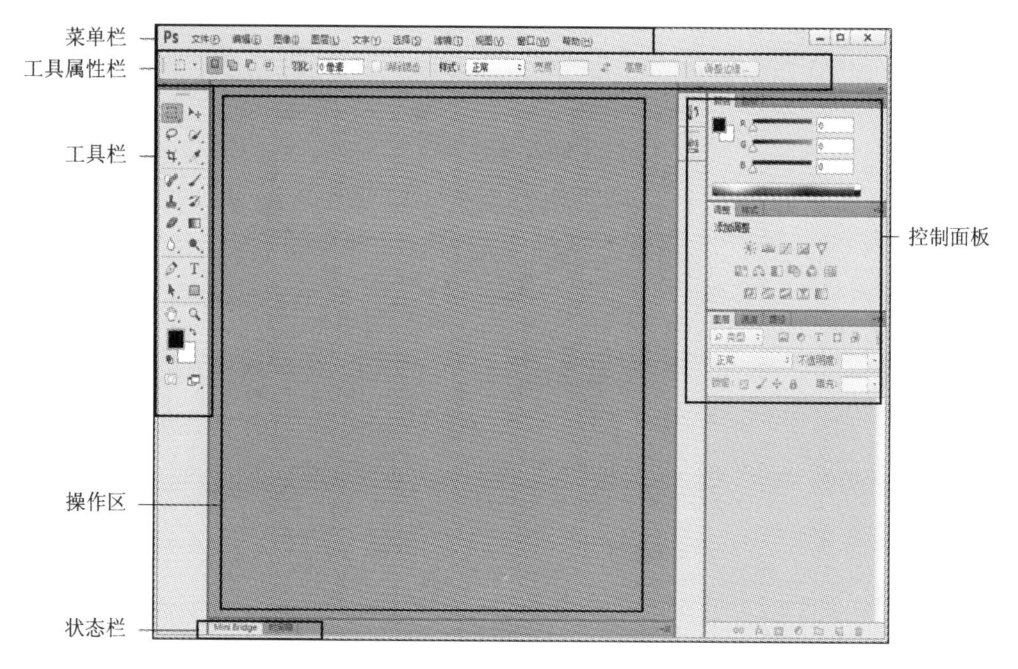

图 2-1

1. 菜单栏

菜单栏中包含“文件”“编辑”“图像”“图层”“文字”“选择”“滤镜”“视图”“窗口”和“帮助”共 10 个菜单选项，提供了 Photoshop CS6 的全部功能命令。单击任一菜单后，会弹出相应的下拉菜单，进而对图像进行编辑操作，如图 2-2 所示。

2. 工具栏

工具栏包括“选择工具”“绘图工具”“填充工具”“编辑工具”“颜色选择工具”“屏幕视图工具”等。将光标放在任一工具上，会出现一个黄色的图标并显示这个工具的名称，如图 2-3 所示。在显示的图标中会出现一个大写的英文字母，代表这个工具的快捷键，只要按下相应的字母，就可以快速选中相应的工具。

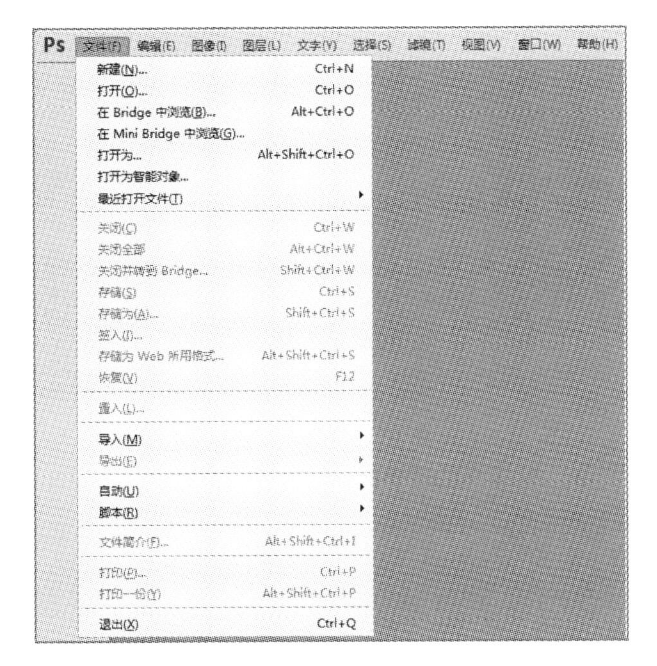

图 2－2

图 2－3

3. 工具属性栏

工具属性栏显示的是选中工具所对应的属性，即选中某个工具后，可以通过工具属性栏对工具进行进一步的设置，如图 2－4 所示。

图 2－4

4. 状态栏

状态栏位于操作窗口的底部，显示的是所打开图像的基本信息，包括目前显示的比例和文档所占存储空间大小等，如图 2－5 所示。

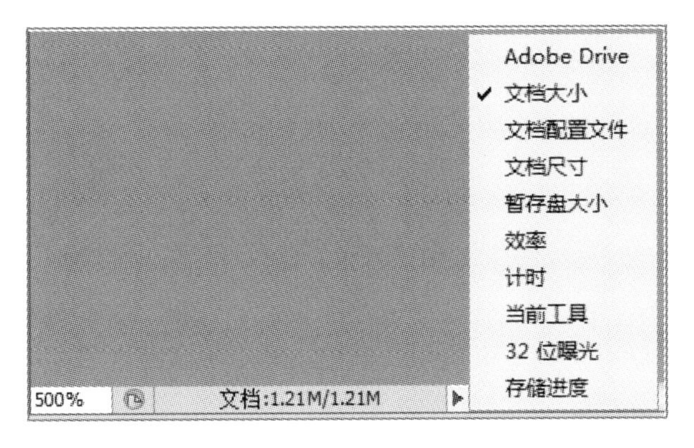

图 2－5

更改状态栏左侧的百分比数值，可以改变图像窗口的显示比例。单击状态栏右侧的右三角形图标,可以选择显示当前图像的其他信息。

5. 控制面板

控制面板是进行图像处理时经常用到的部分,如图 2-6 所示。控制面板具有伸缩、拆分、组合等功能,使用者可便捷地进行面板选项操作。

图 2-6

6. 操作区

操作区是展示图像,并对图像进行编辑处理的区域。

2.2 Photoshop CS6 的文件操作

1. 图像文件的新建

新建图像文件可以得到一块空白的画布,允许设计者自由设计图像。新建图像文件的步骤如下:

(1) 执行“文件”→“新建”命令,打开“新建”对话框,如图 2-7 所示。

(2) 在“新建”对话框中设置“名称”“宽度”“高度”“分辨率”“颜色模式”“背景内容”等信息。

(3) 单击“确定”按钮,完成图像文件的创建。

2. 图像文件的保存

当完成对图像的编辑后,需要对图像进行保存,避免因为意外而使图像丢失或损坏。图像文件的保存步骤如下:

(1) 执行“文件”→“存储”命令,完成图像文件的存储。当第一次存储文件时,会弹出“存储为”对话框,如图 2-8 所示。

(2) 在“存储为”对话框中输入文件名、选择文件存储格式。

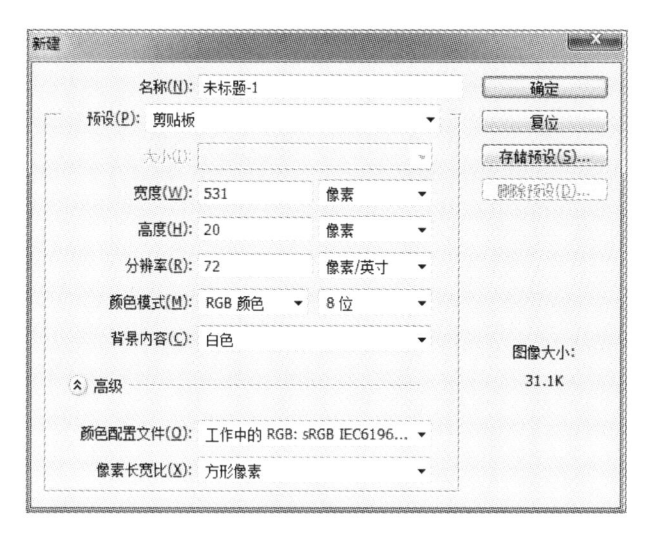

图 2－7

(3) 单击“保存”按钮，完成图像文件的保存。

图 2－8

3. 图像文件的打开

需要修改和处理图像时，要在 Photoshop CS6 中打开该图像。图像文件的打开步骤如下：

(1) 执行“文件”→“打开”命令或按下 Ctrl＋O 键。

(2) 弹出“打开”对话框，如图 2－9 所示。

(3) 在对话框中单击“打开”按钮或直接双击文件，即可打开指定的图像。

4. 图像文件的关闭

当完成图像的编辑并保存后，即可关闭文件。执行“文件”→“关闭”命令或按下 Ctrl＋W

图 2-9

键,完成图像文件的关闭。

如果忘记保存图像而直接关闭,则会弹出提示对话框,询问是否需要对当前文件进行保存,如图 2-10 所示。使用者可以根据需要选择"是"或"否",来完成图像文件的关闭。

图 2-10

5. 图像文件的恢复

在处理图像的过程中,如果出现了误操作,可以执行"文件"→"恢复"命令将图像效果恢复到最后一次保存时的状态,也可以通过"历史记录"面板来恢复操作。

2.3 Photoshop CS6 的图像显示

1. 图像的放大

对图像进行编辑时,有时需要对图像进行放大,方便细节处理。图像放大的步骤如下:

(1) 在工具栏中单击"缩放"工具按钮。

(2) 将光标移至操作区中,光标会变为放大图标。

(3) 每单击一次,操作区中的图像就会放大一倍。

放大前的图像如图 2-11 所示,放大后的图像如图 2-12 所示。

图 2 - 11

图 2 - 12

2. 图像的移动

图像被放大后，窗口仅能显示图像的一部分，需要移动图像来处理未显示部分。图像的移动步骤如下：

(1) 在工具栏中单击“抓手”工具按钮。

(2) 将光标移至操作区中，按下鼠标左键不放，即可向任意方向拖拽被放大的图片。

如果正在使用其他工具，则可按住“空格”键不放，再拖拽图像。

3. 图像的缩小

图像处理完成后，需要缩小图像观察整体效果。图像缩小的步骤如下：

(1) 在工具栏中单击“缩放”工具按钮。

(2) 将光标移至操作区中，光标会变为放大图标。

(3) 按住 Alt 键不放，光标会变为缩小图标。

(4) 每单击一次，操作区中的图像就会缩小一倍。

缩小前的图像如图 2 - 13 所示，缩小后的图像如图 2 - 14 所示。

图 2 - 13

图 2 - 14

4. 图像的全屏显示

图像的全屏显示将更方便设计者对图像整体效果的观察。全屏显示步骤如下：

(1) 在工具栏中单击“缩放”工具按钮。

(2) 在工具属性栏中单击“适合屏幕”按钮。

(3) 选择“调整窗口大小以满屏显示”复选框。

这样放大图像时，窗口大小会和屏幕的尺寸相适应。复选框如图 2 - 15 所示。

图 2－15

2.4 Photoshop CS6 图像和画布尺寸的设置

1. 图像尺寸的设置

在处理图像时，有时需要调整图像尺寸以适应设计的需要，图像尺寸设置步骤如下：

(1) 打开一幅图像，执行“图像”→“图像大小”命令。

(2) 弹出“图像大小”对话框，通过设置图片相关属性来调节图像大小，如图 2－16 所示。

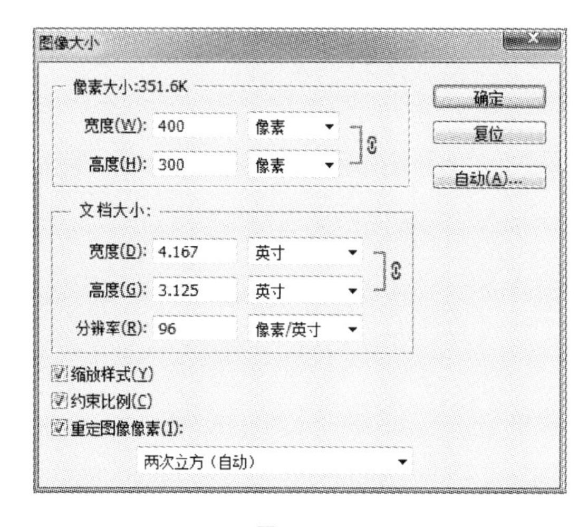

图 2－16

(3) 单击“确定”按钮，完成图像尺寸的设置。

在“图像大小”对话框中，有“像素大小”和“文档大小”2 个选项组，以及“缩放样式”“约束比例”“重定图像像素”3 个复选框。在正常情况下，“缩放样式”、“约束比例”和“重定图像像素”3 个复选框都是默认选中的。

(1) “像素大小”选项组中的默认值是打开图像的实际像素值，通过重新输入“宽度”和“高度”数值，可以改变图像在屏幕上显示的大小，进而改变图像的尺寸。也可以单击“宽度”和“高度”后面的下三角按钮，选择表现形式。

(2) “文档大小”选项组中的默认值是打开图像的文档实际大小，通过重新输入“宽度”、“高度”和“分辨率”选项值，可以改变图像所在的文档大小，图像的尺寸也相应改变。也可以单击“宽度”、“高度”和“分辨率”后面的下三角按钮，选择计量单位。

(3) 当取消选择“缩放样式”复选框后，若在图像操作中添加了图层样式，则在调整图像大小时，Photoshop CS6 将不再自动缩放样式大小。

(4) 当取消选择“约束比例”复选框后，“像素大小”和“文档大小”2 个选项组中的“锁定”标志会消失，表示当修改“宽度”或“高度”中的一项数值时，另外一项数值将不再根据原图的宽高比例自动调整。

(5) 当取消选择“重定图像像素”复选框后，“像素大小”选项组将不能再独立设置；如果“文档大小”选项组中“宽度”、“高度”和“分辨率”三项同时被“锁定”，则表示当修改其中一项的数值时，另外两项的数值将根据原图比例自动调整，如图 2－17 所示。

2. 画布尺寸的调整

图像的画布尺寸是指当前图像可见范围的大小。执行“图像”→“画布大小”命令，弹出“画布大小”对话框，如图 2－18 所示。

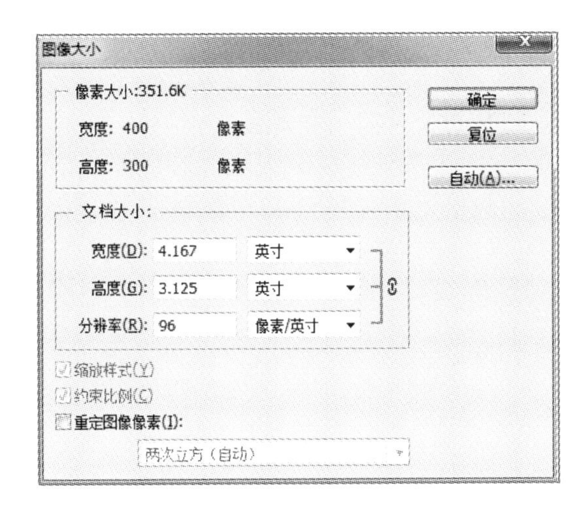

图 2-17

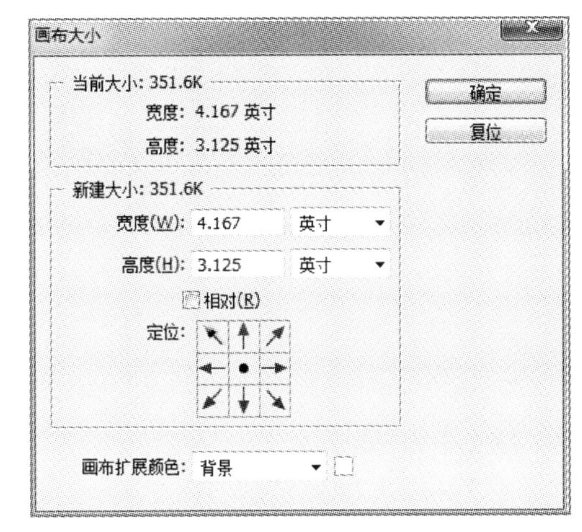

图 2-18

在“画布大小”对话框中，有“当前大小”“新建大小”2 个选项组和“画布扩展颜色”下拉菜单。

(1) “当前大小”选项组中显示的是当前打开图像的实际尺寸，不可修改。

(2) “新建大小”选项组中，可以通过改变“宽度”“高度”值来重新设定图像画布的尺寸，可以通过“定位”来调整图像在新画布中的位置。

(3) “画布扩展颜色”下拉菜单用于选择画布的前景色、背景色或者 Photoshop CS6 的默认颜色，也可以根据自己需要调整颜色。

第3章　选区的创建与编辑

3.1　选区的创建

数字图像的处理往往是局部的处理，首先需要在局部创建选区。选区创建得准确与否，直接关系到图像处理的质量。

3.1.1　选框工具

1. 选框工具的位置

"选框工具"的位置在工具栏的上部，默认状态是"矩形选框工具"。将光标放在"矩形选框工具"上右击，会弹出选框工具组，包括"矩形选框工具""椭圆选框工具""单行选框工具""单列选框工具"，使用者可以根据需要选择相应的选框工具。选框工具组如图 3－1 所示。

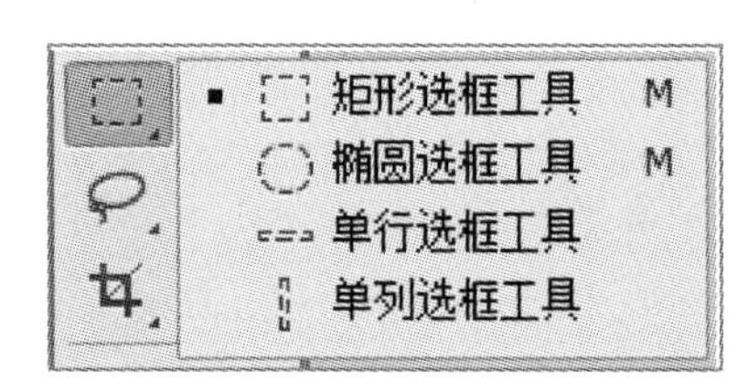

图 3－1

(1)"矩形选框工具"用于创建矩形选区。

(2)"椭圆选框工具"用于创建椭圆形选区。

(3)"单行选框工具"用于创建高度为一个像素，宽度与当前图像像素宽度相等的选区。

(4)"单列选框工具"用于创建宽度为一个像素，高度与当前图像像素高度相等的选区。

使用"单行选框工具"和"单列选框工具"创建选区时，只要在图像中单击某点即可。

2. 选框工具的属性栏

"选框工具"的工具属性栏如图 3－2 所示。

图 3－2

(1)"新选区"是默认选项，作用是创建新的选区。若图像中已有选区，则新的选区将取代原有选区。

(2)"添加到选区"的作用是在原有的选区上增加新的选区。

(3)"从选区减去"的作用是从原有选区中减去新选区与原有选区的公共部分。

(4)"与选区交叉"的作用是保留新选区与原有选区的公共部分。

(5)"羽化"作用是创建渐隐的边缘过渡效果。羽化的实质是以选区边界为中心，以所设置的羽化值为半径，在选区边界内外形成一个透明渐变的选择区域。当羽化值较大而创建的选区较小时，由于选框无法显示，将弹出警告框。这时除非特殊需要，一般应取消选区，并设置合适的羽化值重新创建选区。

(6)“消除锯齿”的作用是平滑选区的边缘。在选择工具中,该选项仅对椭圆选框工具、套索工具组和魔棒工具有效。

(7)“样式”下拉菜单中有“正常”、“固定比例”和“固定大小”三个选项。“正常”是默认选项,是指可以通过拖拽随意指定选区的大小;“固定比例”是指可以按指定的长宽比通过拖拽创建选区;“固定大小”是指可以按指定的具体长度和宽度的像素,通过单击创建选区。

(8)“调整边缘”的作用是动态地对现有选区的边缘进行更加细微的调整,如边缘的范围、对比度、平滑度和羽化度等,还可以对选区的大小进行扩展或收缩。

3.“选框工具”的应用

以使用“矩形选框工具”创建选区为例,单击“矩形选框工具”按钮,在图像的适当位置单击并向右下方拖拽。当达到理想范围时释放,即可绘制完成矩形选区,如图 3-3 所示。当按住 Shift 键拖拽时,可以创建正方形选区,如图 3-4 所示。

图 3-3

图 3-4

在选框工具的工具属性栏中,选择“样式”下拉菜单中的“固定比例”选项,将“宽度”选项设为 3,“高度”选项设为 2。在拖拽时,选区的宽高比始终保持为 3∶2,效果如图 3-5 所示。单击工具属性栏中的“高度和宽度互换”按钮,则选区在拖拽时宽高比变为 2∶3,效果如图 3-6 所示。

图 3-5

图 3-6

3.1.2 套索工具

1. “套索工具”的位置

“套索工具”的位置在工具栏中“矩形选框工具”的下方，默认状态是“套索工具”。将光标放在“套索工具”上右击时，会弹出套索工具组，包括“套索工具”、“多边形工具”和“磁性套索工具”。套索工具组如图 3－7 所示。

图 3－7

（1）“套索工具”用于创建手绘的选区，其使用方法像铅笔一样随意，适合选择与背景颜色对比不强烈且边缘复杂的对象。具体使用步骤如下：

- 在待选对象的边缘按住左键拖移圈选待选对象。
- 当光标回到起始点松开左键可闭合选区。
- 若光标未回到起始点便松开左键，起点与终点将以直线段相连，形成闭合选区。

（2）“多边形套索工具”用于创建多边形选区，适合选择边界由直线段围成的对象。具体使用步骤如下：

- 在待选对象的边缘某拐点上单击，确定选区的第一个紧固点。
- 将光标移动到相邻拐点上再次单击，确定选区的第二个紧固点，依此操作，当光标回到起始点时单击可闭合选区。
- 当光标未回到起始点时，双击可闭合选区。

（3）“磁性套索”用于创建不规则形状选区，适用于快速选择与背景颜色对比强烈且边缘复杂的对象。具体使用步骤如下：

- 在待选对象的边缘单击，确定第一个紧固点。
- 沿着待选对象的边缘拖拽，创建选区。在此过程中，“磁性套索工具”定期将紧固点添加到选区边界上。若选区边界没有与待选对象的边缘对齐，可在待选对象边缘的适当位置单击，手动添加紧固点，然后继续拖动选择对象。
- 当光标回到起始点时单击可闭合选区；当光标未回到起始点时双击可闭合选区，但起点与终点将以直线段连接。

2. “套索工具”的工具属性栏

“套索工具”的工具属性栏结构及作用与“选框工具”大致相同，不再赘述。

3. “套索工具”的应用

以使用“套索工具”创建选区为例，单击“套索工具”，将光标放在图像中香蕉边缘的任一一点单击并按住鼠标，在香蕉的周围拖拽进行绘制。当选区闭合时释放鼠标，完成封闭选区创建，效果如图 3－8 所示。

图 3－8

3.1.3　魔棒工具

1. “魔棒工具”的位置

“魔棒工具”的位置在工具栏中“套索工具”的下方，默认状态是“快速选择工具”。将光标放在“魔棒工具”上右击时，会弹出魔棒工具组，包括“快速选择工具”和“魔棒工具”。魔棒工具组如图 3－9 所示。

图 3－9

(1) “魔棒工具”用于快速选择颜色相近的区域。使用时，只需在图像区域内单击某一点即可。

(2) “快速选择工具”利用可调整的圆形画笔笔尖快速“绘制”选区。拖动时选区会向外扩展并自动查找和跟随图像中定义的边缘。

2. “魔棒工具”的工具属性栏

“魔棒工具”与“快速选择工具”的工具属性栏略有不同，如图 3－10 所示。

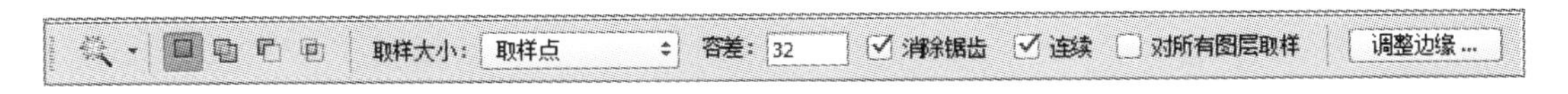

图 3－10

(1) “容差”用于设置颜色值的差别程度，取值范围为 0～255，系统默认值为 32。使用“魔棒工具”选择图像时，其他像素点与单击点的颜色值进行比较，只有差别在容差范围内的像素才被选中。一般来说，容差越大，所选中的像素越多。容差为 255 时，将选中整个图像。

(2) “连续”用于设置选中范围。当选择“连续”复选项时，容差范围内的所有相邻像素都被选中，否则将选中容差范围内的所有像素。

3. “快速选择工具”的工具属性栏

当选择“快速选择工具”时，工具属性栏会发生变化，如图 3－11 所示。

图 3－11

(1) “画笔”用于设置快速选择工具的笔触大小、硬度和间距等属性。

(2) “自动增强”可自动加强选区的边缘。

4. “魔棒工具”的应用

以使用“魔棒工具”创建选区为例，单击“魔棒工具”按钮，在图像中单击需要选择的颜色区域，即可得到容差范围内的颜色所组成的选区，如图 3－12 所示。调整属性栏中的容差值，再次单击需要选择的区域，可以创建不同效果的选区。

图 3－12

3.1.4 色彩范围命令

“色彩范围”命令是一个利用图像中的色彩变化关系来创建选区的命令，类似“魔棒工具”加强版，除了以颜色差别来确定选取范围外，还综合了选区的相加、相减和相似命令，以及根据基准色选择等多项功能。执行“选择”→“色彩范围”命令，会弹出“色彩范围”对话框，如图 3-13 所示。

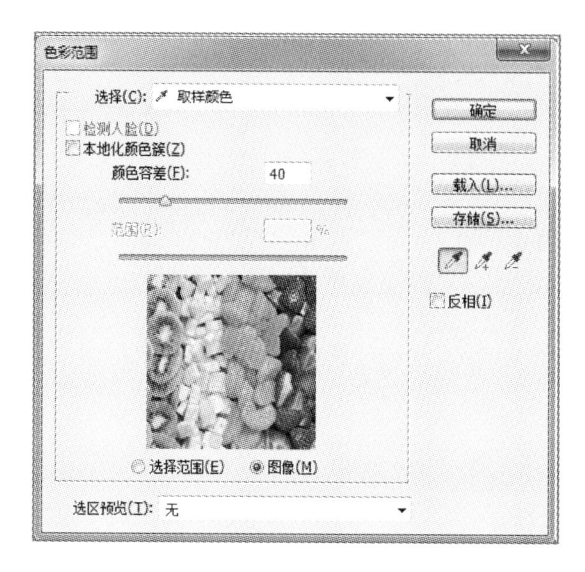

图 3-13

1. “选择”下拉菜单

“选择”下拉菜单用于选取单一颜色或色调。“色彩范围”命令可以利用图像中某些特定的单一颜色来确定一个新的选择区域，这些区域可以是特定颜色色相的区域，也可以是特定颜色调色的区域。这些选项可以通过对话框上方的“选择”下拉菜单中的选项来设定。

2. “颜色容差”的含义

“颜色容差”的含义类似于“魔棒工具”的“容差”选项，数值越高，选择范围就越大。拖动下方的滑块或直接输入数值，都可调整“颜色容差”的数值，取值范围为 0～200。

3. “选区预览”

“选区预览”是为了更清楚地表现出选择区域的形状。在使用“色彩范围”命令时，还可以控制图像窗口中图像的显示方式，更精确地表现出所要创建的选区。这些选区预览的方法可以通过对话框下方“选区预览”下拉菜单进行切换，共有“无”、“灰度”、“黑色杂边”、“白色杂边”和“快速蒙版”5 种选项。

(1) “无”表示不显示选择区域。

(2) “灰度”表示以灰度图像来表示选择区域。

(3) “黑色杂边”表示显示黑色背景。选择“黑色杂边”时，图像窗口中被选中的区域保持原样，而未被选中的区域则以黑色表示，模拟选择区域中的内容放在黑色背景上。

(4) “白色杂边”表示显示白色背景。

(5) “快速蒙版”表示以快速蒙版来表现选择区域。此时，未被选中的区域被一层半透明的蒙版色覆盖，选中的区域保持原样。

4. “选择区域的增减”工具组

该工具组由3种吸管样“拾色器”按钮组成。带加号的“拾色器”可连续增选相似范围。选中带加号的吸管在图像中多处单击，直到需要的区域全部或基本上包含进去为止；带减号的“拾色器”可连续减去相似的像素；不带符号的“拾色器”只能进行一次性选择。还可以使用“拾色器”在画面中拖动，来实现对大面积色彩范围的选取。

3.2　选区的操作

大多数情况下，第一次创建的选区可能很难完成理想的选择范围，因此要对创建的选区进行修改与修整。

3.2.1　选区的修改

1. 选区的运算

(1) 选区相加。在创建选区的前提下，按住 Shift 键，光标右下会出现“＋”。此时再创建第二个选区，那么最终的选区是两个选取范围之和，此操作可以连续使用。

(2) 选区相减。在创建选区的前提下，按住 Alt 键，光标右下会出现“－”。此时再创建第二个选区，那么最终的选区是两个选取范围之差，此操作可以连续使用。

(3) 选区相交。在创建选区的前提下，按住 Alt＋Shift 键，十字光标右下会出现“×”。此时再创建第二个选区，那么最终的选区是两个选取范围相交的区域，此操作可以连续使用。

2. 调整边缘命令

执行“选择”→“调整边缘”命令，会弹出“调整边缘”对话框，如图3－14所示。“调整边缘”对话框中功能与大多数选择工具自带的“调整边缘”工具功能相同，可以对选区进行微调，改变大小到调整羽化效果等，实现精确控制选区边缘。

3. 边界命令

执行“选择”→“修改”→“边界”命令，会弹出“边界选区”对话框，如图3－15所示。在“宽度”文本框内输入适当数值，单击“确定”按钮，可沿选区边缘创建与数值相应宽度的环形选区。

4. 平滑命令

执行“选择”→“修改”→“平滑”命令，弹出“平滑选区”对话框，如图3－16所示。在“取样半径”文本框内输入适当数值，单击“确定”按钮，可使当前选区中小于取样半径值的尖角产生圆滑效果。

5. 扩展命令

执行“选择”→“修改”→“扩展”命令，弹出“扩展选区”对话框，如图3－17所示。在“扩展量”文本框中输入适当的数值，单击“确定”按钮，可将选区向外等量扩展相应的像素数。此命令与“选择”→“修改”→“收缩”命令相反。

6. 变换选区命令

当浮动的选区存在时，执行“选择”→“变换选区”命令，会显示带有8个节点的变形控制框，此时可拖动节点和边框完成对选区的变形，如图3－18所示。

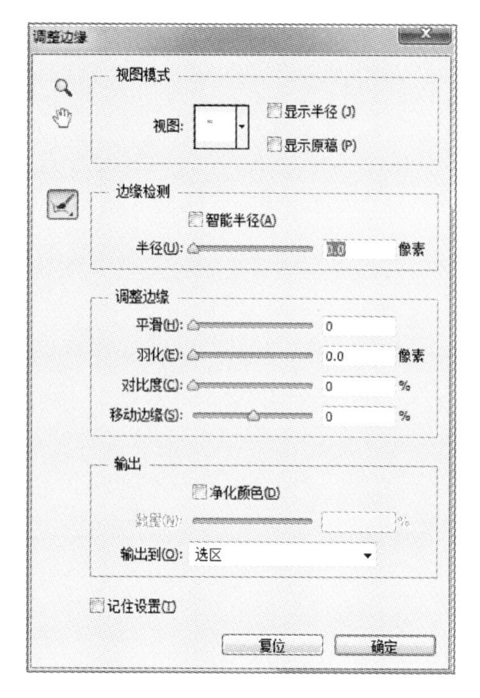

图 3-14

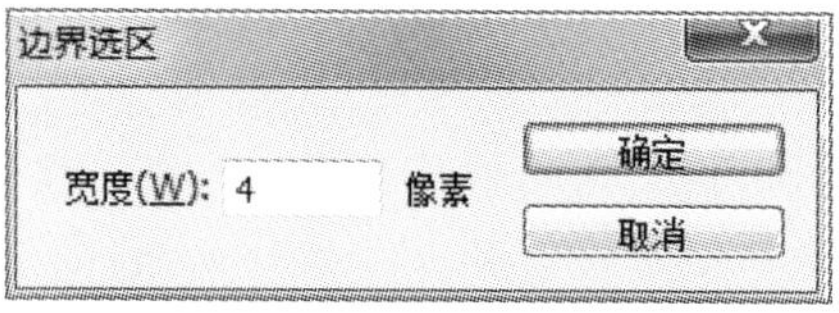

边界选区

宽度(W): 4 像素

确定

取消

图 3-15

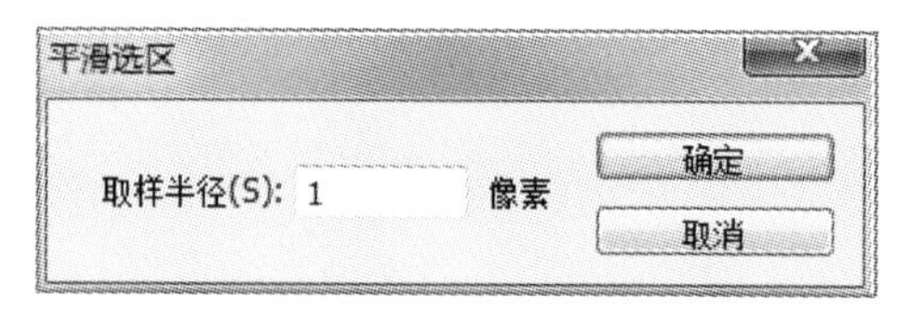

图 3-16

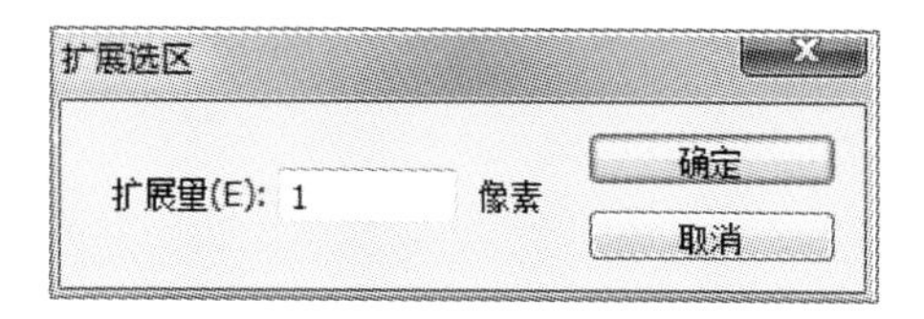

图 3-17

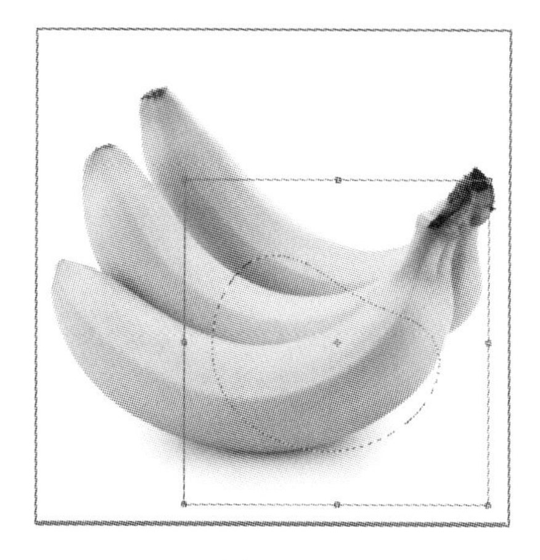

图 3-18

将光标移至 8 个节点中的任意一点上，此时光标会变成一对反向的箭头，拖动节点，可以完成选区的缩放。按住 Shift 键，在倾斜方向上拖拽，可完成等比例缩放。按住 Alt 键，在倾斜方向上拖拽，可完成中心缩放。按住 Shift+Alt 键，在倾斜方向上拖拽，可完成中心等比例缩放。

将光标移至变形控制框外围，当距离达到一定程度后，光标变为一对反向的弧线，此时旋转拖动，可以完成选区的旋转。

将光标移至 8 个节点中任意一点上，按住 Ctrl 键，此时光标变为灰色箭头，拖动节点，可执行透视纵深的变形。

7. 扩大选取命令

执行“选择”→“扩大选取”命令，可将选区在图像上延伸，将与当前选区内像素相连且颜色相近的像素点一并扩充到选区中。

8. 选取相似命令

执行“选择”→“选取相似”命令，可将选区在图像上延伸，将图像中所有与选区内部颜色相似的像素都扩充到选区内部，包括相连和不相连的区域。

9. 存储与载入选区命令

执行“选择”→“存储选区”命令，可将选区储存在通道中。执行“选择”→“载入选区”命令，可将之前储存在通道中的选区调出使用。

3.2.2　选区的移动

在处理图像时,经常需要移动选区。

将光标放在选区中拖拽,可以将选区拖拽到其他位置。释放,即可完成选区的移动,移动前的效果如图 3－19 所示,移动后的效果如图 3－20 所示。

图 3－19

图 3－20

也可以使用键盘移动选区。当使用矩形和椭圆选框工具绘制选区时,按住 Spacebar(空格)键同时拖拽,即可移动选区。绘制出选区后,使用键盘中的方向键可以将选区向各个方向移动 1 个像素。绘制出选区后,使用 Shift＋“方向键”可以将选区向各个方向移动 10 个像素。

3.2.3　选区的羽化

执行“选择”→“修改”→“羽化”命令,弹出“羽化选区”对话框,如图 3－21 所示。

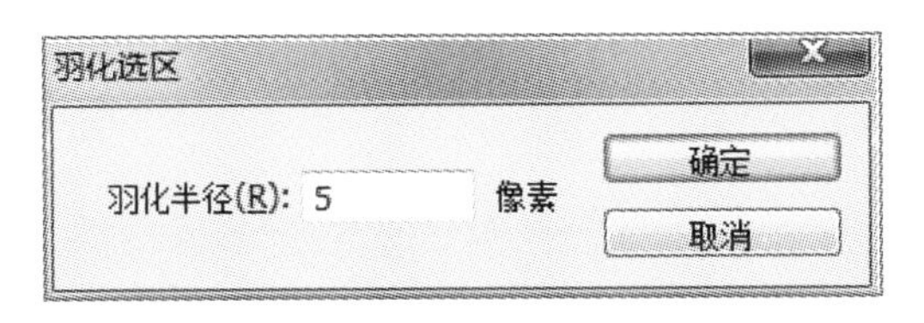

图 3－21

在“羽化半径”文本框中输入适当的数值,单击“确定”按钮,选区将被羽化。还可以在使用工具的工具属性栏中直接输入羽化的数值,绘制的选区便自动成为带有羽化边缘的选区。

3.2.4　选区的全选和反选

“全选”就是选取图像的所有像素。执行“选择”→“全选”命令即可选取全部像素。“反选”就是选取选区以外的所有像素。执行“选择”→“反向”命令即可实现选区的反向选取。

第 4 章　图层的创建与编辑

4.1　图层的基本概念

4.1.1　图层的定义

自从 Photoshop 引入了图层的概念后，给图像编辑带来了极大的便利。在 Photoshop CS6 中，一幅图像往往由多个图层上下叠加而成。所谓图层，可以理解为堆叠在一起的透明纸，通过透明的区域可以看到下面的内容，如图 4－1 所示。

如果某一图层上有不透明的像素存在，将遮盖住下面图层上对应位置的图像。在图像窗口中看到的画面实际上是各层叠加之后的总体效果，如图 4－2 所示。

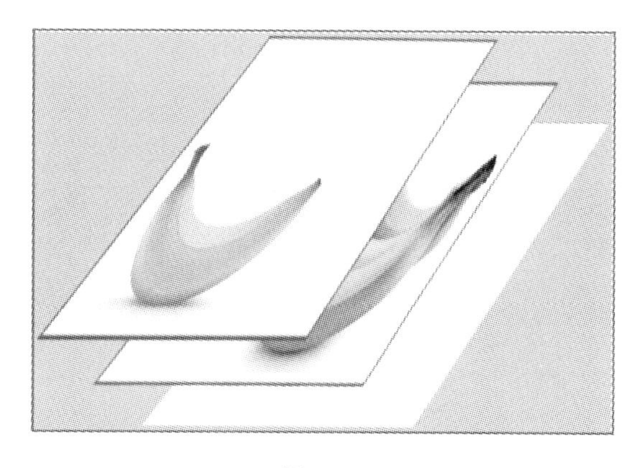

图 4－1

图 4－2

默认设置下，Photoshop CS6 用灰白相间的方格图案表示图层的透明区域，如图 4－3 所示。

图层是 Photoshop CS6 最核心的功能之一。在处理内容复杂的图像时，一般应该将不同的内容放置在不同的图层上。这会给图层的管理和图像的编辑带来很大的方便。另外，在 AutoCAD、Flash、Illustrator 等相关软件中也都有“图层”的概念。因此，正确理解图层含义，熟练掌握图层操作不仅是学好 Photoshop CS6 的必要条件，也会给其他相关软件的学习带来一定的帮助。

4.1.2　图层的种类

在 Photoshop CS6 中，图层的种类包括图像图层、填充图层、调整图层、智能对象图层、文字图层、形状图层、背景图层等。

(1) 图像图层是创作各种合成效果的重要途径，可以将不同的图像放在不同的图层上进行独立操作，而对其他图层没有影响。

图 4－3

（2）填充图层是带有填充特效的图层，填充图层有“颜色”、“渐变”和“图案”三种形式。

（3）调整图层是带有色彩调整的图层，主要解决储存后的图像不能再恢复之前色彩的问题。

（4）智能对象图层是嵌入在图像中的一个文件。智能对象可以包含像素或矢量图像。

（5）文字图层是文字特有的图层种类。文字图层也是由像素组成，和图像有相同的分辨率，但是保留了文字的矢量轮廓，可在输出时产生清晰的不依赖于图像分辨率的边缘。同时，文字图层还包括“字符”与“段落”属性，可以完成字体、样式、大小、段落、缩放及间距等操作。

（6）形状图层由路径工具创建和编辑，由矢量图层蒙版构成的图层。形状图层具备矢量路径的所有优势，可对于图形进行有效控制。

（7）背景图层位于图像文件所有图层的最下部，是图像文件的底纹与根基。背景图层是一个比较特殊的图层，只要不转换为普通图层，它将永远是不透明的，而且始终位于所有图层的底部。若图像中存在选区，则可以认为选区浮动在所有图层之上，而不是专属于某一图层。此时就能对所选图层在当前选区内的图像进行编辑，因此图层与选区是编辑之前两个并列存在的选择前提。

4.1.3　图层控制面板

在默认状态下，图层控制面板位于控制面板的下方，是图层编辑和管理操作的基础，几乎聚集了所有图层编辑命令，包括“图层搜索功能”“图层混合模式”“图层锁定功能”“图层排列显示”4 个部分，如图 4－4 所示。

1. “图层搜索功能”的作用

“图层搜索功能”的作用是方便用户快速搜索到需要的图层，共有“类型”“名称”“效果”“模式”“属性”“颜色”6 种搜索方式，如图 4－5 所示，其中“类型”是默认搜索方式。

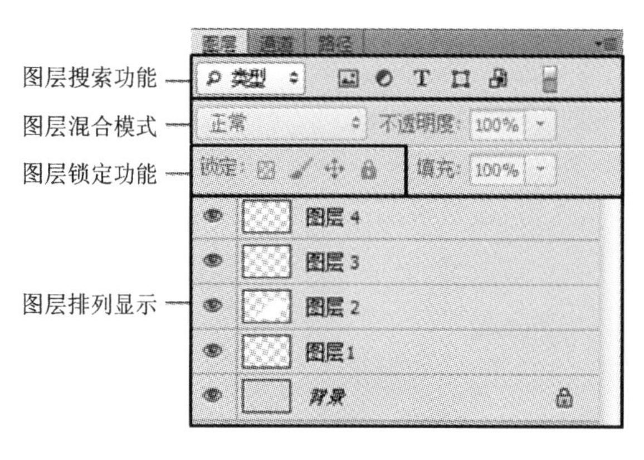

图 4-4

图 4-5

2. “图层混合模式”的作用

“图层混合模式”的作用是设定图层之间的混合模式，共有“正常”“溶解”等 27 种图层混合模式，本章将详细讲解。

3. “图层锁定功能”的作用

“图层锁定功能”的作用是设定图层是否允许编辑，共有“锁定透明像素”、“锁定图像像素”、“锁定位置”和“锁定全部”4 种锁定模式。

(1) “锁定透明像素”功能是图层的透明区域，不能进行编辑。

(2) “锁定图像像素”功能是除了可以移动和缩放外，不能对图层进行任何编辑。

(3) “锁定位置”功能是当前图层不能被移动，但可对图层进行编辑。

(4) “锁定全部”功能是完全锁定当前图层，不能对图层进行任何编辑。

4. “图层排列显示”的作用

“图层排列显示”的作用是展示文件中的所有图层，方便图层的编辑处理。图层控制面板是可以移动和隐藏的，如果控制面板中没有显示图层控制面板，则可执行“窗口”→“图层”命令，调出图层控制面板。

4.2 图层的操作

4.2.1 选择图层

在图层控制面板上单击图层的名称即可选择图层。此时，该图层的名称将显示在文档窗口的标题栏中，该图层也会变为深色，如图 4-6 所示。

在 Photoshop CS6 中，如需选择连续的多个图层，只需单击第一个待选图层后，按住 Shift 键，再单击最后一个待选图层，即可选中包含在 2 个图层间的全部连续图层。如需选择不连续的多个图层，可按住 Ctrl 键后，逐个单击需要选择的图层即可，如图 4-7 所示。一旦选择多个图层，就可将移动、变换等操作作用于所有选中图层上的图像。

图 4－6

图 4－7

4.2.2　创建图层

1. 通过“创建新图层”按钮创建图层

单击图层控制面板下方的“创建新图层”按钮新建图层，即可创建新的图层，如图 4－8 所示。

图 4－8

图 4－9

在默认情况下，新建图层生成于选中图层上方，如果按住 Ctrl 键再单击“创建新图层”按钮，则新建图层将生成于所选中图层的下方。

2. 通过菜单创建图层

单击图层控制面板右上方的下三角按钮，会弹出下拉菜单，如图 4－9 所示。

在菜单中选择“新建图层”选项，会弹出“新建图层”对话框，如图 4－10 所示。设置图层属性后，单击“确定”按钮完成图层创建。

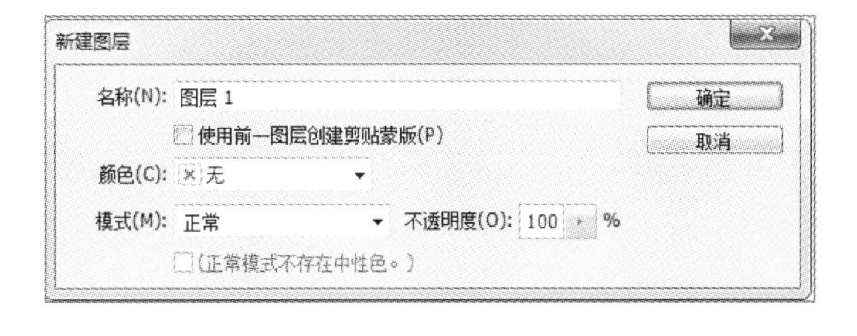

图 4－10

4.2.3　复制与剪切图层

1. 图像内部的复制与剪切图层

在图层面板中，将要复制的图层拖拽到图层面板下面的“创建新图层”按钮上，Photoshop CS6 会自动为粘贴的图层创建一个带有原先图层“副本”名称的新图层，如图 4－11 所示。

选择要复制的图层，右击，在弹出的快捷菜单中选择“复制图层”选项，弹出“复制图层”对话框，如图 4－12 所示。设置完成后单击“确定”按钮，完成该图层的复制。

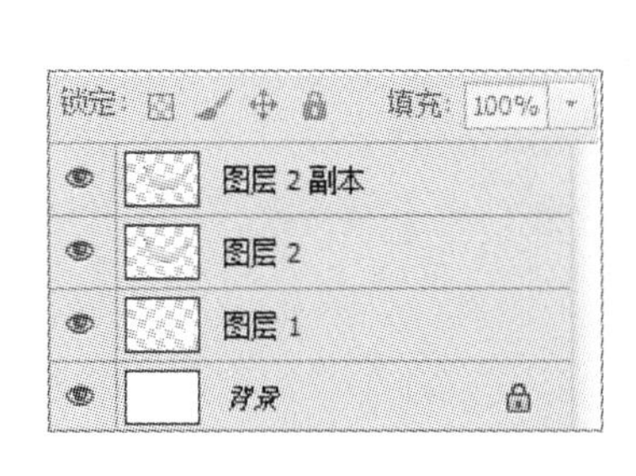

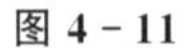
图 4－11

图 4－12

2. 图像之间的复制与剪切图层

通过复制和粘贴命令新建图层。首先确定一个图层或图层内的选区，执行“编辑”→“拷贝”命令进行复制。切换到另一幅图像上，执行“编辑”→“粘贴”命令，Photoshop CS6 会自动为粘贴的图像建立一个新图层。

通过拖放新建图层。同时打开两幅图像，确定选区，选择移动工具，将当前图像拖放到另一幅图像上，拖动过程中会有虚线框显示。拖动的图像被复制到一个新的图层上，而原图不受影响。

4.2.4 显示与隐藏图层

在图层面板中，当“眼睛”图标显示时，表示这个图层是可见的。单击“眼睛”图标按钮，即可控制图层的显示与隐藏，如图 4－13 所示。按住 Alt 键再单击“眼睛”图标按钮，则只显示当前图层。按住 Alt 键再次单击，则所有图层又会显示出来。

图 4－13

4.2.5 移动图层

“移动工具”是 Photoshop CS6 最常用的工具。此工具位于工具箱顶部，功能是针对非锁定图层内的像素的位移处理。移动图层时，须选取“移动工具”拖拽图层或使用方向键完成移动。“移动工具”属性栏包括“自动选择：图层/组”“显示变换控件”“图层对齐”“图层分布”“自动对齐”5 个部分，如图 4－14 所示。

图 4－14

（1）“自动选择：图层/组”用于自动选择光标所在的图层或图层组，需要在选中移动工具或按住 Ctrl 键的情况下进行。

（2）“显示变换控件”用于在要移动对象四周显示控制边框，可以直接进行旋转、变形和翻转操作。

(3)“图层对齐”、“图层分布”和“自动对齐”主要用于处理多个图层间的位置关系，共有 13 种排列方式，可根据需求选取。

在使用移动工具时，可通过按键盘上的方向键直接以 1 像素的距离移动图层上的图像，如果先按住 Shift 键然后再按方向键，则以每次 10 像素的距离移动图像。在图像窗口中拖拽图层移动时按住 Shift 键，可完成以水平、垂直或 45°角移动。按住 Alt 键拖动像素将会移动所选像素的复制，复制的内容会生成新的图层。

4.2.6 删除图层

如果要删除图层，那么最便捷的方法是选中要删除的图层后，按 Delete 键。也可将要删除的图层拖拽到图层面板右下角的“删除图层”按钮上，或选择图层后直接单击“删除图层”按钮，然后单击“确定”按钮。此外，也可选中图层后右击，在弹出的快捷菜单中也有“删除图层”选项。

4.2.7 链接图层

Photoshop CS6 允许在多个图层间建立链接关系，以便将它们作为一个整体进行移动和变换操作。另外，对存在链接关系的图层，可进行对齐、分布和选择链接图层等操作。

选择两个或两个以上要链接的图层，单击图层面板底部的“链接图层”按钮，即可在所选图层间建立链接关系，如图 4 - 15 所示。

如果要取消图层的链接关系，则先选择存在链接关系的图层，再单击图层面板底部的“链接图层”按钮即可。

图 4 - 15

4.2.8 图层对齐

如果图像中的图层需要视觉对齐，可以通过执行“图层”→“对齐”命令来实现，也可以使用“移动工具”属性栏中的“图层对齐”功能区中的按钮来实现。对齐方式有“顶对齐”“垂直居中对齐”“底对齐”“左对齐”“水平居中对齐”“右对齐”6 种。

(1)“顶对齐”是指将所选图层中的像素按照垂直方向以最顶端的像素为准进行对齐，如图 4 - 16 所示。

(2)“垂直居中对齐”是指将所选图层中的像素按照垂直方向最顶端与最底端的中间点对齐，如图 4 - 17 所示。

(3)“底对齐”是指将所有图层中的像素按照垂直方向以最底端的像素为准进行对齐，图 4 - 18 所示。

(4)“左对齐”是指将所有图层中的像素按照水平方向以最左端的像素为准进行对齐，图 4 - 19 所示。

(5)“水平居中对齐”是指将所有图层中的像素按照水平方向最左端与最右端的中间点对齐，如图 4 - 20 所示。

图 4-16

图 4-17

图 4-18

图 4-19

(6)“右对齐”是指将所有图层中的像素按照水平方向以最右端的像素为准进行对齐,如图 4-21 所示。

图 4-20

图 4-21

4.2.9 图层分布

如果需要图像的图层以某种方式平均分布,可以通过执行菜单栏中的“图层”→“分布”命令来实现,也可以使用“移动工具”属性栏中“图层分布”功能区中的快捷按钮来实现。分布方式有“按顶分布”“垂直居中分布”“按底分布”“按左分布”“水平居中分布”“按右分布”6 种。

(1)“按顶分布”是指使所有图层中各对象顶端的水平线之间的距离相等。

(2)“垂直居中分布”是指使所有图层中各对象中心的水平线之间的距离相等。

(3)“按底分布”是指使所有图层中各对象底端的水平线之间的距离相等。

(4)“按左分布”是指使所有图层中各对象左侧的竖直线之间的距离相等。

(5)“水平居中分布”是指使所有图层中各对象中心的竖直线之间的距离相等。

(6)“按右分布”是指使所有图层中各对象右侧的竖直线之间的距离相等。

“图层分布”的使用方法与图层对齐类似，这里不再赘述。

4.2.10　图层排列

“图层排列”是指调换各图层间的上下顺序，使某一图层位于另一图层的上面或下面，通过图层间的相互遮挡，取得需要的视觉效果。图层排列顺序调整前效果如图 4－22 所示，调整后效果如图 4－23 所示。

图 4－22

图 4－23

图层的排列顺序可以在图层面板中，直接拖拽和释放来任意改变各图层的排列顺序，也可以通过执行“图层”→“排列”命令来实现，如图 4－24 所示。

置为顶层(F)	Shift+Ctrl+]
前移一层(W)	Ctrl+]
后移一层(K)	Ctrl+[
置为底层(B)	Shift+Ctrl+[
反向(R)	

图 4－24

(1)“置为顶层”是指将选中图层至于图像中所有图层之上。

(2)“前移一层”是指将选中图层向上移动一层。

(3)“后移一层”是指将选中图层向下移动一层。

(4)“置为底层”是指将选中图层置于图像中所有图层之下。

(5)“反向”是指反转选中图层的排列顺序。

4.2.11　图层合并

“合并图层”可有效地减少图像占用的存储空间。Photoshop CS6 提供了“合并图层”、“合并可见图层”和“拼合图像”3 种图层合并方式，可以通过执行“图层”菜单中的相应命令来实现，如图 4－25 所示。

合并图层(E)	Ctrl+E
合并可见图层	Shift+Ctrl+E
拼合图像(F)	

图 4－25

(1)“合并图层”是指将选中的多个图层合并为一

个图层，同时忽略并删除被隐藏的图层。

（2）“合并可见图层”是指将所有可见图层合并为一个图层，隐藏的图层不受影响。

（3）“拼合图像”是指将所有可见图层合并为背景层，并用白色填充图像中的透明区域。

4.2.12 图层归组

当一个图像包含很多图层时，可以使用图层组来组织和管理图层。使用图层组不仅能够避免图层面板的混乱，还可以对图层进行高效、统一的管理，如同时调整图层组中所有图层的透明度、改变图层组中所有图层的排列顺序等。

1. 创建图层归组

在管理图层时，通常将同一类图层或同一对象图层归为一组。归组后的图层不再需要单独为每一个图层命名，只要命名图层组即可。图层归组的步骤如下：

（1）单击图层面板上的“创建新组”按钮，在当前图层或图层组的上面创建一个空的图层组，如图 4-26 所示。

（2）选择一个或多个图层，通过拖拽的方式将选中的图层放入图层组中，如图 4-27 所示，也可以使用拖拽的方式将图层移出图层组。

图 4-26

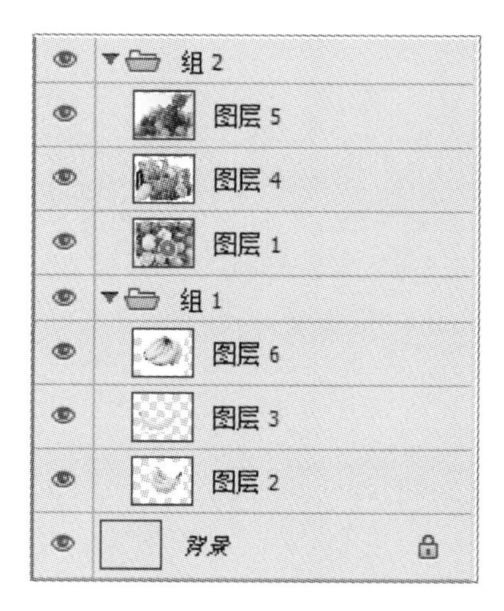

图 4-27

（3）单击图层组左边的三角图标，可以折叠或展开图层组，如图 4-28 所示。

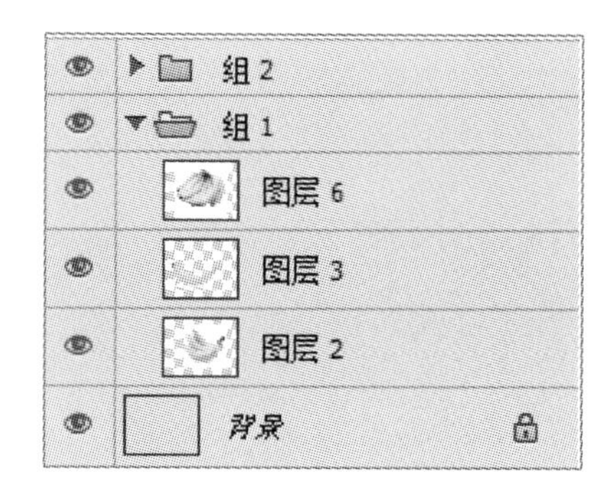

图 4-28

2. 删除图层组

将图层组拖动到图层面板“删除图层”按钮上，可直接删除该图层组及组内所有图层。若想保留图层而仅删除图层组，则须执行以下操作：

（1）选择图层组后右击。

（2）在弹出的菜单中选择“删除组”。

（3）在弹出的提示框中单击“仅组”按钮。

4.2.13　图层修边

在复制粘贴图像时，经常有些图像边缘不平滑，或是带有背景的黑色或白色边缘，结果会使图像周围产生光晕或锯齿。为此，Photoshop CS6 提供了“修边”功能，以修正粘贴图像的边缘。选择需要修整的图层，在菜单栏中执行“图层”→“修边”命令，其中包括“颜色净化”“去边”“移去黑色杂边”“移去白色杂边”4 个选项，如图 4－29 所示。

（1）“颜色净化”用于删除图像中一些多余的颜色，可以通过调整滑动条来确定删除多余颜色的范围。

（2）“去边”用于去除图像边缘，可以通过输入数值来调整去除边缘的宽度。

（3）“移去黑色杂边”用于自动去除图像边界的黑色杂边。

（4）“移去白色杂边”用于自动去除图像边界的白色杂边。

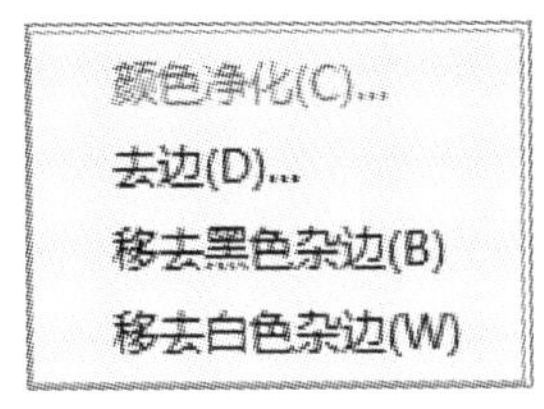

图 4－29

4.2.14　载入图层选区

使用载入图层选区操作可以快速、准确地选择背景图层以外任意图层上的所有像素。

（1）按住 Ctrl 键，在图层面板上单击某个图层的缩览图（注意不是图层名称），可将该层上的所有像素创建选区。若操作前图像存在选区，则操作后新选区将取代原有选区。

（2）按住 Ctrl＋Shift 键，在图层面板上单击某个图层的缩览图，可将该层上所有像素的选区添加到图像已有的选区中。

（3）按住 Ctrl＋Alt 键，在图层面板上单击某个图层的缩览图，可从图像已有的选区中减去该层上所有像素的选区。

（4）按住 Ctrl＋Shift＋Alt 键，在图层面板上单击某个图层的缩览图，可将该层上所有像素的选区与图像原有的选区进行交集运算。

4.2.15　修改图层名称

在多个图层的图像中，根据图层的内容命名不同的图层有利于图层的识别与管理。在图层面板上双击图层的名称，在名称文本框中输入新的名称，按 Enter 键或在名称文本框外单击即可更改图层名，如图 4－30 所示。

图 4－30

4.3　图层混合模式

“图层混合模式”是 Photoshop CS6 的核心功能之一，它能够将多个图层间的像素按选取的方式进行混合，主要用于合成图像、制作选区和特殊效果，但不会对图像造成实质性破坏。

当能准确地理解和熟练地把握图层混合模式的特点之后，就可以根据图像预期合成效果的需要，选择合适的图层混合模式。

在图层面板上，单击"混合模式"选项，在下拉菜单中选择不同的混合模式，共有 6 类 27 种，如图 4－31 所示。

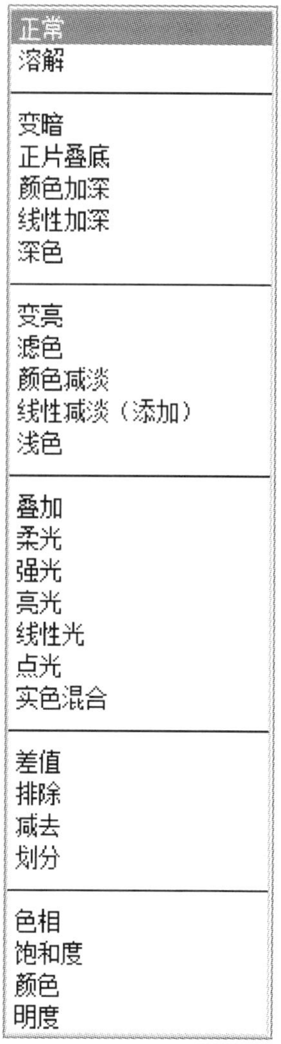

正常
溶解

变暗
正片叠底
颜色加深
线性加深
深色

变亮
滤色
颜色减淡
线性减淡（添加）
浅色

叠加
柔光
强光
亮光
线性光
点光
实色混合

差值
排除
减去
划分

色相
饱和度
颜色
明度

图 4－31

1. 组合模式组

"组合模式组"包含"正常"和"溶解"2 种混合模式。

（1）"正常"是使上面图层上的像素完全遮盖下面图层上的像素。如果上面图层中存在透明区域，则下面图层中对应位置的像素将通过透明区域显示出来。

（2）"溶解"是根据图层中每个像素点透明度的不同，以该层的像素随机取代下层对应像素，生成颗粒状的类似物质溶解的效果。不透明度越小，溶解效果越明显。

2. 加深模式组

"加深模式组"包括"变暗""正片叠底""颜色加深""线性加深""深色"5 种混合模式。

（1）"变暗"是比较上下图层中对应像素的各颜色分量，选择其中值较小（较暗）的颜色分量作为结果色的颜色分量。以 RGB 图像为例，若对应像素分别为红色（255，0，0）和绿色（0，255，0），则混合后的结果色为黑色（0，0，0）。

（2）"正片叠底"是将图层像素的颜色值与下一图层对应位置上像素的颜色值相乘，把得到的乘积再除以 255。其结果是图层的颜色一般比原来的颜色更暗一些。在这种模式下，任何颜色与黑色复合产生黑色，任何颜色与白色复合保持不变。

（3）"颜色加深"是查看每个通道中的颜色信息，通过增加对比度使下一层颜色变暗以反映上一图层的颜色。白色图层在该模式下对下一层图像无任何影响（两层混合后显示的完全是下一层的图像）。

（4）"线性加深"是查看每个通道中的颜色信息，并通过降低亮度使下层颜色变暗以反映上一图层的颜色。白色图层在该模式下对下层图像无任何影响。

（5）"深色"是比较上下图层中对应像素的各颜色分量的总和，并显示数值较小的像素的颜色。与"变暗"模式不同，该模式不生成第 3 种颜色。

3. 减淡模式组

"减淡模式组"包括"变亮""滤色""颜色减淡""线性减淡（添加）""浅色"5 种混合模式。

（1）"变亮"与"变暗"模式恰恰相反，比较上下图层中对应像素的各颜色分量，选择其中值较大（较亮）的颜色分量作为结果色的颜色分量。以 RGB 图像为例，若对应像素分别为红色（255，0，0）和绿色（0，255，0），则混合后的结果色为黄色（255，255，0）。

（2）"滤色"是查看每个通道的颜色信息，并将上一层像素的互补色与下一层对应像素的颜色复合，结果总是两层中较亮的颜色保留下来。上一层颜色为黑色时对下一层没有任何影响(结果完全显示下层的图像),上一层颜色为白色时将产生白色。

(3)"颜色减淡"是查看每个通道中的颜色信息,并通过增加对比度使下一层颜色变亮以反映上一层颜色。上一层颜色为黑色时对下一层没有任何影响。

(4)"线性减淡(添加)"是查看每个通道中的颜色信息,并通过增加亮度使下一层颜色变亮以反映上一层颜色。上一层颜色为黑色时对下一层没有任何影响;上一层颜色为白色时将产生白色。

(5)"浅色"是比较上下图层中对应像素的各颜色分量的总和,并显示值较大的像素的颜色。与"变亮"模式不同,该模式不生成第 3 种颜色。

4. 对比模式组

"对比模式组"包括"叠加""柔光""强光""亮光""线性光""点光""实色混合"7 种混合模式。

(1)"叠加"是保留下一层颜色的高光和暗调区域,保留下一层颜色的明暗对比。下一层颜色没有被替换,只是与上一层颜色进行叠加以反映其亮部和暗部。

(2)"柔光"是根据上一层颜色的灰度值确定混合后的颜色是变亮还是变暗。若上一层的颜色比为 50%的灰色亮,则与下一层混合后图像变亮,否则变暗。若上一层存在黑色或白色区域,则混合图像的对应位置将产生明显较暗或较亮的区域,但不会产生纯黑色或纯白色。

(3)"强光"是根据上一层颜色的灰度值确定混合后的颜色是变亮还是变暗。若上一层的颜色比为 50%的灰色亮,则与下一层混合后图像变亮。这对于向图像中添加高光非常有用。若上一层的颜色比为 50%的灰色暗,则与下一层混合后图像变暗。这对于向图像添加暗调非常有用。若上一层中存在黑色或白色区域,则混合图像的对应位置将产生纯黑色或纯白色。使用"强光"模式混合图像的效果与耀眼的聚光灯照在图像上的效果相似。

(4)"亮光"是根据上一层颜色的灰度值确定增加(或减小)对比度以加深(或减淡)颜色。若上一层的颜色比为 50%的灰色亮,则通过减小对比度使下一层图像变亮。否则,通过增加对比度使下一层图像变暗。

(5)"线性光"是根据上一层颜色的灰度值确定是降低还是增加亮度以加深或减淡颜色。若上一层的颜色比为 50%的灰色亮,则通过增加亮度使下一层图像变亮。否则,通过降低亮度使下一层图像变暗。

(6)"点光"是根据上一层颜色的灰度值确定是否替换下一层的颜色。若上一层颜色比为 50%的灰色亮,则替换下一层中比较暗的像素,而下一层中比较亮的像素不改变。若上一层的颜色比为 50%的灰色暗,则替换下一层中比较亮的像素,而下一层中比较暗的像素不改变。

(7)"实色混合"是把混合色中的红、绿、蓝通道数值添加到基色的 RGB 值中。结果色的 R、G、B 通道的数值只能是 255 或 0,即只能是红、绿、蓝、黄、青、洋红、白、黑 8 种颜色中的一种。

5. 比较模式组

"比较模式组"包括"差值""排除""减去""划分"4 种混合模式。

(1)"差值"是对上下两层对应的像素进行比较,用比较亮的像素的颜色值减去比较暗的像素的颜色值,差值即为混合后像素的颜色值。若上层颜色为白色,则混合图像为下层图像的反相。若上层颜色为黑色,则混合图像与下层图像相同。同样,若下层颜色为白色,则混合图像为上层图像的反相。若下层颜色为黑色,则混合图像与上层图像相同。

（2）“排除”与“差值”模式相似，但混合后的图像对比度更低，因此整个画面更柔和。

（3）“减去”用于查看各通道的颜色信息，并从基色中减去混合色。

（4）“划分”用于查看各通道的颜色信息，并用基色分割混合色。

6. 色彩模式组

“色彩模式组”包括“色相”“饱和度”“颜色”“明度”4 种混合模式。

（1）“色相”是用下层颜色的亮度和饱和度及上层颜色的色相创建混合图像的颜色。

（2）“饱和度”是用下层颜色的亮度和色相及上层颜色的饱和度创建混合图像的颜色。

（3）“颜色”是用下层颜色的亮度及上层颜色的色相和饱和度创建混合图像的颜色。这样可以保留下层图像中的灰阶，这对单色图像的上色和彩色图像的着色都非常有用。

（4）“明度”是用下层颜色的色相和饱和度以及上层颜色的亮度创建混合图像的颜色。

4.4 图层样式

图层样式是创建图层特效的重要手段。Photoshop CS6 提供了多种图层样式，可创建投影、发光、浮雕、水晶和金属等各种具有逼真质感的特殊效果。选中需要添加样式的图层，执行“图层”→“图层样式”命令，打开“图层样式”对话框，可对指定图层添加图层样式。

1. 混合选项

在默认状态下，“样式”为“混合选项：默认”。此时，在“图层样式”对话框的中间位置会显示“常规混合”、“高级混合”和“混合颜色带”3 个选项组，如图 4-32 所示。

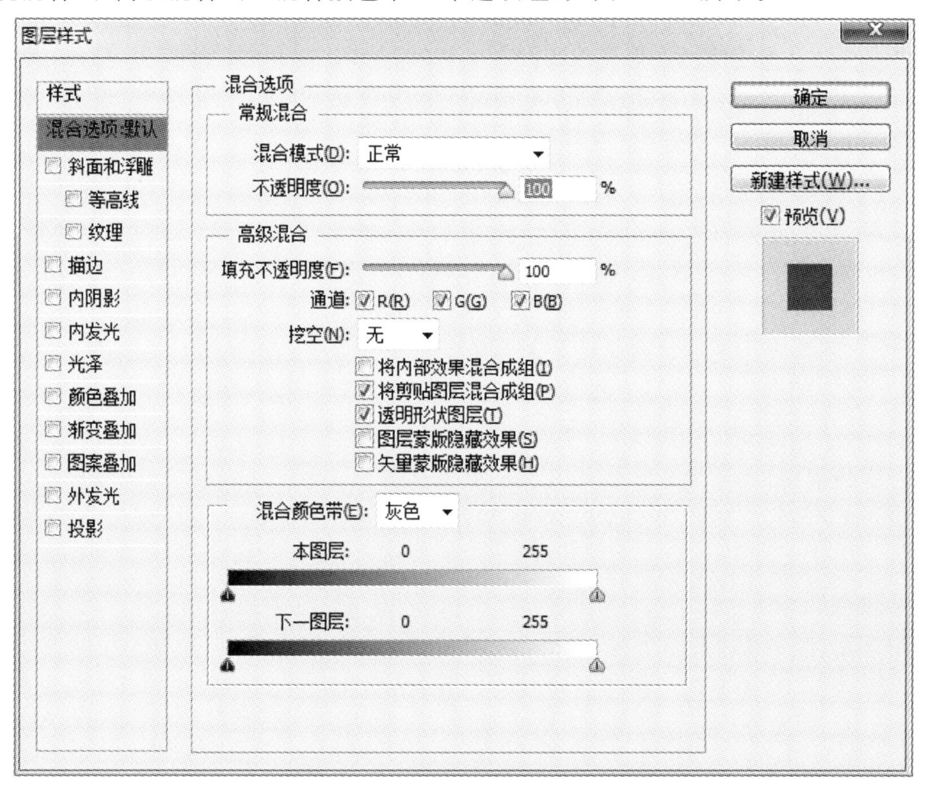

图 4-32

（1）在“常规混合”选项组中包括“混合模式”下拉选项框和“不透明度”滑动条 2 个部分。“混合模式”下拉选项框用于选择不同的图层混合模式；“不透明度”用于设定图层中所有像素的不透明程度，可以通过输入数字或拖动滑动条改变数值。“不透明度”设定会影响图层中所有像素。

（2）在“高级混合”选项组中，可通过调整“填充不透明度”滑动条改变图层中原有像素或图形的不透明度，但并不影响执行图层样式后产生的新像素；可选择不同的“通道”执行各种混合设定。当图像为 CMYK 模式时，可以看到 C、M、Y、K 四个通道选项；可通过“挖空”选项用来设定穿透某图层是否能看到其他图层的内容。

（3）在“混合颜色带”选项组中，“本图层”表示所选中的图层，“下一图层”表示处在所选图层下面的所有像素点。“本图层”和“下一图层”的数字是以 0（黑）～255（白）来定义范围的。图像中像素点的像素值是 0～255 阶，纯黑色的像素是 0 阶，纯白色的像素值是 255 阶。

① 使用“本图层”滑块指现用图层上将要混合的下面的可视图层的像素范围。例如，如果将白色滑块拖到 235，则亮度值大于 235 的像素保持不混合，并且排除在最终图像之外。

② 使用“下一图层”滑块指定将在最终图像中混合的下面的可视图层的像素范围。混合的像素与现用图层中的像素组合生成复合像素，而未混合的像素透过现用图层的上层区域显示出来。例如，如果将黑色滑块移动到 19，则亮度值低于 19 的像素值不混合，并将透过最终图像中的现用图像显示出来。

2. 斜面和浮雕

使用“斜面和浮雕”样式可以制作各种形式的浮雕效果。在所有的预设图层样式中其功能最强大，参数设置也最为复杂，设置界面如图 4－33 所示。

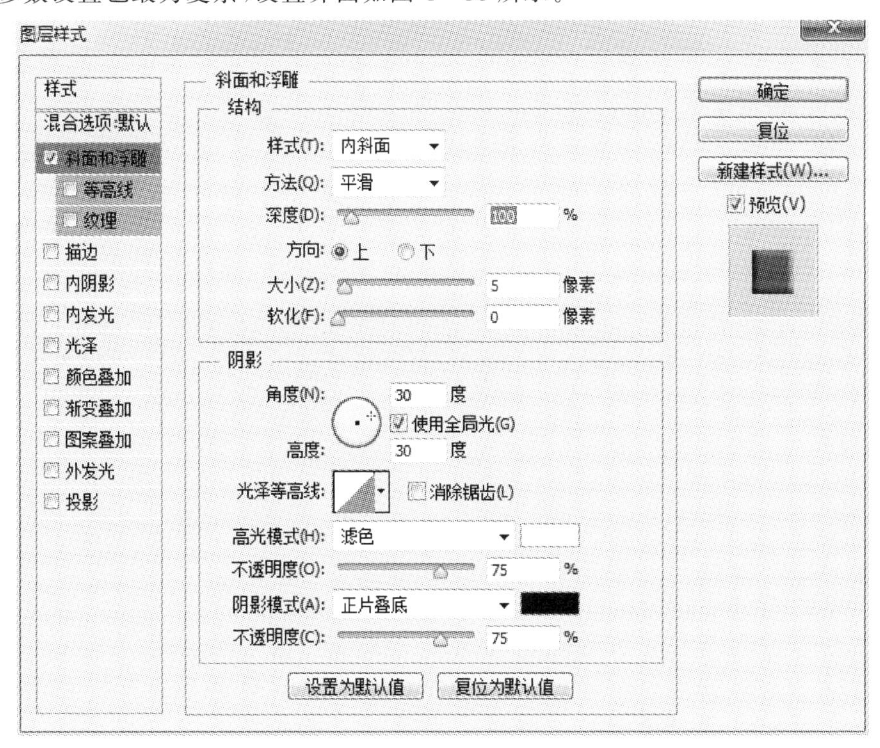

图 4－33

（1）“样式”下拉选项框中，“内斜面”指在像素内侧边缘生成的斜面效果；“外斜面”指在像素外侧边缘生成的斜面效果；“浮雕”指以下层图像为背景创建浮雕效果；“枕状浮雕”指创建将当前图层像素边缘压入下层图像的压印效果；“描边浮雕”指将浮雕效果应用于像素描边效果的边界。

（2）“方法”下拉选项框中，“平滑”用于稍微模糊浮雕的边缘使其变得更平滑；“雕刻清晰”用于消除锯齿形状的边界，使浮雕边缘更生硬清晰；“雕刻柔和”可产生比较柔和的浮雕边缘效果，对较大范围的边界更有用。

（3）“深度”用于设置纹理效果的强弱程度，可通过拖拽滑块条或直接输入数值确定。

（4）“方向”用于改变光照方向，可以选择向上斜面浮雕效果或向下斜面浮雕效果。

（5）“大小”用于调整纹理图案的大小，可通过三角滑块调整，也可直接输入数值。

（6）“软化”用于设置纹理效果的平滑程度，可通过三角滑块调整，也可直接输入数值。

（7）“角度”用于设置光照方向，可以通过拖动圆周内的半径线或在右侧框内输入数值改变光照角度。

（8）“高度”用于设置光照高度。与“角度”相同，通过拖动圆周内的半径线或在右侧框内输入数值可改变光照高度。

（9）“光泽等高线”用于选择预设的等高线类型，或自定义等高线。不同的等高线将在斜面和浮雕效果的边缘形成不同的轮廓。

（10）“消除锯齿”用于使轮廓线更平滑。

（11）“高光模式”用于指定高光部分的混合模式，通过右侧颜色块可选择高光颜色。

（12）“阴影模式”用于指定阴影部分的混合模式，通过右侧颜色块可选择阴影颜色。

（13）“不透明度”用于指定高光或阴影的不透明度。

3. 描　边

使用“描边”样式可以在像素边界上进行不同类型的描边，设置界面如图 4 - 34 所示。

（1）“大小”的作用是设定所描边界横向的像素数量，数值越大边界越粗。像素数量可通过三角滑块调整，也可直接输入数值。

（2）“位置”的作用是设定边界相对于图层像素的位置，包括“外部”、“内部”和“居中”。

（3）“混合模式”的作用是确定图层样式与当前图层像素的混合方式。大多数情况下，默认模式效果最佳。可以通过输入数字或拖动三角滑块改变边界的“不透明度”。

（4）“填充类型”的作用是在像素边界上进行颜色、渐变或图案 3 种类型的描边，通过下方的颜色块来选择描边使用的颜色。

4. 内阴影

使用“内阴影”样式可以在图层像素内容背后添加阴影效果，设置界面如图 4 - 35 所示。

（1）“混合模式”的作用是设定所生成内阴影与当前图层像素的混合方式。

（2）“角度”的作用是设置光照角度。选中“使用全局光”复选框，可使所有与光源有关的效果所使用的光照方向都相同。

（3）“距离”的作用是设置内阴影的偏移距离，可以通过输入数字调整距离大小。

（4）“阻塞”的作用是设置内阴影边界的清晰程度，数值越大，内阴影边界越清晰。

（5）“大小”的作用是设置内阴影的模糊（羽化）程度，数值越大，内阴影的范围越宽。

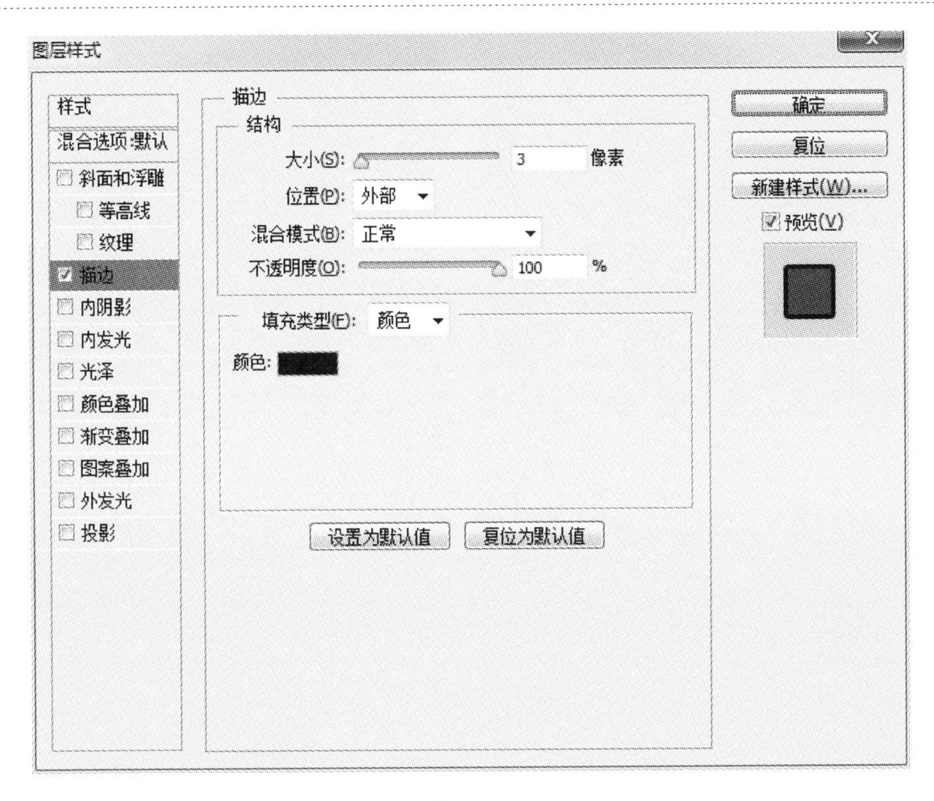
图层样式
样式
混合选项:默认
斜面和浮雕
等高线
纹理
描边
内阴影
内发光
光泽
颜色叠加
渐变叠加
图案叠加
外发光
投影
描边
结构
大小(S):
3
像素
位置(P):
外部
混合模式(B):
正常
不透明度(O):
100
%
填充类型(F):
颜色
颜色:
设置为默认值
复位为默认值
确定
复位
新建样式(W)...
预览(V)

图 4－34

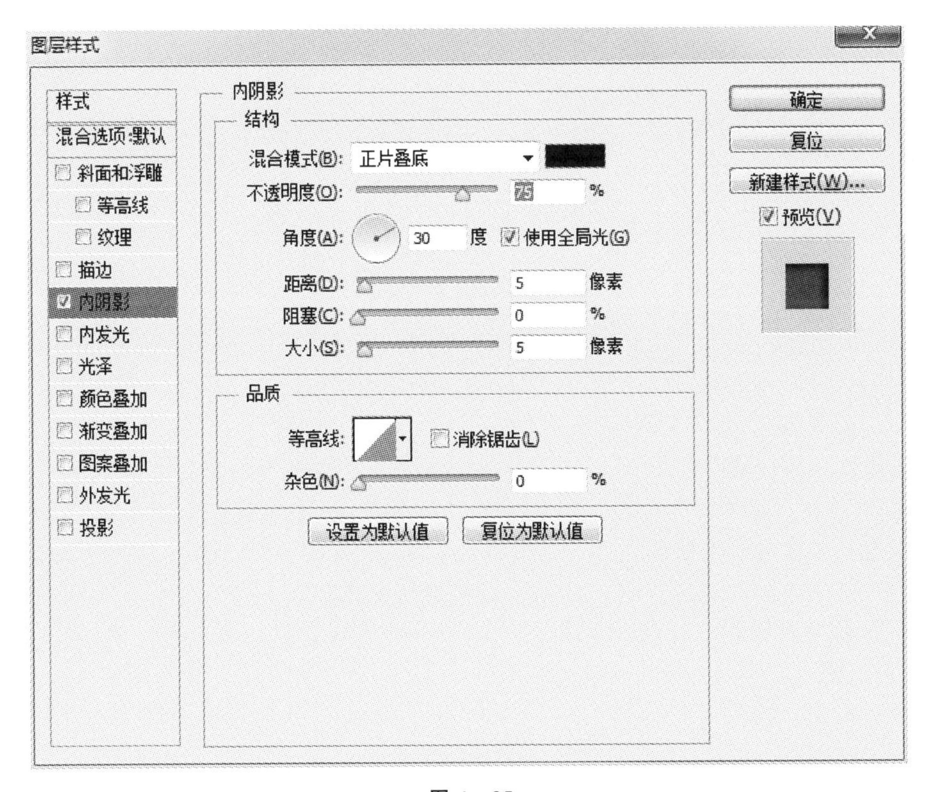
图层样式
样式
混合选项:默认
斜面和浮雕
等高线
纹理
描边
内阴影
内发光
光泽
颜色叠加
渐变叠加
图案叠加
外发光
投影
内阴影
结构
混合模式(B):
正片叠底
不透明度(O):
75
%
角度(A):
30
度
使用全局光(G)
距离(D):
5
像素
阻塞(C):
0
%
大小(S):
5
像素
品质
等高线:
消除锯齿(L)
杂色(N):
0
%
设置为默认值
复位为默认值
确定
复位
新建样式(W)...
预览(V)

图 4－35

(6)“等高线”的作用是设置阴影的轮廓。可以从下拉列表中选择预设的等高线,也可以自定义等高线,不同的等高线可以形成不同效果的内阴影。

(7)“消除锯齿”复选项可以使内阴影边缘更加光滑。

(8)“杂色”在内阴影中添加一定的噪声效果,使阴影呈现颗粒状,数值越大,颗粒越多。

5. 内发光

使用“内发光”样式可以在像素边缘的内侧产生亮光或晕影效果,设置界面如图 4-36 所示。其中很多功能与“内阴影”相似,不再赘述,这里只介绍与“内阴影”不同的功能。

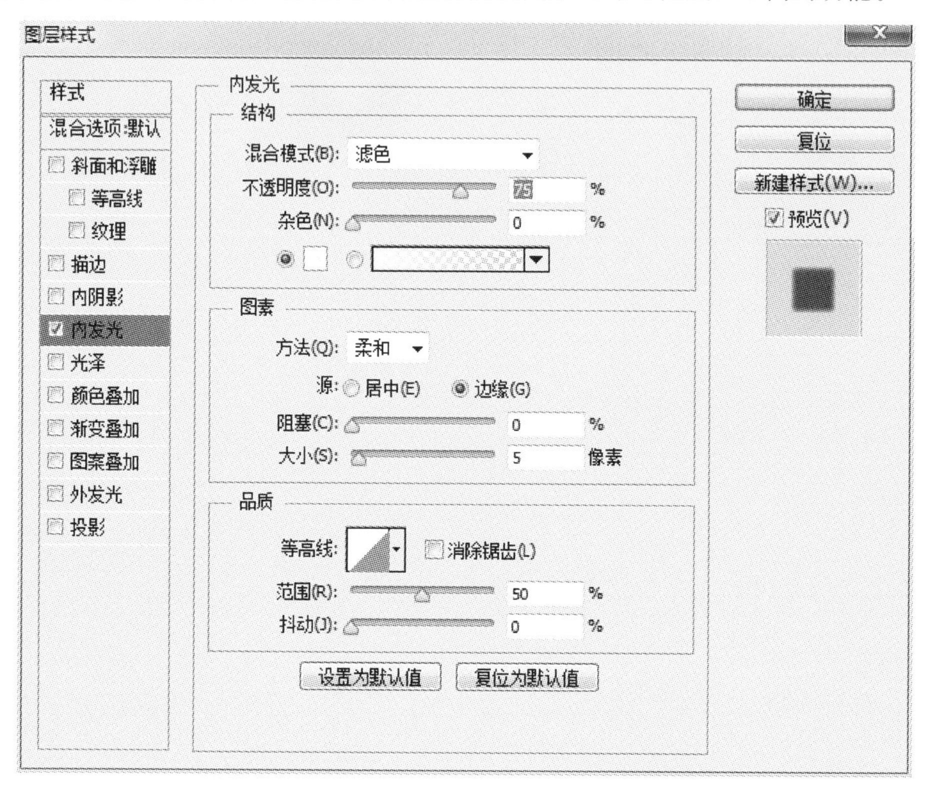

图 4-36

(1)“单色/渐变”位于“杂色”下方,是两个单选按钮。选择左侧单选按钮,可将内发光颜色设为单色,通过右侧颜色块可选择发光颜色。选择右侧单选按钮,则将内发光颜色设为渐变色,打开下拉列表选择不同的颜色渐变方式。

(2)“方法”用于设置内发光样式的光源衰减方式,有“柔和”和“精确”2 种。

(3)“源”用于设定光源的位置。选择“居中”单选项,内发光效果出现在像素中心。选择“边缘”单选项,内发光效果出现在像素的内侧边缘。

(4)“范围”用于设置内发光样式中等高线的应用范围。

(5)“抖动”适用于内发光颜色为渐变色,且其中至少包含两种颜色的情况,可以使内发光样式的颜色和不透明度产生随机变动。

6. 光　泽

使用“光泽”样式可以在像素的边缘内部产生光晕或阴影效果,使之变得柔和,设置界面如图 4-37 所示,其中参数设置与前面类似。图像形状不同,光晕或阴影效果会有很大差别。

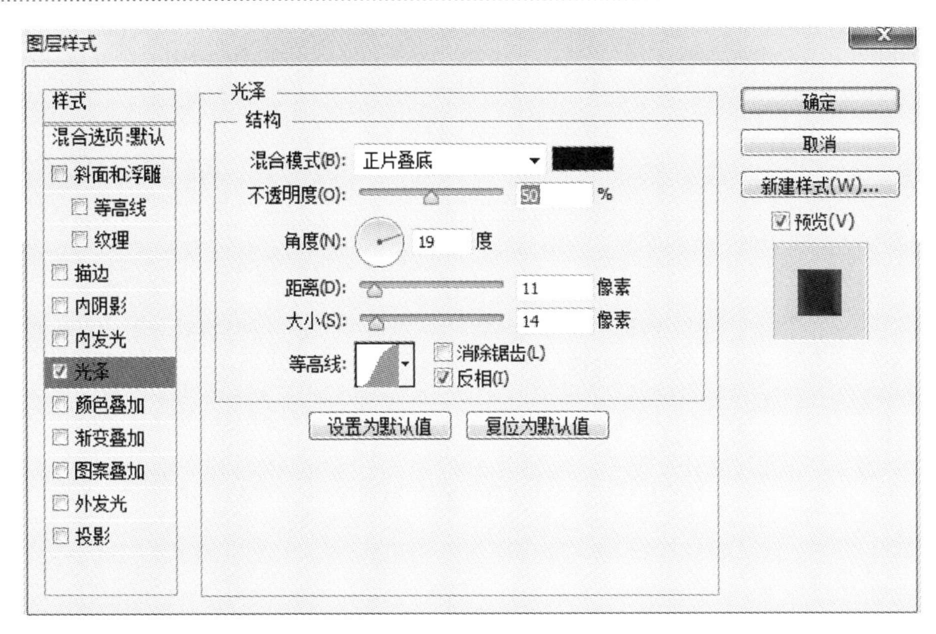

图 4 - 37

7. 颜色叠加

使用“颜色叠加”样式可以用指定的单一颜色填充选定的图层内容，即为选定图层着色。“颜色叠加”样式涉及的参数设置选项较少，只有“混合模式”和“不透明度”，设置界面如图 4 - 38 所示。

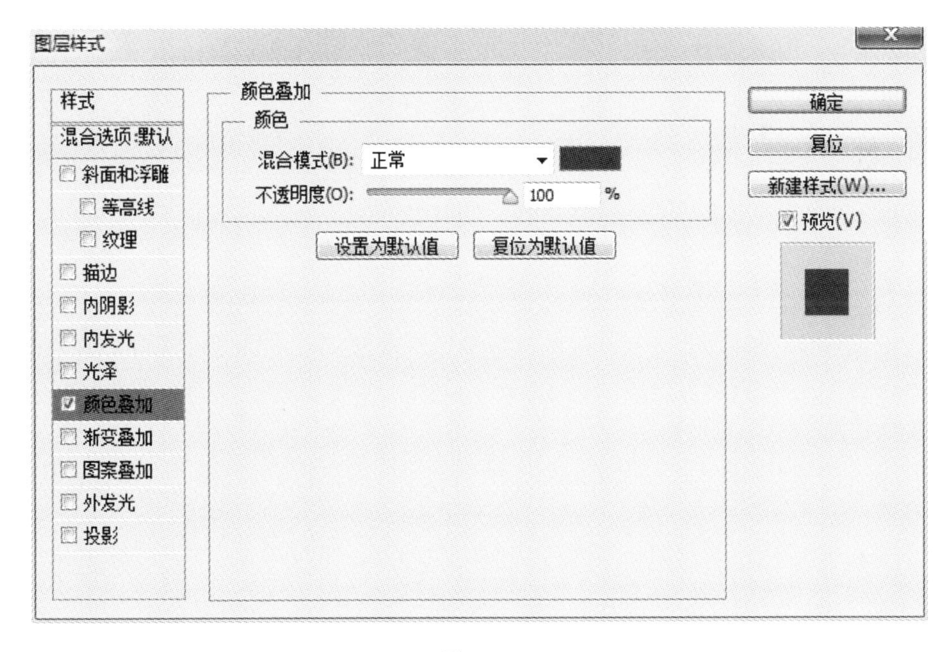

图 4 - 38

(1)“混合模式”可以用不同的方法将图层像素与指定颜色进行混合，通过右侧颜色块可选择混合颜色。

(2)“不透明度”用于调整设置混合颜色的效果。

8. 渐变叠加

使用“渐变叠加”样式可以用设定的渐变颜色填充选定的图层内容，设置界面如图 4－39 所示。

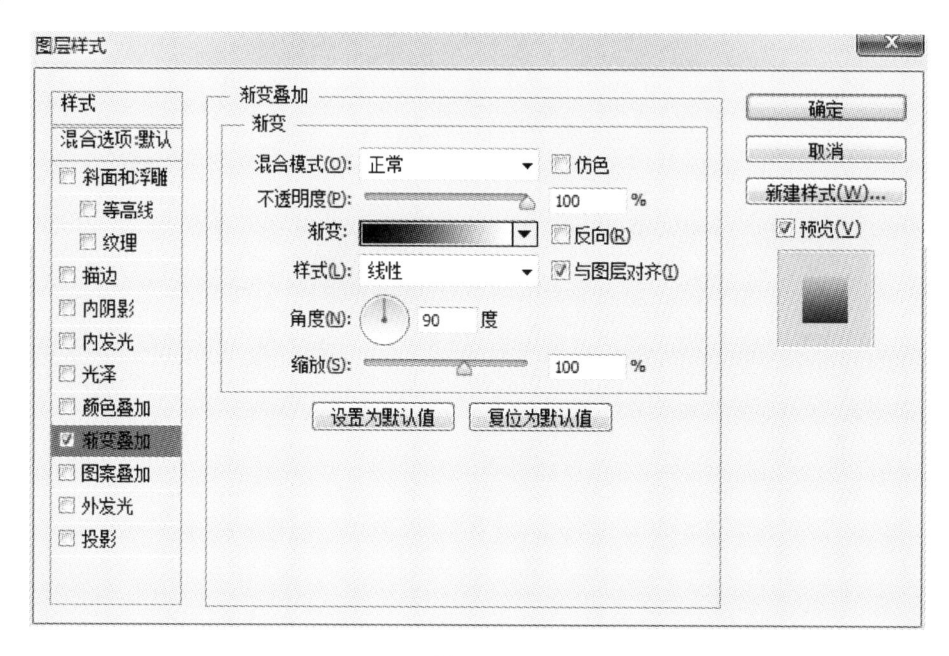

图 4－39

（1）“混合模式”的作用与“颜色叠加”中“混合模式”作用相同。选中“仿色”复选框，会使图层像素边界看上去更加柔和，视觉上感觉颜色更多，故又称仿色为欺骗色。

（2）“渐变”用于设置填充选定内容时使用的渐变色。单击颜色框可以设置填充的颜色，单击下拉菜单可以选择渐变的颜色组合方式。选中“反向”复选框，会使填充的颜色顺序倒置。

（3）“样式”用于设置渐变色的填充方式。选中“与图层对齐”复选框，会使填充的渐变颜色均匀分布在选定区域。如不选，则渐变颜色会均匀分布于整个图层，但仅在选中区域显示，其他区域隐藏。

（4）“角度”用于设置填充颜色与选中区域的相对角度。

（5）“缩放”用于调整填充范围的大小。

9. 图案叠加

使用“图案叠加”样式可以用指定的图案填充选定的图层内容，设置界面如图 4－40 所示，其中“混合模式”“不透明度”“缩放”等与上面类似。

（1）“图案”用于使用某一图案填充选定的图层内容。可以单击“从当前图案创建新的预设”按钮，将当前图案创建成一个新的预设图案，并存放在“图案”中。

（2）“贴紧原点”用于以当前图案左上角为原点，将原点对齐图层或文档的左上角。

（3）“与图层链接”用于调整填充图案的原点。选择该项，将以当前图像为原点定位填充图案的原点。撤销该项，则将以图层所在画布的左上角定位填充图案的原点。

10. 外发光

使用“外发光”样式可以在像素边缘的内侧产生亮光或晕影效果，设置界面如图 4－41 所

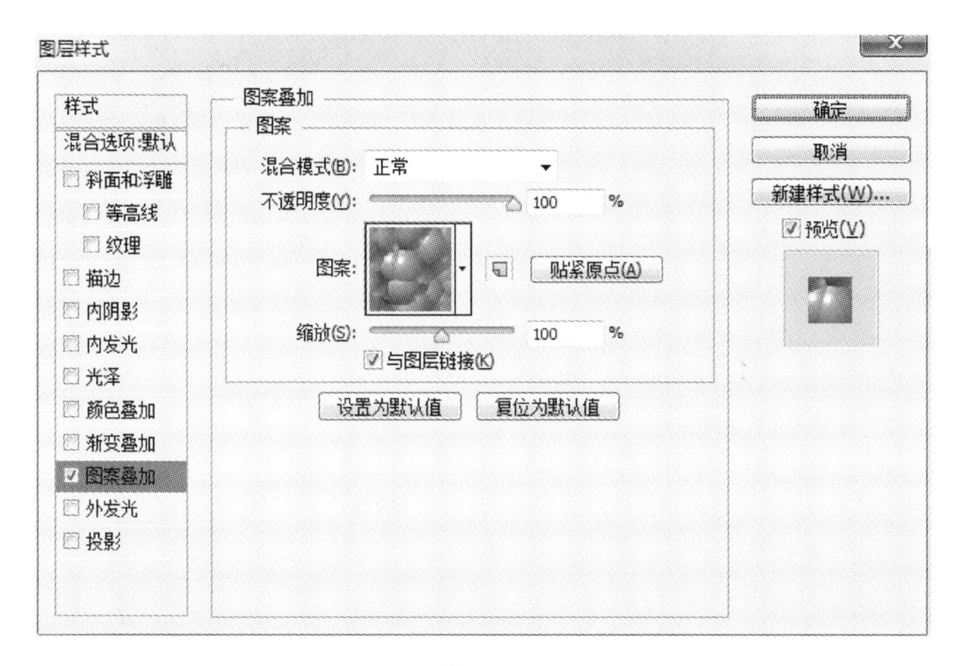

图 4－40

示,很多功能与“内发光”相似。

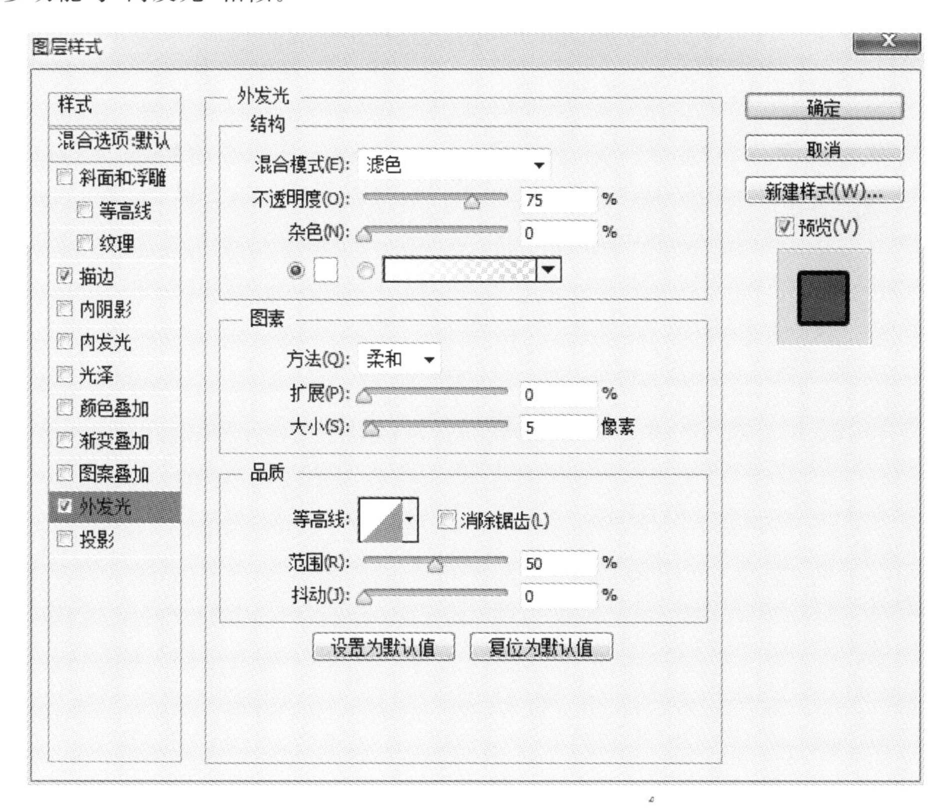

图 4－41

(1)“扩展”的作用是设置灯光强度及阴影的影响范围。

(2)“范围”的作用是设置外发光样式中等高线的应用范围。

(3)“抖动”仅适用于外发光颜色为渐变色,且其中至少包含两种颜色的情况,作用是使外发光样式的颜色和不透明度产生随机变动。

11. 投　影

使用“投影”样式可在图层像素内容背后添加阴影效果,设置界面如图 4-42 所示,其中大部分功能与前面相同,仅有“图层挖空投影”是“投影”特有功能,其作用是当图层的填充为透明时,该选项控制与图像重叠区域的阴影的可视性。

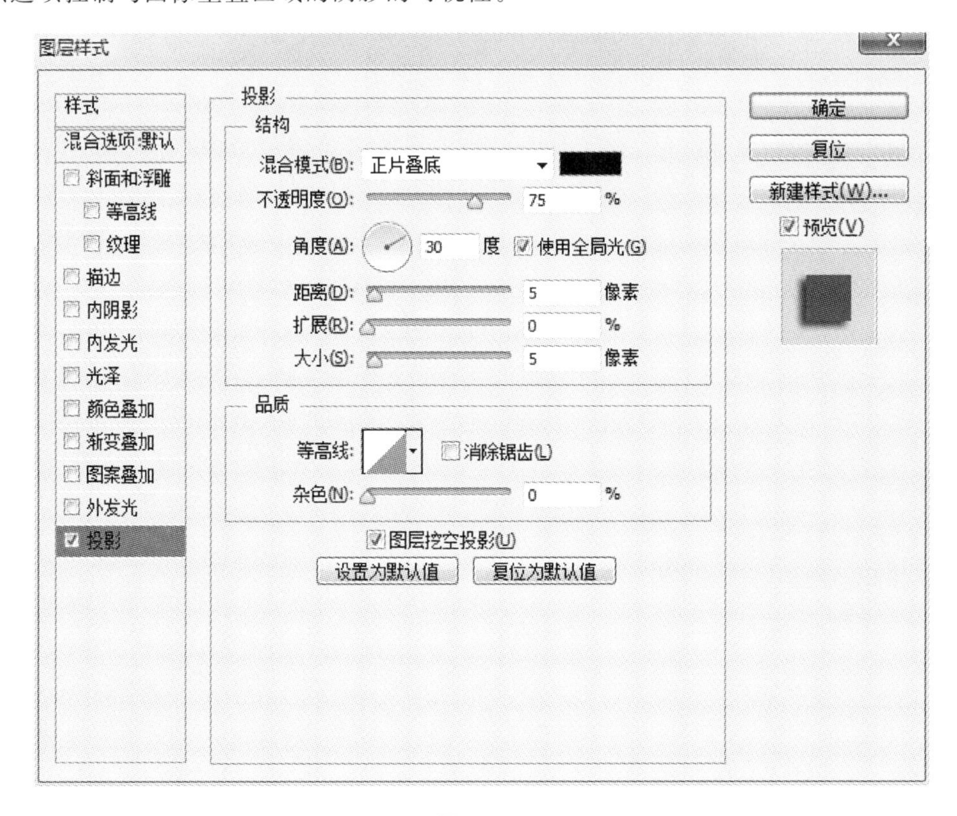

图 4-42

第5章　绘图与修饰

5.1　绘图工具

Photoshop CS6 的绘图工具包括“画笔工具”“橡皮擦工具”“渐变工具”，其功能非常强大，常用于图像的绘制。

5.1.1　绘图工具的设置

操作 Photoshop CS6，当使用不同的电脑，而选择工具箱中相同的工具时，光标的外形有时会有所不同。实际上这是根据绘图时不同的需要而专门设计的，使用者可以根据自己的需求进行设置，可执行“编辑”→“首选项”→“光标”命令，弹出“首选项”对话框，如图 5-1 所示。

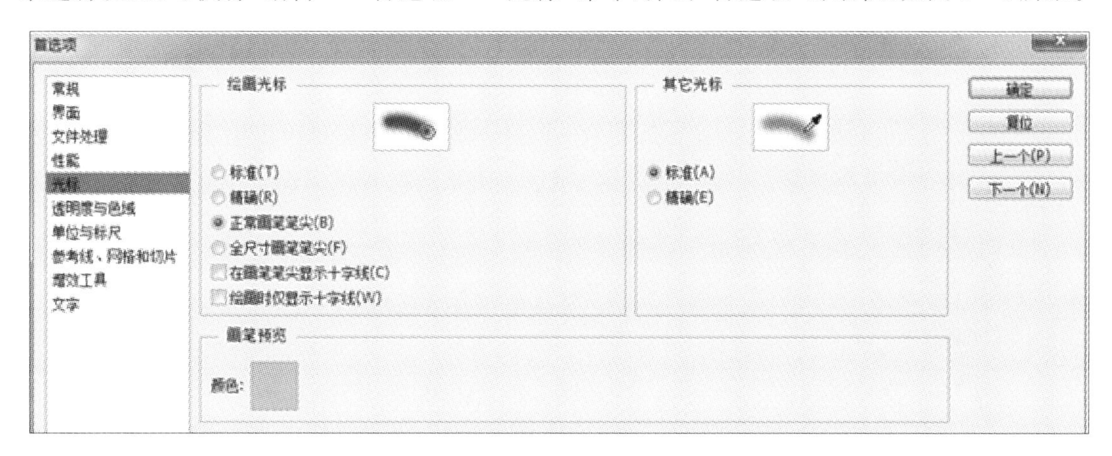

图 5-1

在“首选项”对话框中，包含“绘画光标”、“其他光标”和“画笔预览”三个选项组。其中，“绘画光标”选项组主要用于控制画笔工具、铅笔工具、修复工具、橡皮擦工具、图章工具等；“其它光标”选项组用于控制选框工具、套索工具、魔棒工具、裁剪工具、切片工具、修补工具、钢笔工具、渐变工具等。在“绘画光标”选项组中，可以选择不同的光标形状。

(1) 选择“标准”选项，则绘画工具在操作中出现的图标便与工具箱中的相同。

(2) 选择“精确”选项，则工具呈十字形。

(3) 选择“正常画笔笔尖”选项，则绘图工具的光标形状显示轮廓对应于该工具将影响到区域的大约 50%，选择的笔尖越粗，绘画光标就越大。

(4) 选择“全尺寸画笔笔尖”选项，则绘图工具的光标形状显示轮廓对应于该工具将影响到区域的几乎 100%。

(5) 选择“在画笔笔尖显示十字线”复选框，将在画笔形状的中心显示十字线。此选项在选择“标准”和“精确”选项时是无效的。

5.1.2 画笔工具

“画笔工具”的位置在“工具栏”的中部，默认状态是“画笔工具”。将光标放在“矩形选框工具”上右击时，会弹出画笔工具组，包括“画笔工具”“铅笔工具”“颜色替换工具”“混合器画笔工具”。画笔工具组如图 5－2 所示。

1. 画笔工具

“画笔工具”的主要作用是使用前景色绘制随意的软边线条，工具属性栏如图 5－3 所示。

图 5－2

（1）“画笔”用于打开画笔预设选取器，从中选择预设的画笔笔尖形状，并可更改预设画笔笔尖的大小和硬度。

（2）“切换画笔调板”按钮，可以打开“画笔”对话框，从中选择预设画笔或创建自定义画笔，“画笔”对话框如图 5－4 所示。该窗口也可以执行“窗口”→“画笔”命令打开。

图 5－3

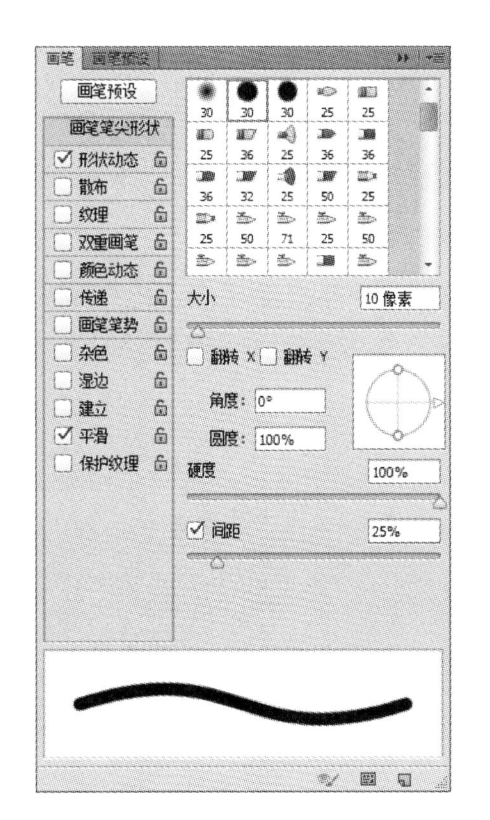

图 5－4

① “画笔预设”用于显示预设画笔列表框。通过列表框可选择预设画笔的笔尖形状，更改画笔笔尖的大小。“画笔”面板底部为预览区，显示选择的预设画笔或自定义画笔的应用效果。画笔笔尖形状间隔设置如图 5－5 所示。

② “形状动态”可以改变画笔笔尖的大小抖动、最小直径、角度抖动、圆度抖动、最小圆度和翻转等，指定绘画过程中笔尖形状的动态变化情况。

③ “散布”用于设置绘制的画笔中笔迹的数目和位置。

④ “纹理”可以使用某种图案作为画笔笔尖形状，绘制纹理的效果。

⑤ “双重画笔”可以使用两个笔尖创建画笔笔迹。

⑥ “颜色动态”用于设置绘画过程中画笔颜色的动态变化。

⑦ “传递”用于调整油彩和效果的动态，建立主要针对不透明度、流量、湿度、混合等抖动的控制。

⑧ “画笔笔势”用于调整毛刷画笔的笔尖、

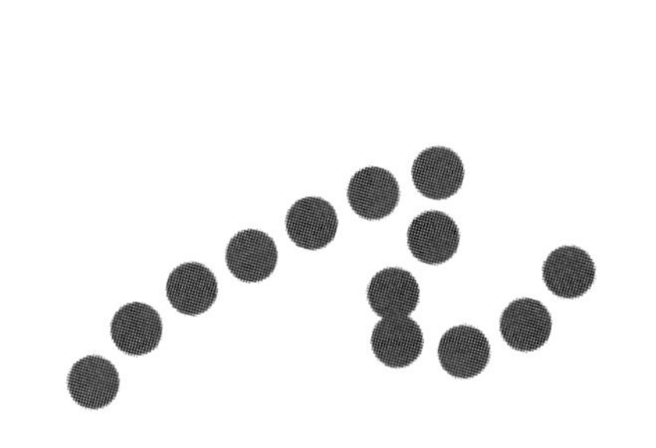

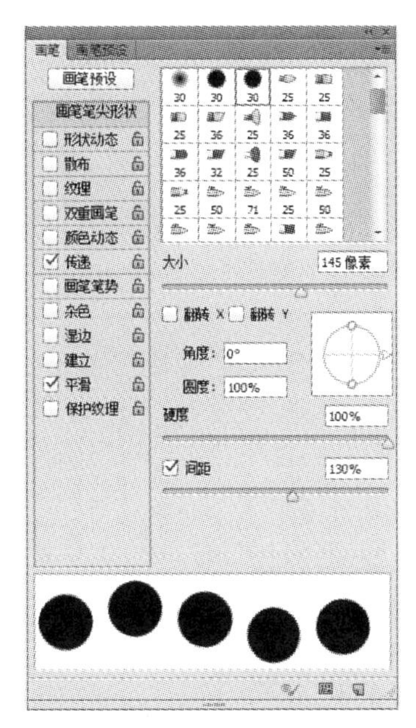

图 5－5

侵蚀画笔笔尖的角度。

⑨ “杂色”可以使绘画产生颗粒状溶解效果，对于透明度较低和软边画笔效果明显。

⑩ “湿边”用于在画笔的边缘增大油彩量，产生类似水彩画的效果。

⑪ “建立”启用喷枪样式的建立效果。

⑫ “平滑”可以使绘制的线条产生更平滑的曲线效果。

⑬ “保护纹理”可以使所有的纹理画笔采用相同的图案和缩放比例。

（3）“模式”用于设置画笔模式，使当前画笔颜色以指定的颜色混合模式应用到图像上，默认选项为“正常”。

（4）“不透明度”用于设置画笔的不透明度，取值范围为 0%～100%。

（5）“流量”用于设置画笔的颜色涂抹速度，取值范围为 0%～100%。

（6）“喷枪”可以将画笔当作喷枪使用，可以通过缓慢地拖动或按住左键不放以积聚、扩散喷洒颜色。

2. 铅笔工具

铅笔工具的作用是使用前景色绘制随意的硬边线条，其参数设置及用法与画笔工具类似。使用铅笔工具绘画时，若起始点像素的颜色与当前前景色相同，则使用当前背景色绘画；否则，仍使用当前前景色绘画。

3. 颜色替换工具

颜色替换工具用于将前景色快速替换图像中的特定颜色，工具属性栏如图 5－6 所示。

图 5－6

（1）“画笔”用于设置画笔笔尖的大小、硬度、间距、角度、圆度等参数。

（2）“模式”用于设置画笔模式，使当前画笔颜色以指定的颜色混合模式应用到图像上。默认选项为“颜色”，仅影响图像的色调与饱和度，不改变亮度。

（3）“取样”是指图像中能够被前景色替换的区域的颜色，包含“连续”、“一次”和“背景色板”三个选项，用于确定颜色取样的方式。“连续”选项使工具在拖移过程中不断地对颜色取样。“一次”选项将首次单击点的颜色作为取样颜色。“背景色板”选项只替换包含当前背景色的像素区域。

（4）“限制”包含“不连续”、“连续”和“查找边缘”3 个选项。“不连续”选项替换图像中与“取样颜色”匹配的任何位置的颜色。“连续”选项仅替换与“取样颜色”位置邻近的连续区域内的颜色。“查找边缘”选项类似“连续”选项，只能更好地保留被替换区域的轮廓。

（5）“容差”用于确定图像的颜色与“取样颜色”接近到什么程度时才能被替换。较低的取值时，只有与“取样颜色”比较接近的颜色才能被替换；较高的取值能替换更宽范围的颜色。

（6）“消除锯齿”复选框可以使图像中颜色被替换的区域获得更平滑的边缘。

4. 混合器画笔工具

混合器画笔工具是较为专业的绘画工具，用于绘制逼真的手绘效果，通过参数设置可以调节笔触的颜色、潮湿度、混合颜色等，如同在绘制水彩或油画时可以随意调节颜料颜色、浓度和颜色混合等。其工具属性栏如图 5－7 所示。

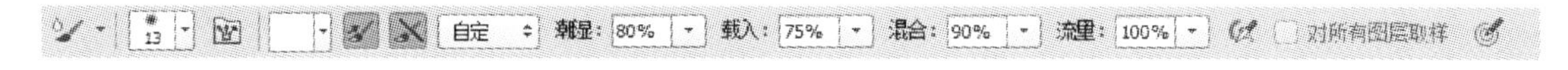

图 5－7

（1）颜色用于显示前景色颜色，单击右侧的下三角可以载入画笔、清理画笔、只载入纯色。

（2）“每次描边后载入画笔”和“每次描边后清理画笔”两个按钮，控制了每一笔涂抹结束后对画笔是否更新和清理，类似于绘画时一笔过后是否将画笔在水中清洗。

（3）“潮湿”设置从画布拾取的油彩量。就像给颜料加水，设置的值越大，画在画布上的色彩越淡。

（4）“载入”用于每次描边后载入画笔。

（5）“混合”用于设置多种颜色的混合。当潮湿为 0 时，该选项不能用。

（6）“流量”用于设置描边的流动数率。

（7）“对所有图层取样”的作用是无论本文件有多少图层，将它们作为一个单独的合并的图层看待。

5.1.3 橡皮擦工具

“橡皮擦工具”的位置在“画笔工具”下方，包括“橡皮擦工具”、“背景橡皮擦工具”和“魔术橡皮擦工具”，主要用于擦除图像的颜色，默认状态是“橡皮擦工具”。橡皮擦工具组如图 5－8 所示。

图 5－8

1. 橡皮擦工具

“橡皮擦工具”在不同类型的图层上擦除图像时，结果是不同的。用于普通图层时，可将图像擦除为透明色；用于背景图层时，被擦除区域的颜色被当前背景色取代；用于透明区域被锁定图层时，将包含像素的区域擦除为当前背景色。“橡皮擦工具”的工具属性栏多数设置与“画笔工具”相同，如图 5-9 所示。

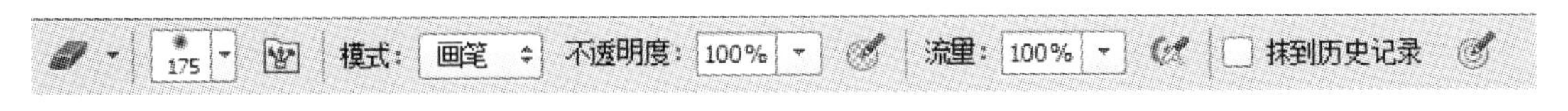

图 5-9

（1）“模式”用于设置擦除模式，有“画笔”、“铅笔”和“块”3 种。

（2）“抹到历史记录”用于将图像擦除到指定的历史记录状态或某个快照状态。

2. 背景橡皮擦工具

无论在普通图层还是在背景图层上，使用“背景橡皮擦工具”可将图像擦除到透明，也可在去除背景的同时保留物体的边缘。通过定义不同的取样方式和设定不同的容差数值，可以控制边缘的透明度和锐利程度。“背景橡皮擦工具”在画笔的中心取色不受中心以外其他颜色的影响。同时，还对物体的边缘进行颜色提取，所以当物体被粘贴到其他图像上时边缘不会有光晕出现。“背景橡皮擦工具”的工具属性栏如图 5-10 所示，其中参数大多与颜色替换工具类似。

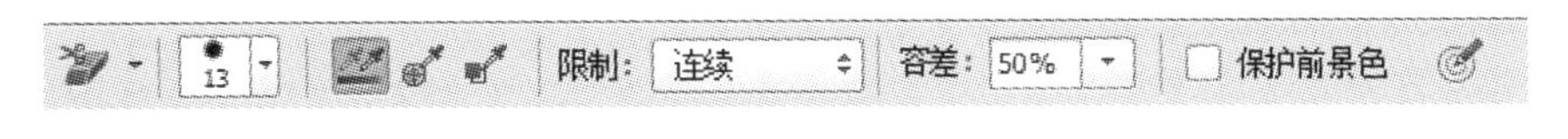

图 5-10

“保护前景色”复选框可以禁止擦除与当前前景色匹配的区域。

3. 魔术橡皮擦工具

“魔术橡皮擦工具”可擦除指定容差范围内的像素，与“橡皮擦工具”、“背景橡皮擦工具”类似，“魔术橡皮擦工具”可以在背景图层上擦除的同时将背景图层转化为普通图层，也可以在透明区域被锁定的图层上擦除时将包含像素的区域擦除为当前背景色。“魔术橡皮擦工具”工具属性栏中参数大多与魔棒工具类似，如图 5-11 所示。

图 5-11

（1）“消除锯齿”复选框可使擦除区域的边缘更平滑。

（2）“容差”用于控制擦除范围。容差越大填充范围越广，取值范围为 0～255，系统默认值为 32。

5.1.4　渐变工具

“渐变工具”的位置在“橡皮擦工具”下方，包括“渐变工具”和“油漆桶工具”，主要用于填充单色、图案或过渡色，默认状态是“渐变工具”。渐变工具组如图 5-12 所示。

图 5-12

1. 渐变工具

“渐变工具”用于填充各种过渡色，工具属性栏如图 5-13 所示。

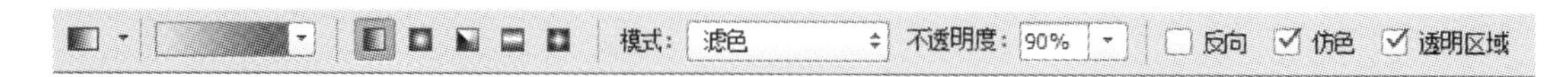

图 5－13

(1)“渐变类型”包括“线性渐变”“径向渐变”“角度渐变”“对称渐变”“菱形渐变”5 种,用于设置渐变填色类型。

(2)“模式”可指定当前渐变色以何种颜色混合模式应用到图像上。

(3)“不透明度”用于设置渐变填充的不透明度。

(4)“反向”复选框可反转渐变填充中的颜色顺序。

(5)“仿色”复选框可用递色法增加中间色调,形成更平缓的过渡效果。

(6)“透明区域”复选框可使渐变中的不透明度设置生效。

在使用“渐变工具”时,如不创建选区,“渐变工具”将作用于整个图像。如创建选区,则拖拽形成一条直线,直线的长度和方向决定了渐变的区域和方向。拖拽时,按住 Shift 键可保证选区的方向是水平、垂直或 45°。

渐变工具使用的基本步骤如下:

- 新建一张画纸,新建一个图层。
- 调出标尺,按 Alt ＋V＋E 键新建参考线,拖动水平和垂直两个方向的辅助线,定义画面中心。
- 按住 Alt 和 Shift 键从画面的中心拖动出一个正圆形选区,然后减去中间的选区。
- 选择渐变工具,单击“渐变工具”对话框,选择色谱渐变。
- 选择渐变工具属性栏中的锥形渐变,并按住 Shift 键,从画面的中心向右拖动出水平的色谱渐变,效果如图 5－14 所示。

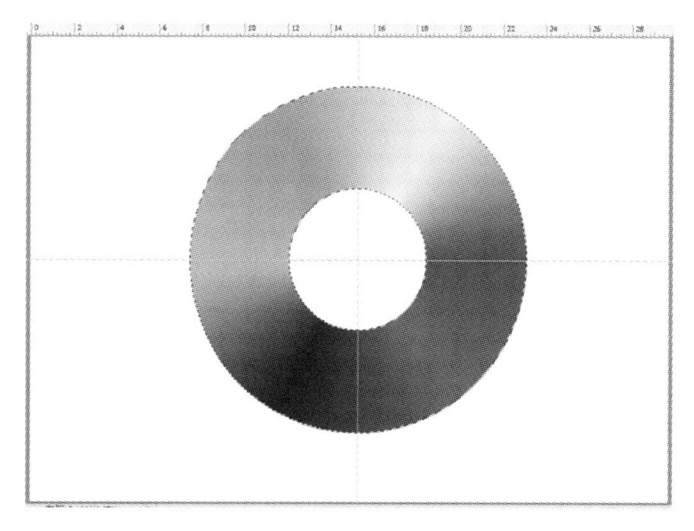

图 5－14

2. 油漆桶工具

“油漆桶工具”主要用于填充单色或图案,其工具属性栏如图 5－15 所示。

(1)“填充类型”包括“前景”和“图案”两种。选择“前景”,使用当前前景色填充图像;选择

图 5-15

“图案”,可从弹出的图案选取器中选择某种预设图案或自定义图案进行填充。

(2)“模式”可用指定填充内容以何种颜色混合模式应用到要填充的图像上。

(3)“不透明度”用于设置填充颜色或图案的不透明度。

(4)“容差”用于设置待填充像素的颜色与单击点颜色的相似程度。容差越大填充范围越宽,取值范围为0～255,系统默认值为32。

(5)“消除锯齿”复选框可使填充区域的边缘更平滑。

(6)“连续的”复选框可将填充区域限定在与单击点颜色匹配的相邻区域内。

(7)“所有图层”复选框可将基于所有可见图层的合并图像填充到当前层。

5.2 修饰工具

Photoshop CS6 的修饰工具包括图章工具组、修复画笔工具组、模糊工具组和减淡工具组,常用于图像修改,以获得更加完美的效果。

5.2.1 仿制图章工具

“仿制图章工具”的位置在“画笔工具”和“橡皮擦工具”之间,包括“仿制图章工具”和“图案图章工具”,主要用于复制图像,默认状态是“仿制图章工具”。仿制图章工具组如图5-16所示。

图 5-16

1. 仿制图章工具

“仿制图章工具”常用于修复图像,工具属性栏如图5-17所示。

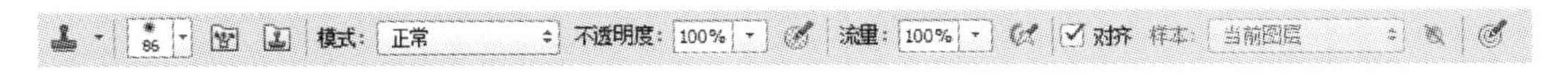

图 5-17

图 5-18

(1)“仿制源设置”包括“大小与硬度”、“画笔”和“仿制源”3个按钮,其中“大小与硬度”和“画笔”功能与“画笔工具”相仿。单击“仿制源”按钮后,会弹出“仿制源”对话框,如图5-18所示。

① “位移”主要用于仿制源的透视关系的调整,包括位置、长度、宽度和角度。

② “显示叠加”复选框用于仿制时避免遮住视线。

③ “已剪切”复选框用于剪切仿制的源图像。

④ “自动隐藏”复选框用于隐藏仿制源图像,

没有实际意义。

⑤ “反相”复选框用于仿制反向的颜色或图案。

⑥ “不透明度”用于仿制时调整图像的清晰度。数值越大越清晰，反之则不清晰。

(2)“对齐”复选框用于复制图像时，无论一次起笔还是多次起笔都是使用同一个取样点和原始样本数据。否则，每次停止并再次拖动时都是重新从原取样点开始复制，并且使用最新的样本数据。

(3) “样本”包括“当前图层”、“当前和下方图层”和“所有图层”3 个选项，用于确定从哪些可见图层进行取样。

仿制图章工具使用的基本步骤如下：

- 打开目标图像，选择要进行修改的区域，可以配合选区羽化等工具进行修改。
- 拖动选区，羽化选区，数值设置 1～2。
- 按住 Alt 键提取源。
- 松开 Alt 键释放源。

2. 图案图章工具

“图案图章工具”的主要作用是使用图案选取器中提供的预设图案或自定义图案进行绘画，工具属性栏如图 5－19 所示，大多参数选项与仿制图章工具类似。

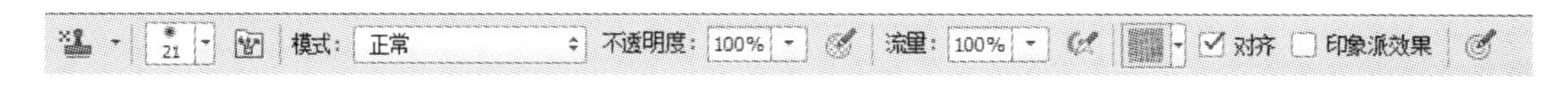

图 5－19

“印象派效果”复选框能产生具有印象派绘画风格的图案效果。

5.2.2 污点修复画笔工具

“污点修复画笔工具”的位置在“画笔工具”的上方，包括“污点修复画笔工具”“修复画笔工具”“修补工具”“内容感知移动工具”“红眼工具”，主要用于图像的修复或修补，默认状态是“污点修复画笔工具”。污点修复画笔工具组如图 5－20 所示。

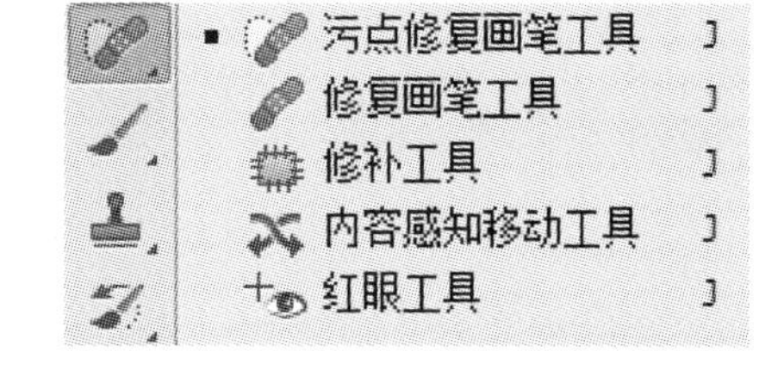

图 5－20

1. 污点修复画笔工具

“污点修复画笔工具”可以使用图像或图案中的样本像素进行绘画，并将样本像素的纹理、光照、透明度和阴影与所修复的像素相匹配，快速清除图像中的污点和其他不理想部分。“污点修复画笔工具”不要求指定取样点，它能够自动从所修饰区域的周围取样，工具属性栏如图 5－21 所示。

图 5－21

(1) “模式”包含“正常”“替换”“正片叠底”“滤色”“变暗”“变亮”“颜色”“明度”8 种修复模式。

（2）“近似匹配”的作用是使用选区边缘周围的像素修补选定的区域。如果此选项的修复效果不能令人满意，也可在撤销修复操作后尝试使用“创建纹理”选项。

（3）“创建纹理”的作用是使用选区中的所有像素创建一个用于修复该区域的纹理。如果纹理不起作用，则可尝试再次拖过该区域。

在使用“污点修复画笔工具”时，所选画笔大小应该比要修复的区域稍大一点，只在要修复的区域上单击一次即可修复整个区域，且修复效果比较好；如果要修复较大面积的图像，或需要更大程度地控制取样像素，则最好使用修复画笔工具，而不是污点修复画笔工具。

2. 修复画笔工具

“修复画笔工具”用于修复图像中的瑕疵或复制局部对象。与“仿制图章工具”类似，该工具可将从图像或图案中取样得到的样本，以绘画的方式应用于目标图像。而且“修复画笔工具”还能够将样本像素的纹理、光照、透明度和阴影等属性与所修复的图像进行匹配，使修复后的像素自然融入图像的其余部分，工具属性栏如图 5－22 所示，部分参数设置与“污点修复画笔工具”相同。

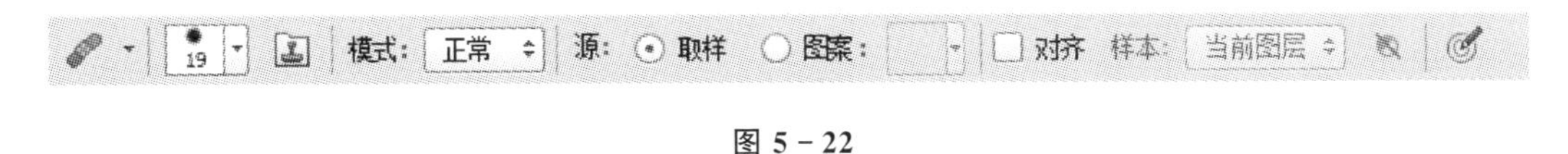

图 5－22

（1）“源”用于选择样本像素，有“取样”和“图案”两个单选项。“取样”指从当前图像取样；若选择“图案”单选项，则可单击右侧的下三角按钮，在“图案”下拉列表中选择预设图案或自定义图案作为取样像素。

（2）“对齐”复选框主要用于当下一次的复制位置与上一次的完全重合时，图像不会因为重新复制而出现错位。

（3）“样本”包括“当前图层”“当前图层和下方图层”“所有图层”3 项，主要用于选择该工具所作用的图层。

3. 修补工具

“修补工具”通常用于通过使用其他区域的像素或图案中的像素来修复选中的区域。与“修复画笔工具”类似，“修补工具”可将样本像素的纹理、光照和阴影等信息与源像素进行匹配，工具属性栏如图 5－23 所示。

图 5－23

（1）“修补类型”包括“新选区”“添加到选区”“从选区减去”“与选区交叉”4 个选项，主要用于确定修补的范围，可以新建，可以加选，可以减选，也可以交叉选择。

（2）“修补”包括“正常”和“内容识别”2 个选项，主要用于选择修补模式。

（3）“源”是指用目标像素修补选区内像素。先选择需要修复的区域，再将选区边框拖移到要取样的目标区域上。

“源”修补的基本步骤如下：

- 打开目标图像，选择修补工具，在图像上拖动以选择想要修复的区域，也可以使用其他工具创建选区。

- 在选项栏中单击“源”单选按钮。如果需要，可使用“修补”工具及选项栏上的选区运算按钮调整选区。
- 将光标定位于选区内，再将选区边框拖移到要取样的区域。松开鼠标按键，原选区内像素被修补，然后取消选区。

（4）“目标”是指用选区内的像素修补目标区域的像素。先选择要取样的区域，再将选区边框拖移到需要修复的目标区域上。

“目标”修补的基本步骤如下：

- 打开目标图像。选择修补工具，在图像上拖动以选择要取样的区域。
- 在选项栏中选择“目标”单选按钮。如果需要，可使用“修补”工具及选项栏上的选区运算按钮调整选区。
- 将光标定位于选区内，拖移选区，覆盖住想要修复的区域，松开鼠标按键，完成图像的修补，然后取消选区。

（5）“透明”是指将取样区域或选定图案以透明方式应用到要修复的区域上。

（6）“使用图案”是指将选定图案修补到当前选区内。单击“使用图案”右侧的下三角按钮，在“使用图案”下拉列表中可选择预设图案或自定义图案作为取样像素。

4. 内容感知移动工具

“内容感知移动工具”可以简单到只需选择图像场景中的某个物体，然后将其移动到图像中的任何位置，经过计算，完成极其真实的合成效果。工具属性栏如图 5－24 所示。

图 5－24

（1）“模式”包含“移动”和“扩展”2 个选项，主要用于复制当前图像所选大小，并放置到合适位置。

（2）“适应”包含“非常严格”“严格”“中”“松散”“非常松散”5 个选项，主要用于选区边缘的缩放级别。

（3）“对所有图层取样”复选框主要用于取样图像所在的所有图层。

“内容感知移动工具”使用对比效果如图 5－25 所示。

图 5－25

5. 红眼工具

在光线较暗的房间里拍照时，由于闪光灯使用不当等原因，人物照片上眼睛的位置容易产生由闪光灯导致的红色反光，即红眼。可使用Photoshop CS6的红眼工具恢复，消除红眼。此外，"红眼工具"也可以消除动物照片中的白色或绿色反光。工具属性栏如图5－26所示。

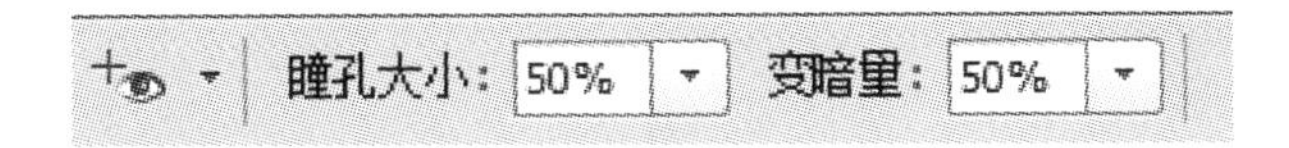

图5－26

（1）"瞳孔大小"用于设置修复后眼睛瞳孔的大小。

（2）"变暗量"用于设置修复后瞳孔的暗度。

5.2.3　模糊工具

"模糊工具"的位置在"渐变工具"下方，包括"模糊工具""锐化工具""涂抹工具"，默认状态是"模糊工具"。模糊工具组如图5－27所示。

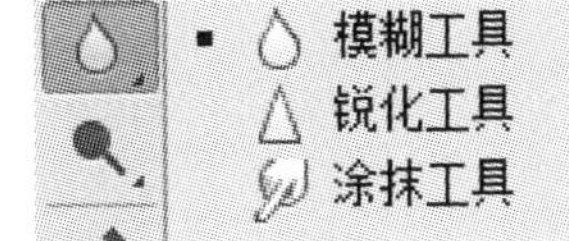

图5－27

1. 模糊工具

"模糊工具"常用于柔化图像中的硬边缘或减少图像的细节，降低对比度。工具属性栏如图5－28所示。

（1）"强度"用于设置画笔压力。数值越大，模糊效果越明显。

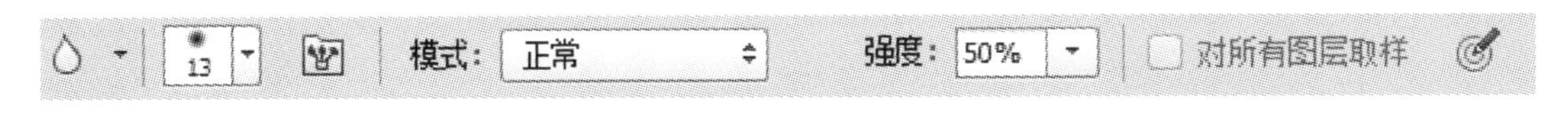

图5－28

（2）"对所有图层取样"复选框可将所有可见图层中的数据进行模糊处理。否则，仅使用现有图层中的数据。

2. 锐化工具

"锐化工具"常用于锐化图像中的柔边或增加图像的细节，以提高清晰度或聚焦程度。工具属性栏如图5－29所示。其参数设置与"模糊工具"类似。

图5－29

3. 涂抹工具

"涂抹工具"可以模拟在湿颜料中使用手指涂抹绘画的效果，常用于混合不同区域的颜色或柔化突兀的图像边缘。在涂抹时，该工具将拾取涂抹开始位置的颜色，并沿拖动的方向展开这种颜色。工具属性栏如图5－30所示。

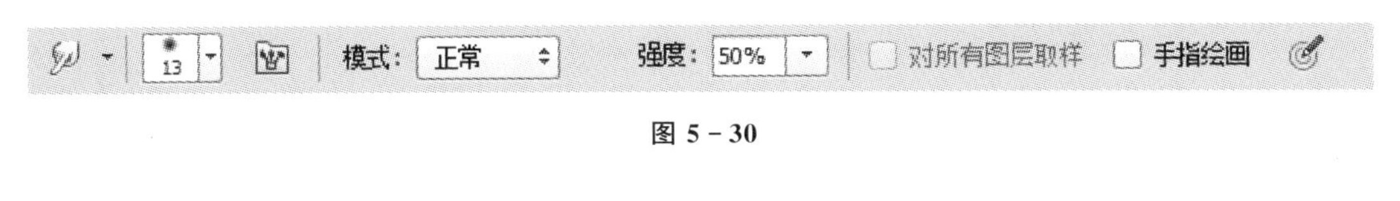

图5－30

“手指绘画”复选框可以使用当前前景色进行涂抹；否则，使用拖动时光标起点处图像的颜色进行涂抹。“强度”和“对所有图层取样”的设置与“模糊工具”类似。

“涂抹工具”的使用效果如图 5－31 所示。

图 5－31

5.2.4 减淡工具

“减淡工具”的位置在“模糊工具”右侧，包括“减淡工具”“加深工具”“海绵工具”，默认状态是“减淡工具”，常用于调整图片的细节部分，如高光、阴影和局部颜色等，主要是将图像变淡、变暗，或调节色彩饱和度的低或高。减淡工具组如图 5－32 所示。

图 5－32

1. 减淡工具

“减淡工具”常用于调整图片的细节部分，主要将图像变淡、变亮。工具属性栏如图 5－33 所示。

图 5－33

（1）“范围”，在其下拉列表中包括“阴影”、“中间调”和“高光”。“阴影”选项表示仅对图像中的较暗区域起作用；“中间调”表示仅对图像的中间色调区域起作用；“高光”表示仅对图像的较亮区域起作用。

（2）“曝光度”，在该文本框中输入数值，或单击文本框右侧的下三角按钮，拖动打开的三角滑块，可以设定工具操作时对图像的曝光强度。

（3）“启用喷枪样式的建立效果”用喷枪来建立减淡效果。

（4）“保护色调”可以最小地影响阴影和高光的修剪，还可以防止颜色发生色偏，如果不选择它，色调将不被保护。

（5）“始终对大小使用压力”图标按钮，在将其关闭时，“画笔预设”控制压力。

“减淡工具”的使用效果对比如图 5－34 所示。

图 5－34

2. 加深工具

“加深工具”的作用是降低像素的亮度，主要用于降低图像中曝光过度的高光区域的亮度。工具属性栏中各参数设置与“减淡工具”相同，如图 5－35 所示。

图 5－35

3. 海绵工具

“海绵工具”常用于调整图片的细节部分，主要是调节图像色彩饱和度的高低。“海绵工具”属性栏如图 5－36 所示。

图 5－36

（1）“模式”用于设置降低饱和度和增加饱和度。

（2）“流量”表示海绵工具的使用强度。流量的数值越大，单击一次的效果越好，数值在 1％～100％之间。

（3）“喷枪”用于持续对画面起作用。

（4）“自然饱和度”用于设置和谐的自然效果。

“海绵工具”调整画面的基本步骤如下：

- 打开目标图像。
- 选择“海绵工具”作用的图像位置。
- 选择合适大小的画笔。
- 在图像上拖动以选择想要使用海绵的区域，也可以使用其他工具创建选区，然后再进行海绵修改。

“海绵工具”的增加饱和度如图 5－37 所示。

图 5-37

5.3 色彩调整

5.3.1 颜色模式的转换

为了在不同的场合下正确地输出图像，或者方便图像的编辑修改，常常需要转换图像的颜色模式。

当图像由一种颜色模式转换为另一种颜色模式时，图像中每个像素点的颜色值将被永久性地更改，这可能对图像的色彩表现造成一定的影响。因此，在转换图像的颜色模式时，要尽可能在图像原有的颜色模式下完成对图像的编辑，最后再做模式转换。在转换模式之前务必保存包含所有图层的原图像的副本，以便日后必要时还能够根据图像的原始数据进行编辑。当模式更改后，不同混合模式的图层间的颜色相互作用也将更改。因此，模式转换前应拼合图像的所有图层。

在转换图像颜色模式时，在“图像”→“模式”子菜单中直接选择所需的颜色模式命令即可完成转换。

5.3.2 调色命令

在 Photoshop CS6 中，调色命令位于“图像”→“调整”子菜单中，包含“亮度/对比度”“色阶”“曲线”等 23 个命令，如图 5-38 所示。

1. 亮度/对比度

“亮度/对比度”命令是 Photoshop CS6 调整图像色调的最快速而简单的方法。该命令只能对图像中的每个像素进行同样的调整，在总体上改变图像的颜色或色调值，同时只能对混合颜色通道进行总体调整。利用“亮度/对比度”命令调整图像容易导致图像细节的丢失，所以尽量不要用于高端输出。打开图像，执行“图像”→“调整”→“亮度/对比度”命令，弹出“亮度/对比度”对话框，如图 5-39 所示。

(1) 沿“亮度”滑动条向右拖动滑块增加亮度，向左拖动滑块降低亮度。也可以直接在“亮度”文本框中输入数值调整图像的亮度。

(2) 沿“对比度”滑动条向右拖动滑块增加对比度，向左拖动滑块降低对比度。也可以直接在“对比度”文本框中输入数值调整图像的对比度。过度调整亮度和对比度的值都会造成图像细节的丢失。

2. 色　阶

“色阶”命令是 Photoshop CS6 最为重要的颜色调整命令之一，用于调整图像的暗调、中间调和高光等区域的强度级别，校正图像的色调范围和色彩平衡，通常会产生更好的视觉效果。打开图像，执行“图像”→“调整”→“色阶”命令，打开“色阶”对话框，如图 5－40 所示。

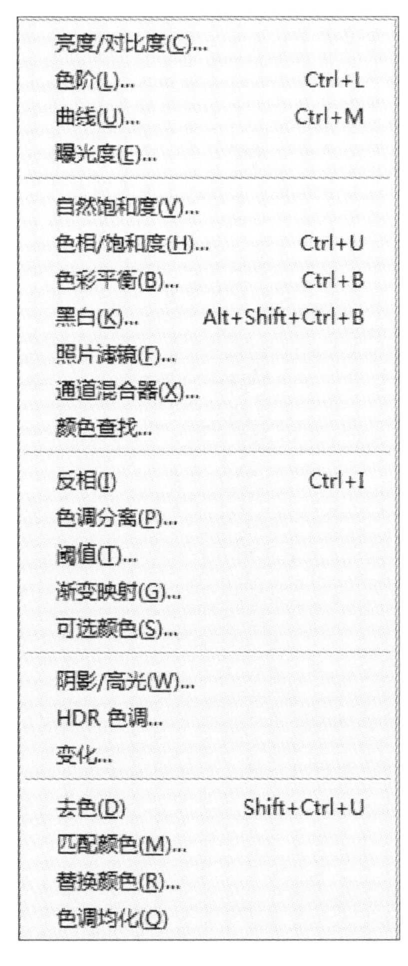

图 5－38

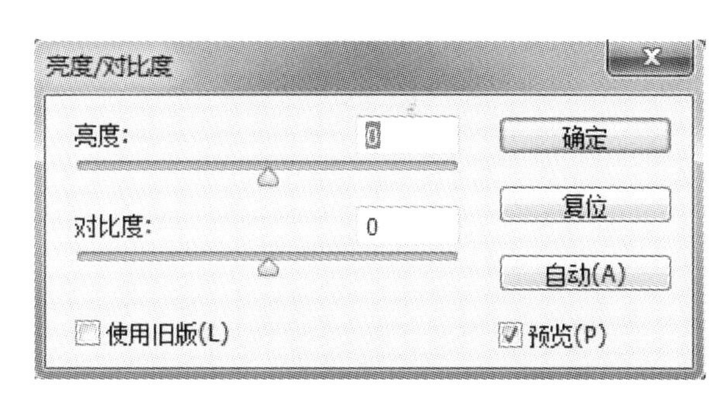

图 5－39

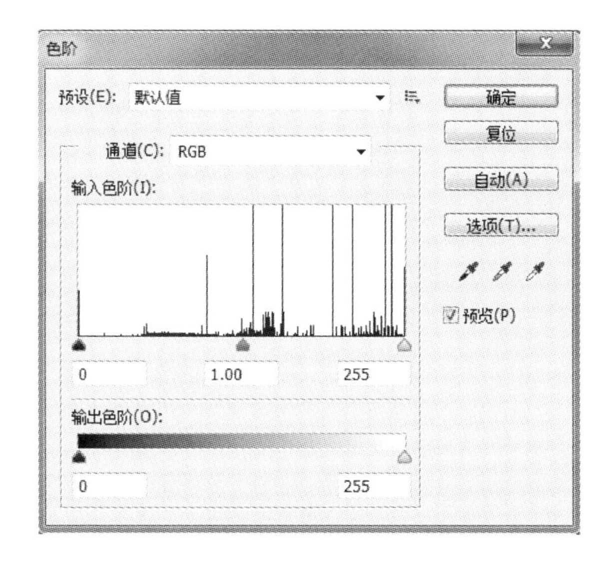

图 5－40

“色阶”对话框中间显示的是当前图像的直方图，也叫色阶分布图，直观地反映了图像中暗调、中间调和高光等色调像素的分布情况。其中，横轴表示像素的色调值，从左向右取值范围为 0(黑色)～255(白色)，纵轴表示像素的数目。

(1)“通道”下拉列表框用于确定要调整的是混合通道还是单色通道。

(2)沿“输入色阶”滑动条向左拖动右侧的白色三角滑块，图像变亮。其中，高光区域的变化比较明显，使比较亮的像素变得更亮。在“输入色阶”选项中，通过向左、中、右 3 个文本框中输入数值，可分别精确地调整图像的暗调、中间调和高光区域的色调平衡。三者的取值范围从左向右依次为 0～253、0.1～9.99 和 2～255。拖动滑动条中间的灰色三角滑块，可以调整图像的中间色调区域。向左拖动使中间调变亮，向右拖动使中间调变暗。

(3) 沿“输出色阶”滑动条向右拖动左端的黑色三角滑块，将提高图像的整体亮度，向左拖动右端的白色三角滑块，将降低图像的整体亮度。也可以通过在左、右两个文本框中输入数值，调整图像的亮度，两个文本框的取值范围都是0～255。

实际上，在使用“色阶”命令时，往往“输入色阶”与“输出色阶”同时调整，才能得到更满意的色调效果。

(4) “预览”复选框用于实时反馈对色阶调整的最新结果，以便对不当的色阶调整做出及时的更正。

(5) 在对话框中有3个取样工具，从左向右依次是“黑场取样工具”、“灰场取样工具”和“白场取样工具”。

① 单击“黑场取样工具”图标按钮，再单击当前图像中某点时，图像中所有低于该点亮度值的像素全都变成黑色，图像变暗。

② 单击“白场取样工具”图标按钮，再单击当前图像中某点时，图像中所有高于该点亮度值的像素全都变成白色，图像变亮。

③ 单击“灰场取样工具”图标按钮，再单击当前图像中某点时，选中像素的亮度值调整整个图像的色调。

若想重新设置对话框的参数，可按住Alt键不放，此时对话框的“取消”按钮变成“复位”按钮，单击即可。

3. 曲　线

“曲线”命令是Photoshop CS6中最强大的色彩调整命令。它不仅可以像“色阶”命令那样对图像的高光、暗调和中间调进行调整，而且可以调整0～255色调范围内的任意点。同时，还可以对图像中的单个颜色通道进行精确的调整。打开图像，执行“图像”→“调整”→“曲线”命令，弹出“曲线”对话框，如图5-41所示。

(1) “通道”下拉列表框用于确定要调整的混合通道或单色通道。

(2) “曲线”对话框中间显示的是曲线图表，水平轴表示输入色阶，即像素原来的亮度值；竖直轴表示输出色阶，即新的亮度值。在初始状态下，曲线为一条45°的直线，表示曲线调整前当前图像上所有像素点的“输入”值和“输出”值相等。

① 在图像窗口中拖动，“曲线”对话框中将显示当前指针位置像素点的亮度值及其在曲线上的对应位置，能够确定图像中的高光、暗调和中间色调区域。

② 按住Alt键，在对话框的网格区域内单击，可使网格变得更精细。再次按住Alt键单击网格区域，可以恢复大的网格。

③ 默认设置下，对话框采用曲线工具调整曲线形状。在曲线上单击，添加控制点，确定要调整的色调范围，如图5-42所示。

④ 向上拖动控制点，使曲线上扬，对应色调区域的图像亮度增加。向下弯曲，亮度降低。

⑤ 选中一个控制点后，在对话框左下角的“输入”和“输出”文本框中输入适当的数值，可精确改变图像指定色调区域的亮度值。

⑥ 要删除一个控制点，可将其拖出图表区域，或选中控制点后按Delete键。在“曲线”对话框中，还可以通过选择“铅笔工具”随意绘制曲线，调整图像的色调。

对于RGB图像，默认设置下曲线水平轴从左向右显示0(暗调)～255(高光)之间的亮度值。

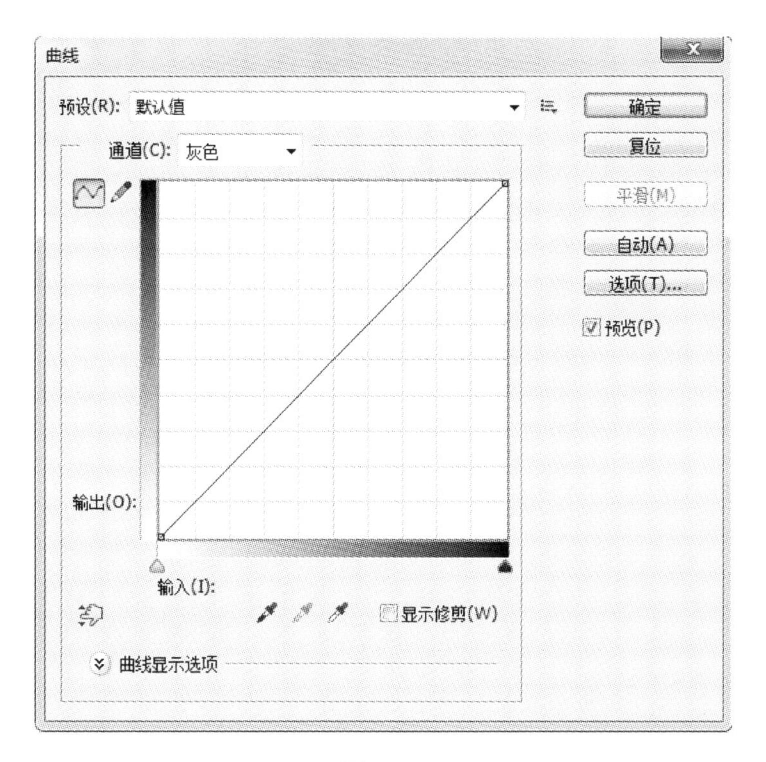
曲线
预设(R): 默认值
确定
复位
通道(C): 灰色
平滑(M)
自动(A)
选项(T)...
预览(P)
输出(O):
输入(I):
显示修剪(W)
曲线显示选项

图 5 - 41

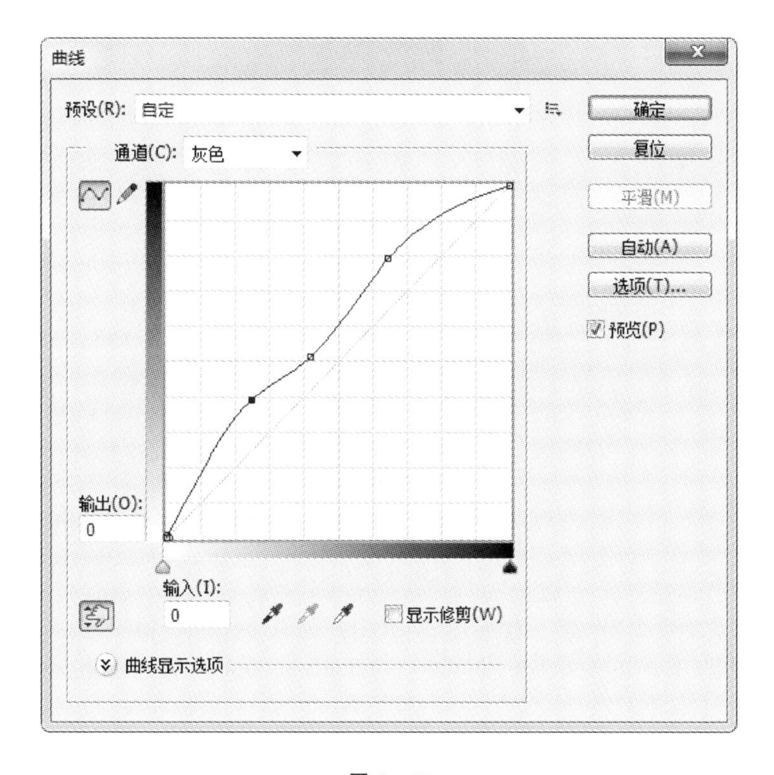
曲线
预设(R): 自定
确定
复位
通道(C): 灰色
平滑(M)
自动(A)
选项(T)...
预览(P)
输出(O):
0
输入(I):
0
显示修剪(W)
曲线显示选项

图 5 - 42

但对于 CMYK 图像，曲线水平轴从左向右显示 0（高光）～100（暗调）之间的百分数。单击对话框左下角的“曲线显示选项”按钮，可扩展对话框参数，对曲线图表做更细致的设置。

4. 曝光度

“曝光度”命令的作用是模拟数码相机内部的曝光程序对图片进行二次曝光处理，一般用于调整相机拍摄的曝光不足或曝光过度的照片，通过在线性颜色空间计算得出。打开图像，执行“图像”→“调整”→“曝光度”命令，弹出“曝光度”对话框，如图 5－43 所示。

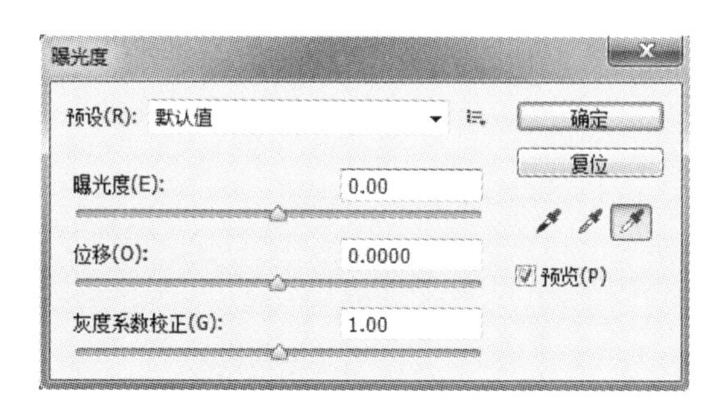

图 5－43

（1）“曝光度”用于调整色调范围的高光端，对极限阴影的影响很轻微。

（2）“位移”可以使阴影和中间调变暗，对高光的影响很轻微。

（3）“灰度系数校正”可以使用简单的乘方函数调整图像灰度系数，负值会被视为它们的相应正值。

（4）“取样工具”图标按钮用于调整图像的亮度值。通过“黑场取样工具”设置“偏移量”，可将选取的像素变为零；通过“白场取样工具”设置“曝光度”，可将选取的像素变为白色；通过“灰场取样工具”设置“曝光度”，可将吸管选取的像素变为中度灰色。

5. 自然饱和度

“自然饱和度”命令的作用是增加未达到饱和颜色的饱和度，执行“图像”→“调整”→“自然饱和度”命令，弹出“自然饱和度”对话框，如图 5－44 所示。

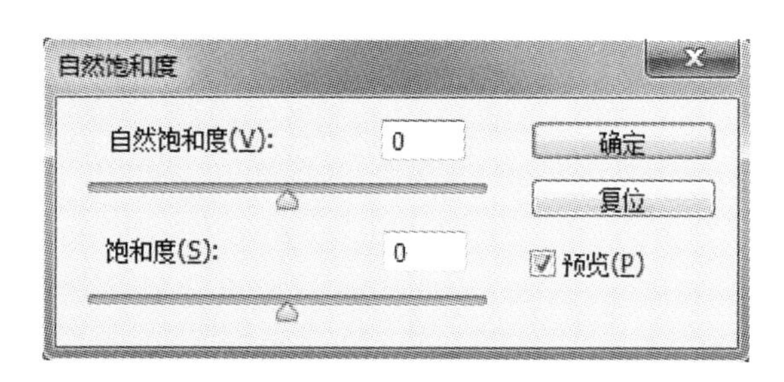

图 5－44

（1）沿“自然饱和度”滑动条左右拖动滑块，将调整未达到饱和的颜色的饱和度。

（2）沿“饱和度”滑动条左右拖动滑块，将调整增加整个图像的饱和度，可能会导致图像颜色过于饱和。

6. 色相/饱和度

“色相/饱和度”命令主要用于调整整个图像或图像中单个颜色成分的色相、饱和度和亮度。此外，使用其中的“着色”复选框还可以将 RGB 图像处理成双色调图像或为黑白图像上色。打开图像，执行“图像”→“调整”→“色相/饱和度”命令，弹出“色相/饱和度”对话框，如图 5－45 所示。

图 5－45

(1) 选择“着色”复选框时，对话框最底部的颜色条变为单色，表示此时只允许对选区内图像进行整体调色。

(2) 沿“色相”滑动条左右拖动滑块修改选区内图像的色相。

(3) 沿“饱和度”滑动条向右拖动滑块增加饱和度，向左拖动降低饱和度。

(4) 沿“明度”滑动条向右拖动滑块增加亮度，向左拖动降低亮度。

也可以在文本框内直接输入数值调整，“色相”、“饱和度”和“明度”的取值范围分别为－180～＋180、－100～＋100 和－100～＋100。

(5) “取样工具”图标按钮，其作用是将颜色调整限定在与单击点颜色相关的特定区域。

7. 色彩平衡

在图像中，增加一种颜色等同于减少该颜色的补色。“色彩平衡”命令就是根据该原则，通过在图像中增减红、绿、蓝三原色和其补色青、洋红、黄，改变图像中各原色的含量，达到调整色彩平衡的目的。执行“图像”→“调整”→“色彩平衡”命令，弹出“色彩平衡”对话框，如图 5－46 所示。

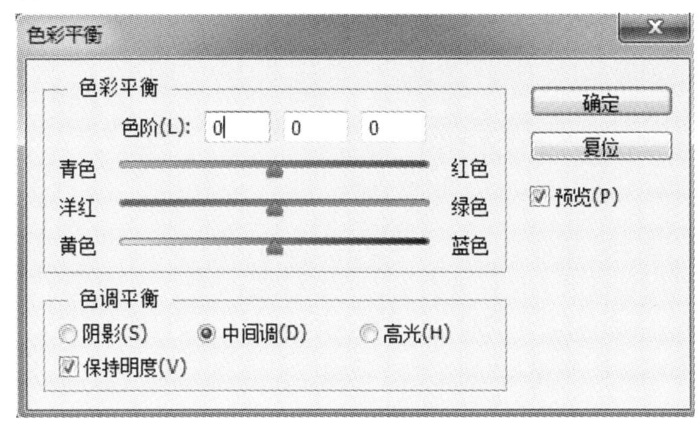

图 5－46

（1）沿“青色—红色”滑动条向右拖动滑块，以增加红色的影响范围，减小青色的影响范围。向左拖动滑块则情况相反。“洋红—绿色”滑动条及“黄色—蓝色”滑动条的调整类似。也可以直接在“色阶”后面的3个文本框中输入数值，取值范围都是－100～＋100。

（2）在“色调平衡”选项组中，选择“阴影”、“中间调”和“高光”3个单选项中的一个，以确定要着重更改的色调范围，默认选项为“中间调”。选择“保持亮度”复选框，可以防止图像的亮度值随色彩平衡的调整而改变，保持图像的色调平衡。

8. 黑　白

“黑白”命令可将彩色图像转化为灰度图像，同时保持各颜色的转化方式的完全控制，执行“图像”→“调整”→“黑白”命令，弹出“黑白”对话框，如图5-47所示。

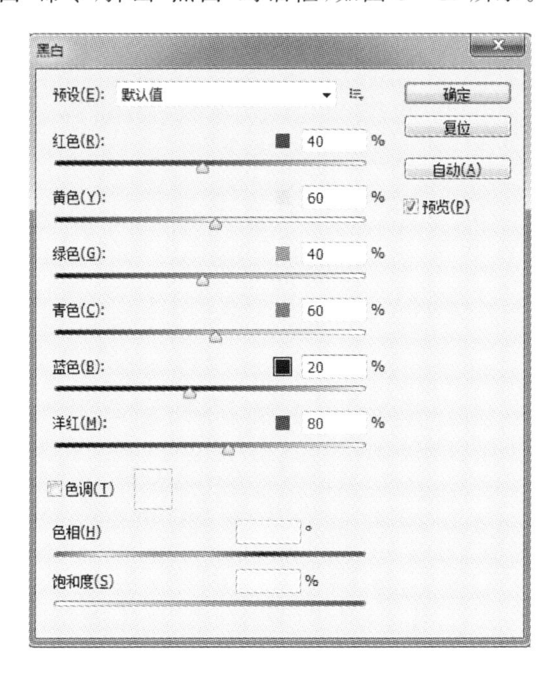

图 5-47

通过调整对话框中各滑动条修改选区内图像各颜色转化。

9. 照片滤镜

“照片滤镜”命令可以模拟将带颜色的滤镜放置在相机镜头前，调整穿过镜头使胶卷曝光光线的色温与颜色的平衡。打开图像，执行“图像”→“调整”→“照片滤镜”命令，弹出“照片滤镜”对话框，如图5-48所示。

（1）“滤镜”下拉选项可以选用预置的颜色滤镜。

（2）“颜色”选项用于自定义颜色滤镜。

（3）“浓度”滑动条可以调整滤镜的影响程度。

（4）“保留明度”复选项用于保证调整后图像的亮度不变。

10. 通道混合器

“通道混合器”命令的主要作用是将图像中的颜色通道相互混合，起到对目标颜色通道进行调整和修复的作用。打开图像，执行“图像”→“调整”→“通道混合器”命令，弹出“通道混合器”对话框，如图5-49所示。

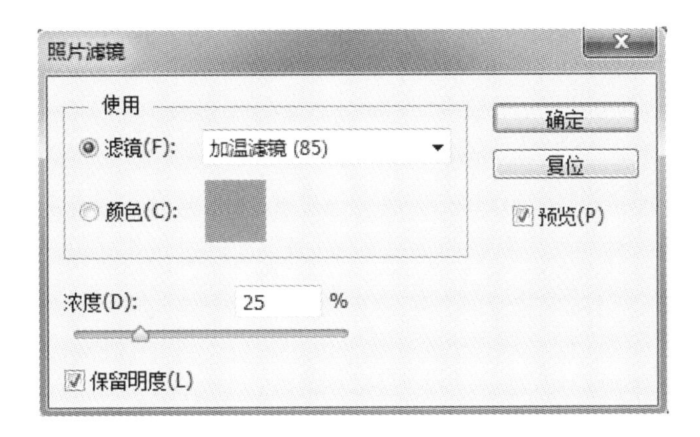

图 5－48

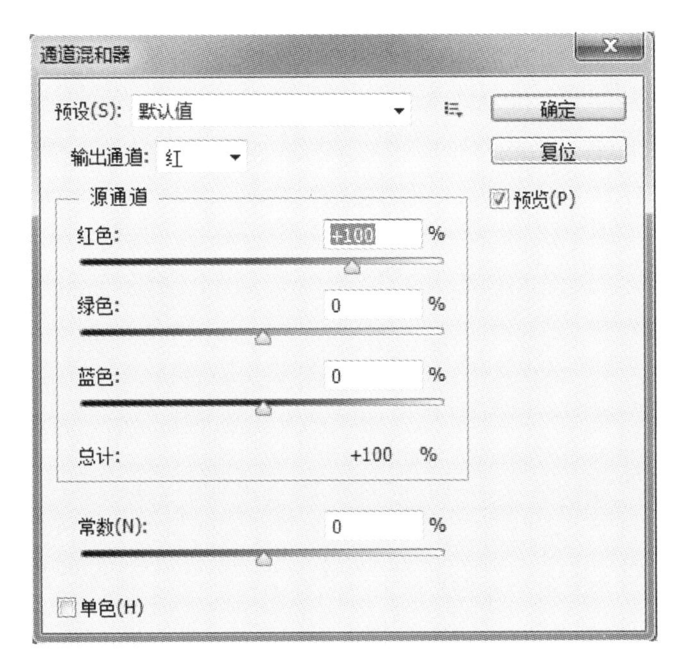

图 5－49

(1)“预设”下拉选项，供用户快速选择预设值来进行图像调整。

(2) 在“输出通道”下拉选项中可选择要调整的颜色通道。

(3) 在“源通道”选项组中通过拖动滑动条可改变各颜色比例。

(4)“常数”用于增加该通道的补色。

(5) 选择“单色”复选项可以制作灰度图像。

11. 反　相

“反相”命令可以反转图像中每个像素点的颜色，使图像由正片变成负片，或从负片变成正片。例如，对于 RGB 图像，若图像中某个像素点的 RGB 颜色值为(r,g,b)，则反相后该点的 RGB 颜色值变成$(255-r,255-g,255-b)$。对于 CMYK 图像，若某个像素点的 CMYK 颜色值为$(c\%,m\%,y\%,k\%)$，则反相后该点的 CMYK 颜色值变成$(1-c\%,1-m\%,1-y\%,1-k\%)$。所以，“反相”命令对图像的调整是可逆的。

12. 色调分离

“色调分离”命令可以定义色阶的数量。在灰阶图像中可用此命令减少灰阶的数量，制作一些特殊的效果。执行“图像”→“调整”→“色调分离”命令，弹出“色调分离”对话框，如图 5－50 所示。

图 5－50

通过调整“色阶”滑动条可定义分离级别，也可在文本框中直接输入数值。

13. 阈　值

“阈值”命令可将灰度图像或彩色图像转换为高对比度的黑白图像，是为报刊杂志制作黑白插画的有效方法。打开图像，执行“图像”→“调整”→“阈值”命令，弹出“阈值”对话框，如图 5－51 所示。

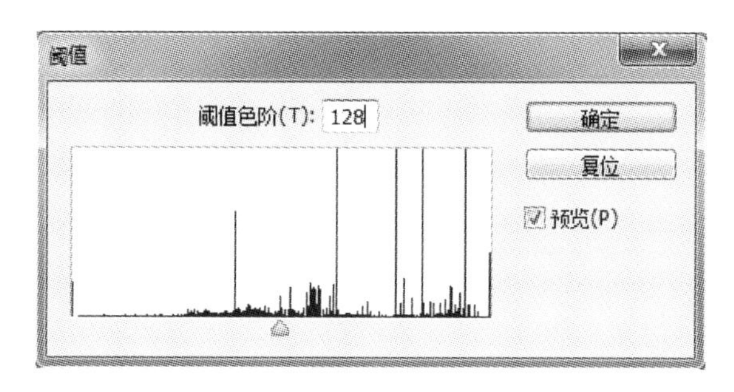

图 5－51

对话框中显示的是当前图像像素亮度等级的直方图。通过拖动三角滑块可改变“阈值色阶”的设置。也可以在文本框中输入数值，取值范围为 1～255，通过指定某个特定的阈值色阶，使图像中亮度值大于该指定值的像素转换为白色，其余像素转换为黑色。

14. 渐变映射

“渐变映射”命令用来将相等的图像灰度范围映射到指定的渐变填充色上。如果指定双色渐变填充，图像中的暗调映射到渐变填充的一个端点颜色，高光映射到另一个端点颜色，中间调映射到两个端点间的层次。执行“图像”→“调整”→“渐变映射”命令，弹出“渐变映射”对话框，如图 5－52 所示。

（1）单击“灰度映射所用的渐变”下三角按钮，可在弹出的调色板中选择一种渐变类型。

（2）选择“仿色”复选项可以使色彩过渡更加平滑。

（3）选择“反向”复选项可使现有的渐变色逆转方向。

设定完成后渐变灰依照图像的灰阶自动套用到图像上，形成渐变。

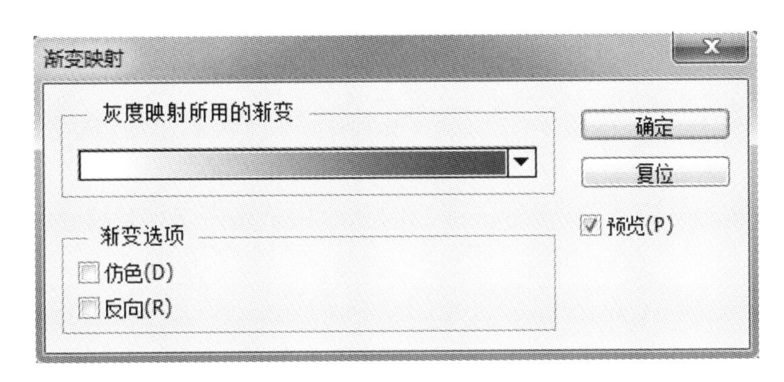

图 5－52

15. 可选颜色

“可选颜色”命令用于调整图像中红色、黄色、绿色、青色、蓝色、白色、中灰色和黑色各主要颜色中四色油墨的含量，使图像的颜色达到平衡。因此，比较适合 CMYK 图像的色彩调整，同样也适用于 RGB 图像的颜色校正。执行“图像”→“调整”→“可选颜色”命令，弹出“可选颜色”对话框，如图 5－53 所示。

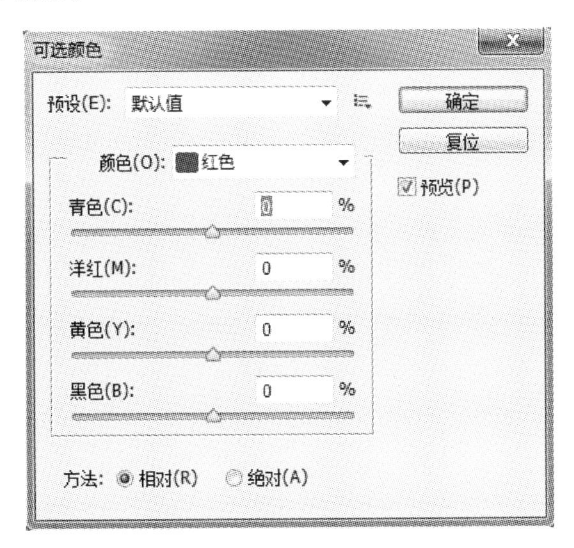

图 5－53

(1)“颜色”下拉选项中包括红色、黄色、绿色、青色、蓝色、洋红、白色、中性色和黑色等，可以根据需要选择要调整的颜色。调整各滑动条可以改变所选颜色中四色油墨的含量。

(2)“相对”单选项可以按照总量的百分比增减所选颜色中青色、洋红、黄色或黑色的含量。

(3)“绝对”单选项可以按绝对数值增减所选颜色中青色、洋红、黄色或黑色的含量。

“可选颜色”命令在改变某种主要颜色中四色油墨的含量时，不会影响其他主要颜色的表现。例如，可以改变红色像素中四色油墨的含量，而同时保持黄色、绿色、白色、黑色等像素中四色油墨的含量不变。

16. 阴影/高光

“阴影/高光”命令主要用于调整图像的阴影和高光区域，可分别对曝光不足和曝光过度的局部区域进行增亮或变暗处理，以保持图像亮度的整体平衡，一般用于调整强光或背光条件下拍摄的图像。执行“图像”→“调整”→“阴影/高光”命令，弹出“阴影/高光”对话框。选择“显示更多选项”复选框，弹出完整的“阴影/高光”对话框，如图 5－54 所示。

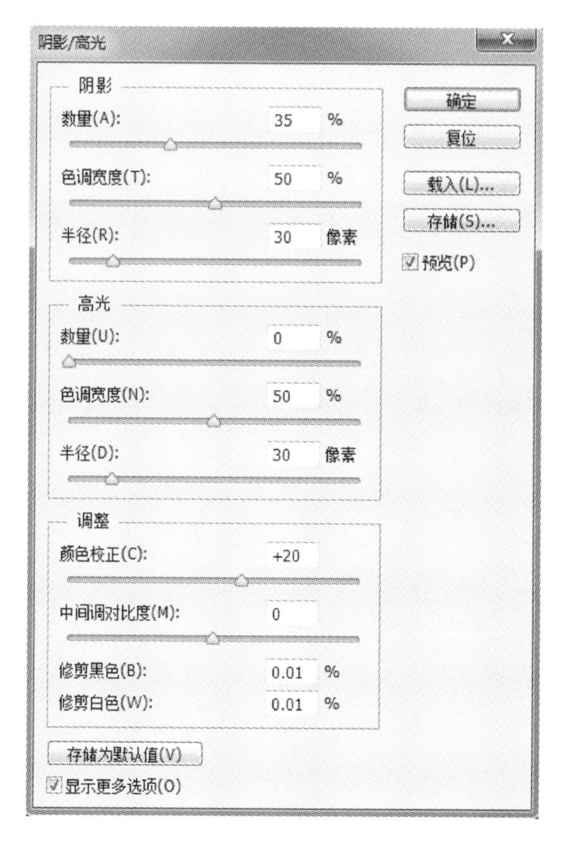

图 5－54

(1) 拖动“阴影”或“高光”选项组中的“数量”滑动条，或直接在文本框中输入数值，可改变光线的校正量。数值越大，阴影越亮而高光越暗；反之，阴影越暗而高光越亮。

(2) 拖动“阴影”或“高光”选项组中的“色调宽度”滑动条，可控制阴影或高光的色调调整范围。调整“阴影”时，数值越小，调整将限定在较暗的区域；调整“高光”时，数值越小，调整将限定在较亮的区域。

(3) 拖动“阴影”或“高光”选项组中的“半径”滑动条，可控制应用阴影或高光的效果范围。一般用来确定某一像素是属于阴影区域还是高光区域。数值大，将会在较大的区域内调整；反之，将会在较小的区域内调整。若数值足够大，则所做调整将用于整个图像。

(4) 拖动“颜色校正”滑动条，可微调彩色图像中被改变区域的颜色。例如，向右拖动“阴影”选项组中的“数量”滑块时，将在原图像比较暗的区域中显示出颜色，此时，调整“颜色校正”的值，可以改变这些颜色的饱和度。一般而言，增加“颜色校正”的值，可以产生更饱和的颜色；降低“颜色校正”的值，将产生饱和度更低的颜色。

(5) 拖动“中间调对比度”滑动条，可调整中间调区域的对比度。向左拖动滑块，降低对比度；向右拖动滑块，增加对比度。也可以在右端的文本框中输入数值，负值用于降低原图像中间调区域的对比度，正值将增加原图像中间调区域的对比度。

(6)“修剪黑色”和“修剪白色”用于确定有多少阴影和高光区域将被剪辑到图像中新的极端阴影和极端高光中去。数值越大,图像的对比度越高。若剪辑值过大,则导致阴影和高光区域细节的明显丢失。

17. HDR 色调

“HDR 色调”命令的主要作用是调整 HDR(32 位)图像的色调,也可用于 8 位和 16 位图像。执行“图像”→“调整”→“HDR 色调”命令,弹出“HDR 色调”对话框,如图 5－55 所示。

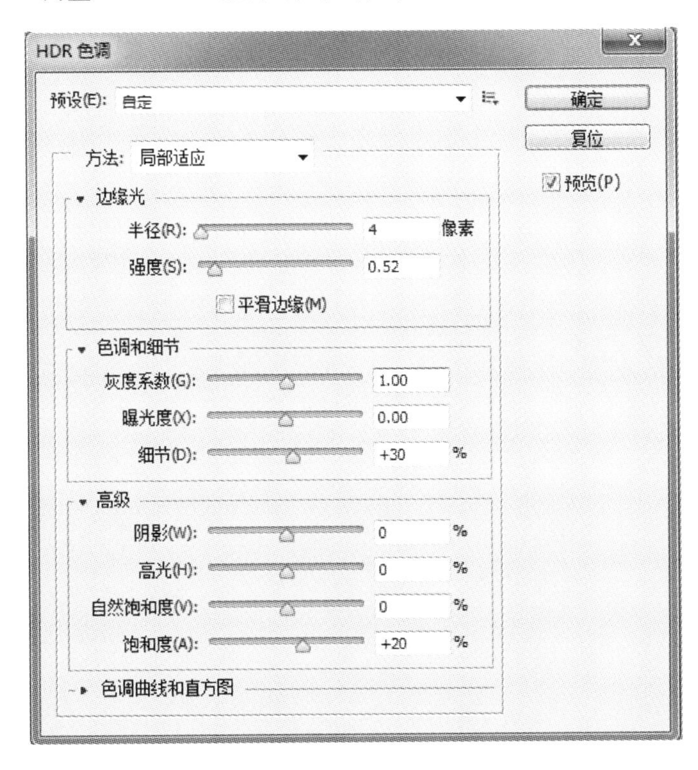

图 5－55

(1)“方法”下拉列表中包含“曝光度和灰度系数”“高光压缩”“色调均化直方图”“局部适应”4 个选项,默认状态为“局部适应”选项,用局部压缩的方法进行色调映射处理。

(2)拖动“边缘光”选项组中的“半径”滑动条,可以调整辐射范围。

(3)拖动“边缘光”选项组中的“强度”滑动条,可以调整边缘光照射的深浅度。

(4)拖动“色调和细节”选项组中的“灰度系数”滑动条,可以调整灰度的级别。

(5)拖动“色调和细节”选项组中的“曝光度”滑动条,可以调整曝光强度。

(6)拖动“色调和细节”选项组中的“细节”滑动条,可以调整细节的明暗度。

(7)拖动“高级”选项组中的“阴影”滑动条,可以调整阴影部分的明暗变化。

(8)拖动“高级”选项组中的“高光”滑动条,可以调整高光的级别和亮化的程度。

(9)拖动“高级”选项组中的“自然饱和度”滑动条,可以调整未达到饱和颜色的饱和度。

(10)拖动“高级”选项组中的“饱和度”滑动条,可以调整增加整个图像的饱和度。

18. 变　化

“变化”命令是一种较为直观的色彩平衡类工具,在实际使用中“变化”更多地被用来判断哪种色调适合图像。通过显示替代物的缩览图，可以调整图像的色彩平衡、对比度和饱和度。此命令不适用于索引颜色图像或16位/通道的图像。执行“图像”→“调整”→“变化”命令，弹出“变化”对话框，如图5-56所示。

(1)“阴影”单选项的作用是调整较暗区域。

(2)“中间调”单选项的作用是调整中间区域。

(3)“高光”单选项的作用是调整较亮区域。

(4)“饱和度”单选项的作用是更改图像中的色相强度，如果超出了颜色饱和度，则颜色可能被剪切。

(5)拖动“精细—粗糙”滑动条可调节每次调整的量。将滑块移动一格可使调整量双倍增加。

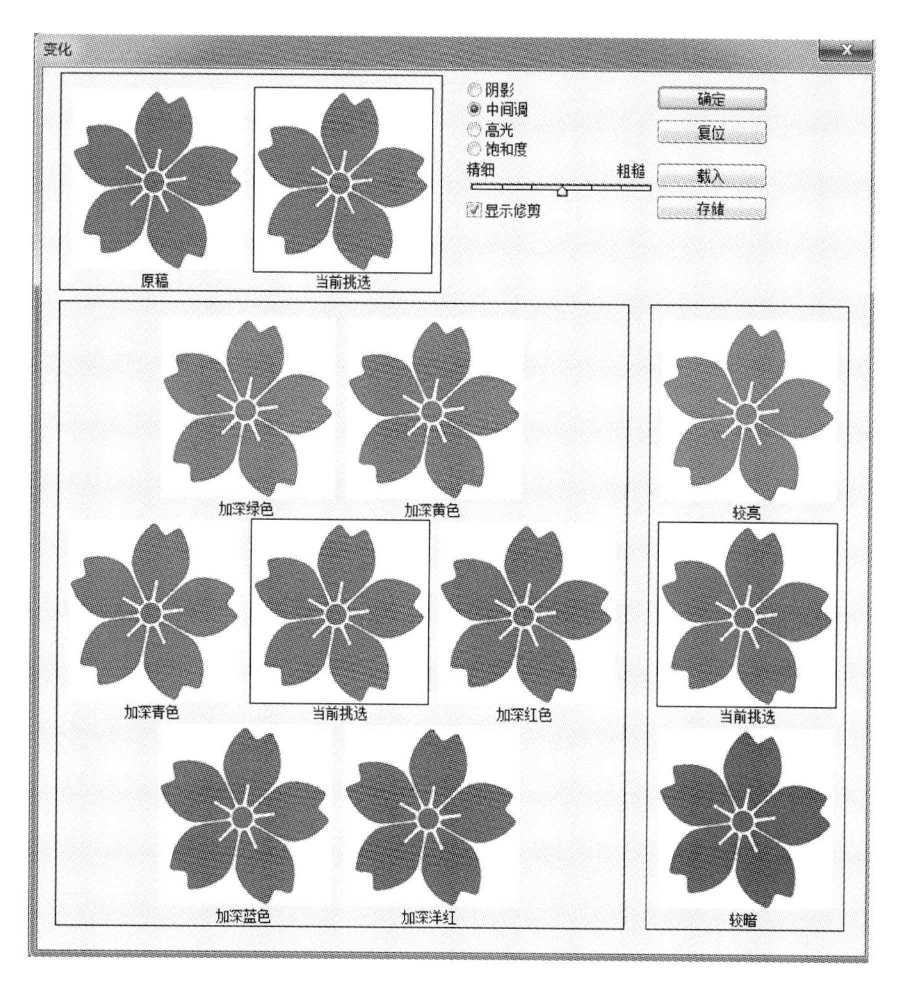

图5-56

19. 去　色

在平面设计中，为了突出某个人物或事物，往往将其背景部分处理为灰度图像效果，而仅仅保留主题对象的彩度。“去色”命令可将彩色图像中每个像素的饱和度值设置为0，仅保持亮度值不变。实际上是在不改变颜色模式的情况下，将彩色图像转变成灰度图像。

20. 匹配颜色

“匹配颜色”命令用于在多个图像、图层或色彩选区之间匹配颜色。例如，它既可以将其他图像的颜色匹配到当前图像，也可以将当前图像其他层的颜色匹配到工作图层。“匹配颜色”命令仅对 RGB 模式的图像有效。

同时打开两幅图像，选定一幅图像为当前图像。执行“图像”→“调整”→“匹配颜色”命令，弹出“匹配颜色”对话框，如图 5-57 所示。

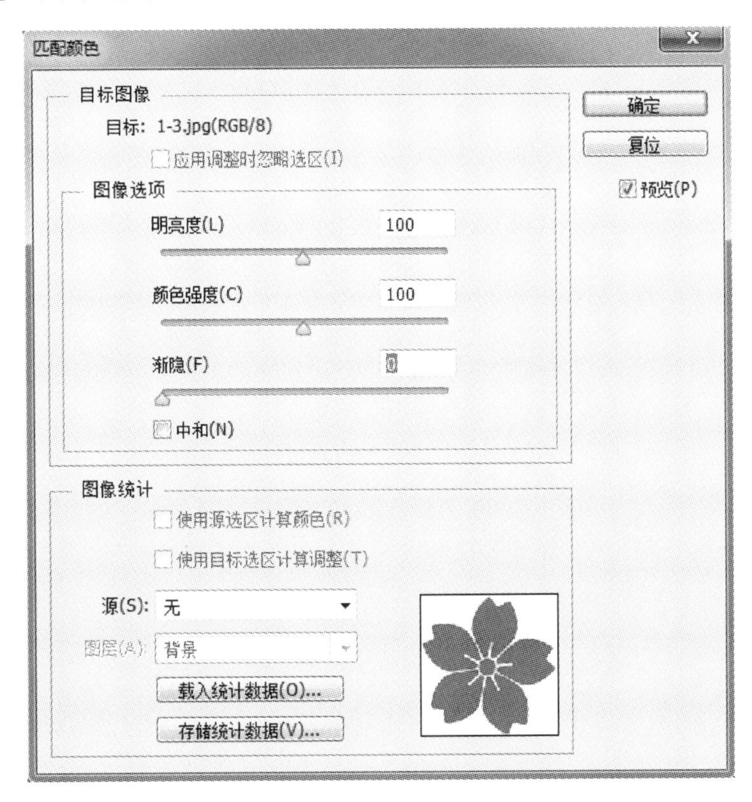

图 5-57

(1) “明亮度”用于调整图像的亮度。向右拖动提高亮度，向左拖动降低亮度。

(2) “颜色强度”用于调整图像中色彩的饱和度。

(3) “渐隐”用于调整颜色匹配的程度。

(4) “中和”复选项用于自动消除目标图像的色彩偏差。

(5) 若目标图像中存在选区，则不选择“应用调整时忽略选区”复选项，源图像的颜色仅匹配到当前图像的选区内，否则颜色匹配到当前图像的整个图层。

(6) 若源图像中存在选区，则选择“使用源选区计算颜色”复选项，仅使用源图像选区内的颜色匹配目标图像的颜色，否则使用整个源图像的颜色匹配目标图像。

(7) 若目标图像中存在选区，则选择“使用目标选区计算调整”复选项，将使用目标图层选区内的颜色调整颜色匹配，否则使用整个目标图层的颜色调整颜色匹配。

21. 替换颜色

“替换颜色”命令通过调整色相、饱和度和亮度参数将图像中指定的颜色替换为其他颜色，相当于“色彩范围”命令与“色相/饱和度”命令结合使用。执行“图像”→“调整”→“替换颜色”

命令，弹出“替换颜色”对话框，如图 5 - 58 所示。

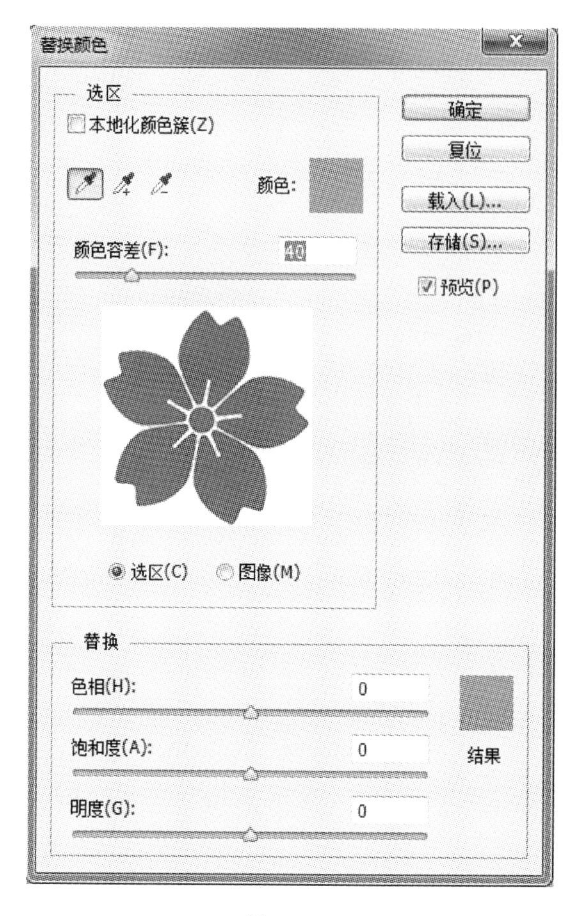

图 5 - 58

(1) 在“选区”选项组中单击选中的取样工具，将光标移至图像窗口中，在图像上选取任意色单击，选取要替换的颜色。此时，在对话框的图像预览区，白色表示被选择的区域，黑色表示未被选择的区域，灰色表示部分被选择的区域。

(2) 拖动“颜色容差”滑动条可调整被选择区域的大小。向右拖动滑块扩大选区，向左拖动则减小选区。

(3) 拖动“替换”选项组中“色相”“饱和度”“明度”滑动条，可将颜色设置为想要的颜色。

为了防止将不希望替换的区域中的颜色被替换掉，在“替换颜色”命令执行前可首先建立一个选区，将不希望进行颜色调整的部分排除在选区之外。一般情况下，选区应适当地羽化，这样最后的调整效果会更好些。

22. 色调均化

“色调均化”命令可重新分配图像中各像素的像素值。选择此命令后，Photoshop CS6 会寻找图像中最亮和最暗的像素值并平均所有的亮度值，使图像中最亮的像素代表白色，最暗的像素代表黑色，中间各像素按灰度重新分配。

第6章　滤　镜

6.1　概　述

“滤镜”能够为图像提供素描或印象派绘画外观的特殊艺术效果，还可以使用扭曲和光照效果创建独特的变换。Photoshop CS6 支持第三方开发商提供的某些滤镜工具。安装后，这些增效工具滤镜出现在“滤镜”菜单的底部。

1. 滤镜基本操作

大多数滤镜在使用时都会弹出对话框，要求设置参数。只有少数几种滤镜无须设置参数，直接作用到图像上。滤镜的一般操作过程如下：

（1）选择要应用滤镜的图层、蒙版或通道。如果在图像局部使用滤镜，则需要创建相应的选区。

（2）选择“滤镜”菜单下的滤镜插件或指定滤镜组中的某个滤镜。

（3）若弹出对话框，则根据需要设置滤镜参数，单击“确定”按钮。

（4）使用滤镜后不要进行其他任何操作，效果直接作用于图像。

（5）最后一次使用的滤镜总是出现在“滤镜”菜单的顶部，但不包括抽出、液化、消失点、图案生成器等滤镜插件。单击该命令或按 Ctrl＋F 键，可以在图像上再次叠加上一次的滤镜，以增强效果。此过程中不会打开“滤镜”对话框，参数设置与上一次相同。

2. 滤镜使用原则

要使用“滤镜”功能，可以从“滤镜”菜单中选取相应的子菜单命令，但应遵循一定的原则。

（1）滤镜仅应用于当前的可见图层或选区。

（2）对于 8 位/通道的图像可以通过“滤镜库”累积应用大多数滤镜，所有滤镜都可以单独应用。

（3）不能将滤镜应用于位图模式或索引颜色的图像。

（4）有些滤镜只能应用于 RGB 图像。

（5）所有滤镜均可以应用于 8 位图像。

（6）液化、消失点、平均模糊、模糊、进一步模糊、方框模糊、高斯模糊、镜头模糊、动感模糊、径向模糊、表面模糊、形状模糊、镜头校正、添加杂色、去斑、蒙尘与划痕、中间值、减少杂色、纤维、云彩 、分层云彩 、镜头光晕、锐化、锐化边缘、进一步锐化、智能锐化、USM 锐化、浮雕效果、查找边缘、曝光过度、逐行、NTSC 颜色、自定、高反差保留、最大值、最小值以及位移等滤镜，可以应用于 16 位图像。

（7）平均模糊、方框模糊、高斯模糊、动感模糊、径向模糊、形状模糊、表面模糊、添加杂色、云彩、镜头光晕、智能锐化、USM 锐化、逐行、NTSC 颜色、浮雕效果、高反差保留、最大值、最小值以及位移等滤镜，可以应用于 32 位图像。

6.2 滤镜的操作

6.2.1 滤镜库

滤镜库就是将 Photoshop CS6 的滤镜集中在同一个对话框中，为滤镜的快速使用提供了一个高效的通道。通过滤镜库可以对同一图像同时应用多个滤镜，并可以调整所用滤镜的先后顺序，以及设置每个滤镜的参数。打开图像，执行“滤镜”→“滤镜库”命令，弹出“滤镜库”对话框，如图 6－1 所示。

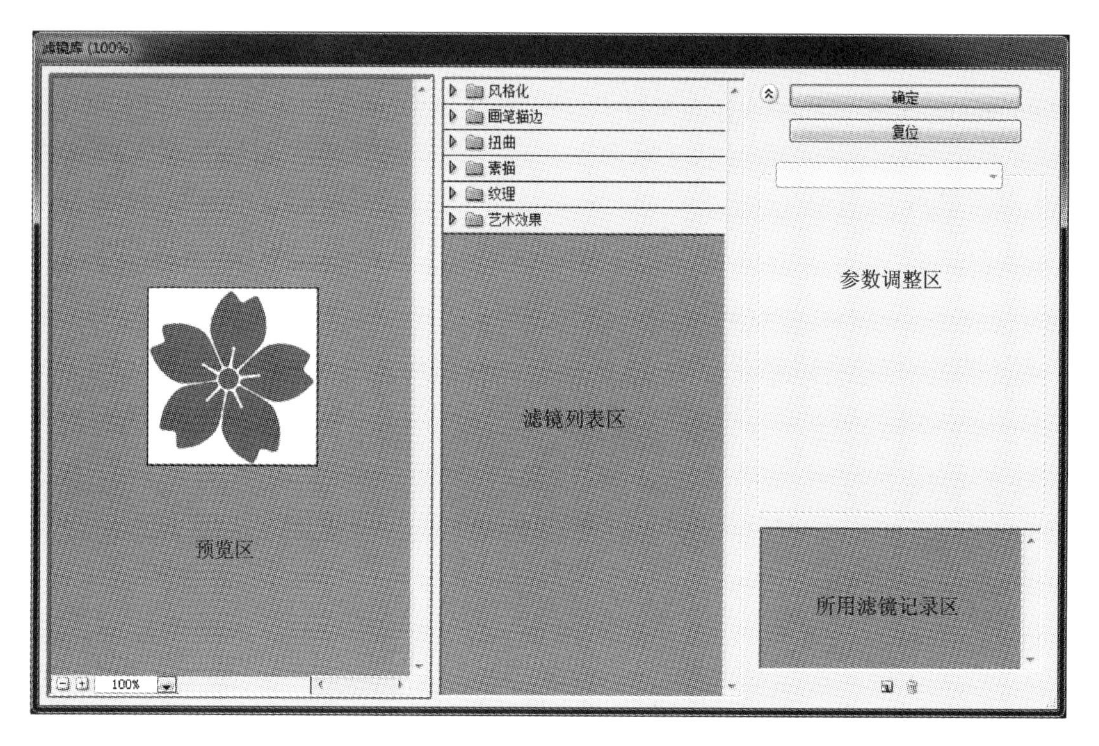

图 6－1

(1) “预览区”用于查看当前设置下的滤镜效果。预览窗左下角的“＋”和“－”按钮，用于缩放预览图。“百分比”按钮用于精确缩放预览图。当预览区出现滚动条时，在预览区拖动，可查看未显示的区域。

(2) “滤镜列表区”列出了可以通过滤镜库使用的所有滤镜。通过单击列表区左侧的三角按钮，可以展开或折叠对应的滤镜组。通过单击列表区右上角的双箭头按钮，可显示和隐藏滤镜列表区。展开某个滤镜组，单击其中某个滤镜，即可在预览区查看滤镜效果。

(3) “参数调整区”用于修订所选滤镜的参数。在“滤镜列表区”选择某个滤镜，或在所用滤镜记录区选择某个滤镜记录后，可在参数调整区修改该滤镜的各个参数值。

(4) 当使用任一滤镜后，“所用滤镜记录区”将会按顺序自下而上记录使用过的所有滤镜。通过上下拖动记录，可以调整滤镜使用的先后顺序，这将导致滤镜效果的总体改变。单击“所用滤镜记录区”的“眼睛”图标，可以显示或隐藏相应的滤镜效果。单击记录区底部的“删除”按钮，可删除选中的滤镜记录；单击“新建”按钮，并在滤镜列表区选择某个滤镜，可将该滤镜添加到记录区的顶部。从预览区可以查看应用该滤镜后的图像变化。

通过“滤镜库”对话框选择所有要使用的滤镜后，单击“确定”按钮，则滤镜记录区所有未被隐藏的滤镜都应用到当前图像上。

6.2.2 风格化滤镜组

“风格化”滤镜组共包括9种滤镜，主要用来创建印象派或其他画派风格的绘画效果。9种滤镜中仅“照亮边缘”滤镜在滤镜库中，其他滤镜在“滤镜”菜单中。

1. 照亮边缘

“照亮边缘”滤镜在滤镜库中，能够勾勒图像中的边缘，并向其添加类似霓虹灯的光亮效果。在“滤镜库”对话框中，单击“风格化”滤镜组，选中“照亮边缘”选项，“参数调整区”参数如图6－2所示。

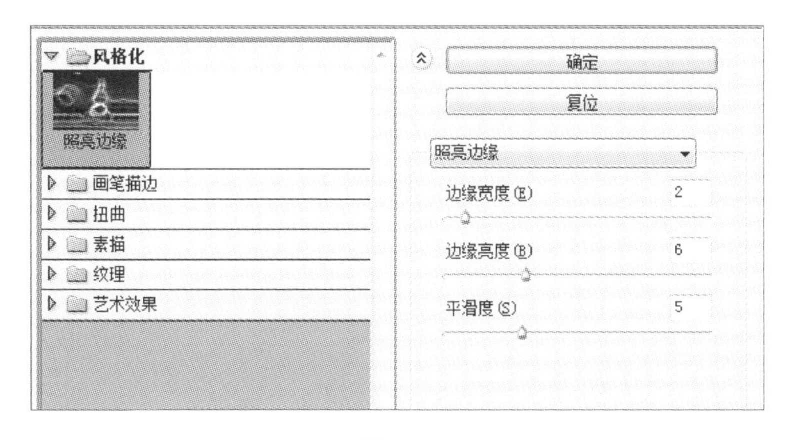

图6－2

(1)“边缘宽度”用于控制发光边缘的宽度，取值范围为1～14。数值越大，边缘越宽。

(2)“边缘亮度”用于控制发光边缘的亮度，取值范围为0～20。数值越大，边缘越亮。

(3)“平滑度”用于控制图像的平滑程度，取值范围为1～15。数值越大，图像越柔和。

“照亮边缘”滤镜效果如图6－3所示。

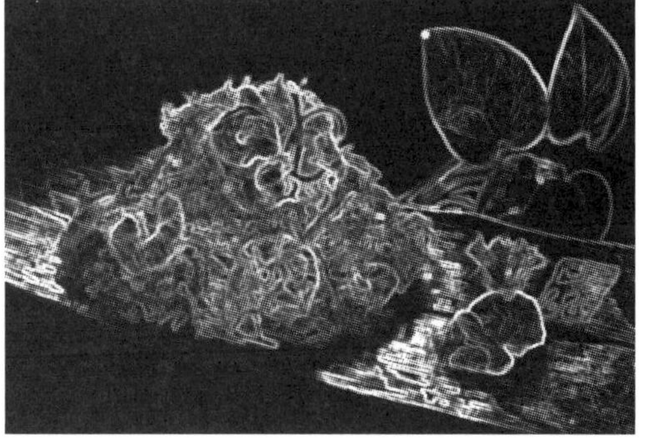

图6－3

2. 查找边缘

“查找边缘”滤镜在“滤镜”菜单中，执行“滤镜”→“风格化”→“查找边缘”命令，可以寻找图像的边缘，并使用相对于白色背景的黑色或深色线条重新描绘边缘。“查找边缘”滤镜效果如图 6-4 所示。

图 6-4

3. 等高线

“等高线”滤镜在“滤镜”菜单中，用于查找主要亮度区域的过渡，并在每个单色通道用淡淡的细线勾画它们，产生类似等高线的效果。执行“滤镜”→“风格化”→“等高线”命令，弹出“等高线”对话框，如图 6-5 所示。

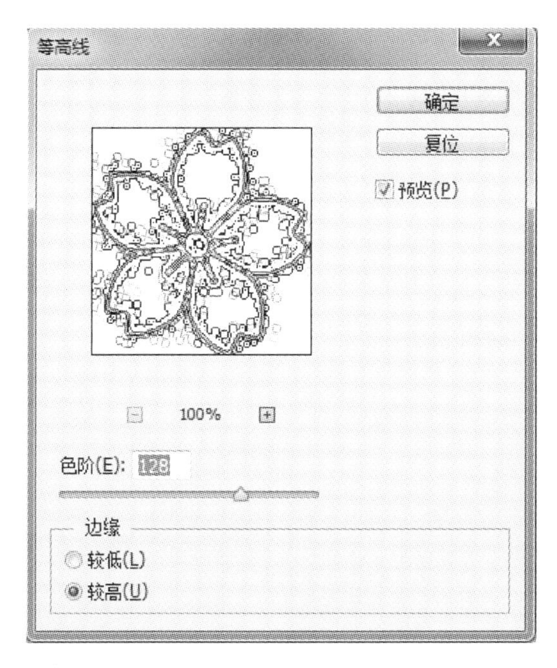

图 6-5

(1)“色阶”用于设置边缘线条的色阶值，取值范围为 0～255。

(2)“边缘”选项组主要用于勾勒像素的颜色值。“较低”单选项用于勾勒像素的颜色值低于指定色阶区域像素的颜色值；“较高”单选项用于勾勒像素的颜色值高于指定色阶区域像素的颜色值。

"等高线"滤镜效果如图 6－6 所示。

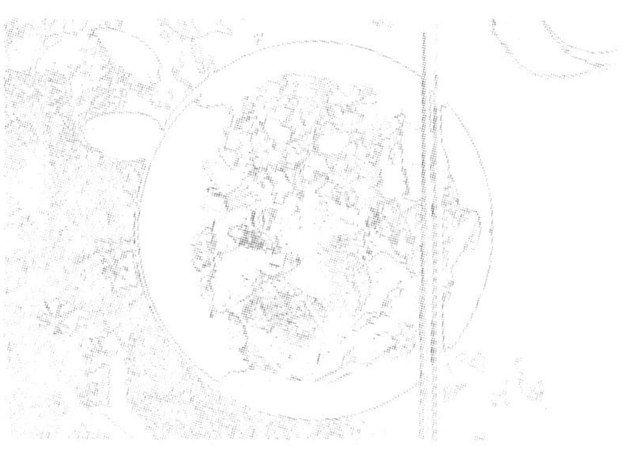

图 6－6

4. 风

"风"滤镜在"滤镜"菜单中，用来创建印象派或其他画派风格的绘画效果。执行"滤镜"→"风格化"→"风"命令，弹出"风"对话框，如图 6－7 所示。

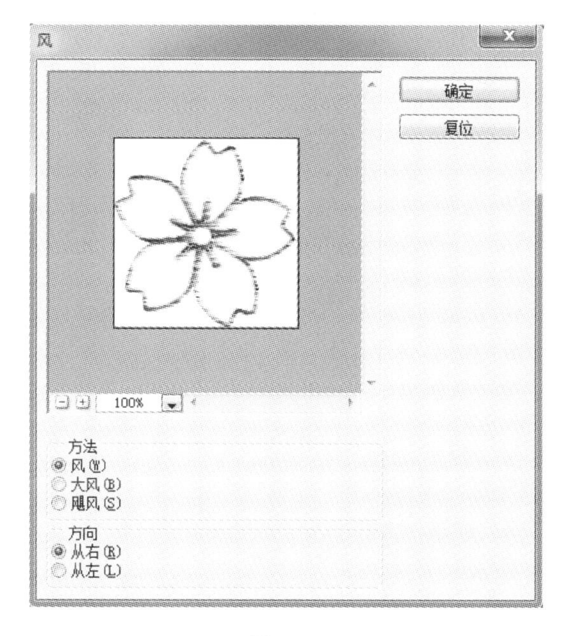

图 6－7

（1）"方法"选项组用于选择风的强度类型，包括"风"、"大风"和"飓风"3 种，强度依次增大。

（2）"方向"选项组用于选择风向，包括"从右"和"从左"两种方向。

"风"滤镜效果如图 6－8 所示。

5. 浮雕效果

"浮雕效果"滤镜在"滤镜"菜单中，用于将图像的填充色转换为灰色，并使用原填充色描画图像中的边缘，产生在石板上雕刻的效果。执行"滤镜"→"风格化"→"浮雕效果"命令，弹出

图 6－8

“浮雕效果”对话框，如图 6－9 所示。

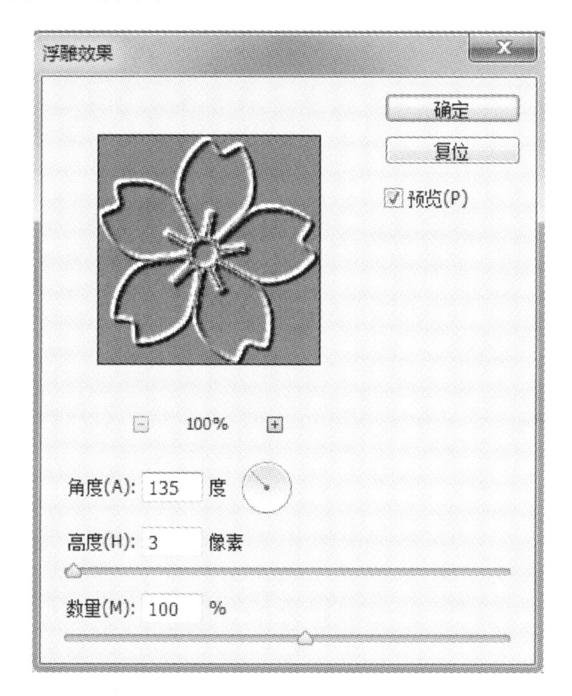

图 6－9

(1) “角度”用于设置画面的受光方向，取值范围为－360°～360°。

(2) “亮度”用于设置浮雕效果的凸凹程度，取值范围为 1～100。

(3) “数量”用于控制滤镜的作用范围及浮雕效果的颜色值变化，取值范围为 1%～500%。

“浮雕”滤镜效果如图 6－10 所示。

6. 扩　散

“扩散”滤镜在“滤镜”菜单中，用于模仿在湿的画纸上绘画所产生的油墨扩散效果。执行“滤镜”→“风格化”→“扩散”命令，弹出“扩散”对话框，如图 6－11 所示。

“模式”选项组中，“正常”可以使图像中所有的像素都随机移动，形成扩散漫射的效果；“变暗优先”可以用较暗的像素替换较亮的像素；“变亮优先”可以用较亮的像素替换较暗的像素；“各向异性”可以使图像上亮度不同的像素沿各个方向渗透，形成模糊的效果。

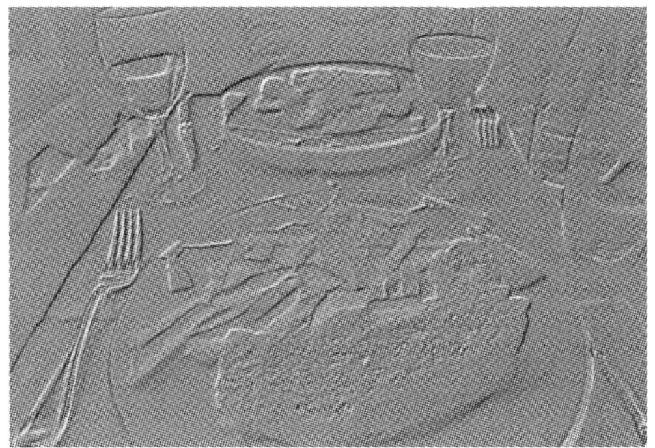

图 6-10

7. 拼 贴

“拼贴”滤镜在“滤镜”菜单中，用于将图像分解成一系列的方形拼贴，并使方形拼贴偏移原来的位置。执行“滤镜”→“风格化”→“拼贴”命令，弹出“拼贴”对话框，如图 6-12 所示。

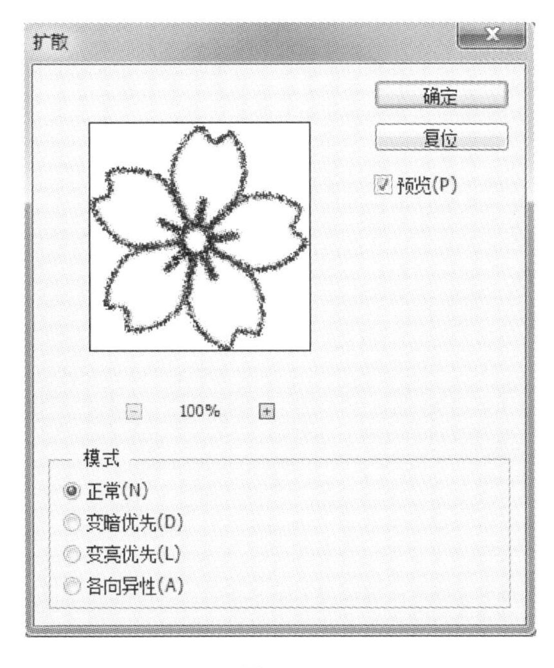

图 6-11

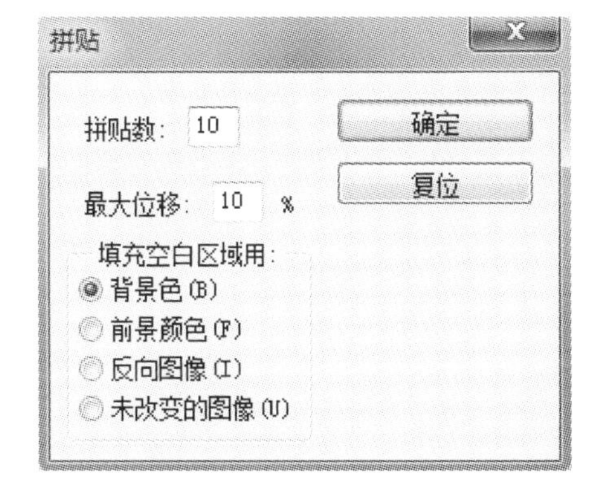

图 6-12

(1) “拼贴数”用于设置图像在每行和每列上的最小拼贴数目。

(2) “最大位移”用于设置拼贴对象的最大位移，以控制拼贴的间隙。

(3) “填充空白区域用”选项组用于选择填充拼贴间隙的方式，包括“背景色”“前景颜色”“反向图像”“未改变的图像”4 种填充类型。

“拼贴”滤镜效果如图 6-13 所示。

8. 曝光过度

“曝光过度”滤镜在“滤镜”菜单中，执行“滤镜”→“风格化”→“曝光过度”命令，可以将负片和正片图像相互混合，产生类似于照片冲洗中进行短暂曝光而得到的图像效果。

图 6-13

“曝光过度”滤镜效果如图 6-14 所示。

图 6-14

9. 凸　出

“凸出”滤镜在“滤镜”菜单中，用于产生由三维立方体或金字塔拼贴组成的图像效果。执行“滤镜”→“风格化”→“凸出”命令，弹出“凸出”对话框，如图 6-15 所示。

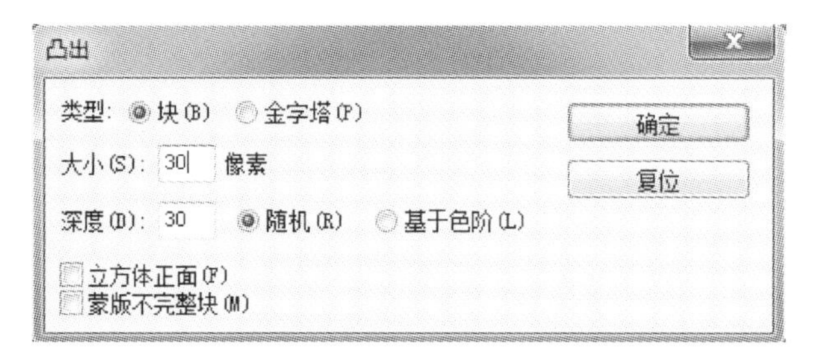

图 6-15

(1) “类型”用于选择图像以何种凸出方式拼贴组成，包括“块”和“金字塔”两种效果。

(2) “大小”用于设置块或金字塔的大小。

(3) “深度”用于设置图像凸出的高度，包括“随机”和“基于色阶”两种。“随机”用于为每个块或金字塔设置一个任意的深度值；“基于色阶”用于使每个块或金字塔的深度与其亮度对应，越亮凸出越多。

(4) “立方体正面”复选项可用每个立方体的平均颜色填充该立方体的正面；否则，用图像填充每个立方体的正面。

(5) “蒙版不完整块”复选项将隐藏图像四周边界上不完整的立方体或金字塔。

“凸出”滤镜效果如图 6－16 所示。

图 6－16

6.2.3　画笔描边滤镜组

“画笔描边”滤镜组包括 8 种滤镜，均在滤镜库中使用，主要用于模仿使用不同类型的画笔和油墨对图像进行描边，形成多种风格的绘画效果。

1. 成角的线条

“成角的线条”滤镜在滤镜库内，可以使用比较细的彩色线条按原来的色彩分布重新涂改图像，形成类似油画的风格。在“滤镜库”对话框中，单击“画笔描边”滤镜组，选择“成角的线条”选项，“参数调整区”的参数如图 6－17 所示。

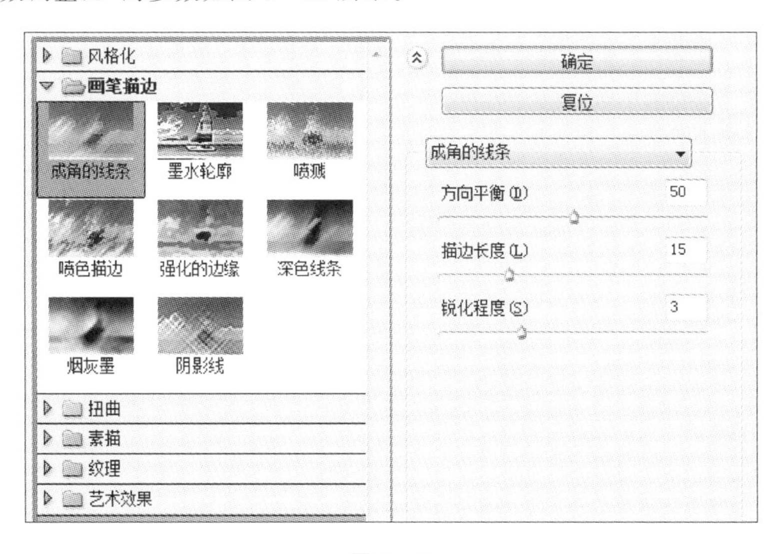

图 6－17

(1)“方向平衡”用于控制斜线的方向平衡，取值范围为 0～100。当取值为 0 或 100 时，画面上所有斜线方向一致。当取值偏离 0 或 100 时，亮区与暗区的斜线方向逐渐变得相反。

(2)“描边长度”用于控制描边线条的长度。数值越大，线条越长。

(3)“锐化程度”用于控制描边线条的锐化程度。数值越大，线条越清楚。

“成角的线条”滤镜效果如图 6－18 所示。

图 6－18

2. 墨水轮廓

“墨水轮廓”滤镜在滤镜库内，可以使用比较细的线条按原来的细节重新勾勒图像，形成类似于钢笔油墨画的绘画风格。在“滤镜库”对话框中，单击“画笔描边”滤镜组，选择“墨水轮廓”选项，“参数调整区”的参数如图 6－19 所示。

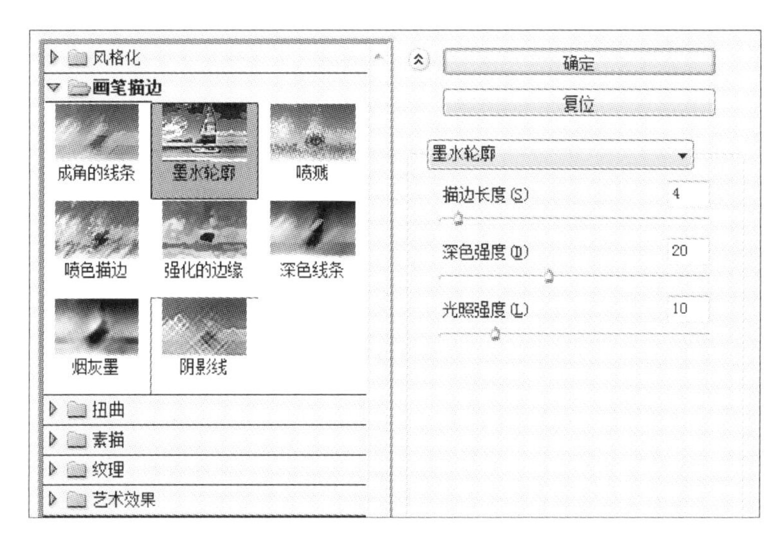

图 6－19

(1)“描边长度”用于设置线条的长度。

(2)“深色强度”用于设置深色区域的强度。

(3)“光照强度”用于设置图像的对比度。

“墨水轮廓”滤镜效果如图 6－20 所示。

3. 喷　溅

“喷溅”滤镜在滤镜库内，能够模仿使用喷溅工具喷色绘画的效果。在“滤镜库”对话框中，单击“画笔描边”滤镜组，选择“喷溅”选项，“参数调整区”的参数如图 6－21 所示。

(1)“喷色半径”用于设置喷色范围的大小。数值越大，范围越大，喷溅效果越明显。

(2)“平滑度”用于设置喷色画面的平滑程度。数值越大，画面越柔和。

“喷溅”滤镜效果如图 6－22 所示。

图 6－20

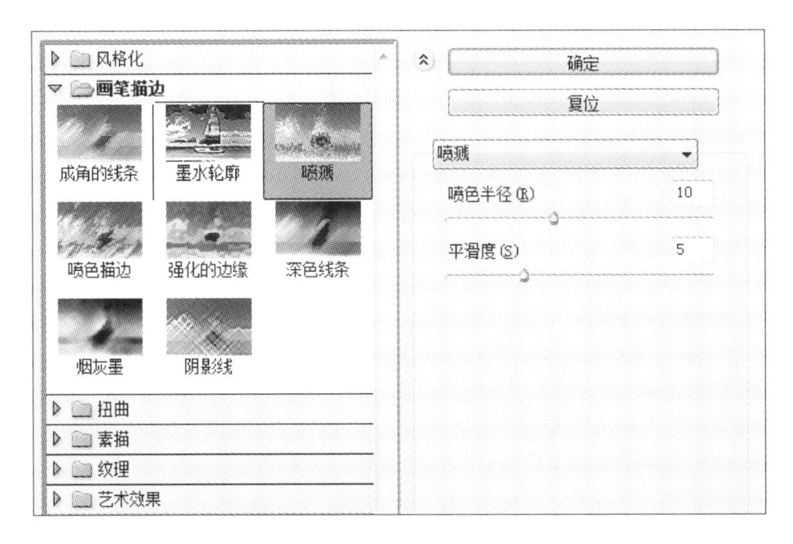

图 6－21

图 6－22

4. 喷色描边

“喷色描边”滤镜在滤镜库内，可以模仿使用喷溅工具沿一定方向喷色绘画的效果。在“滤镜库”对话框中，单击“画笔描边”滤镜组，选择“喷色描边”选项，“参数调整区”的参数如图 6－23 所示。

（1）“描边长度”用于设置喷色线条的长度。

（2）“喷色半径”用于设置喷色范围的大小。数值越大，喷溅效果越明显。

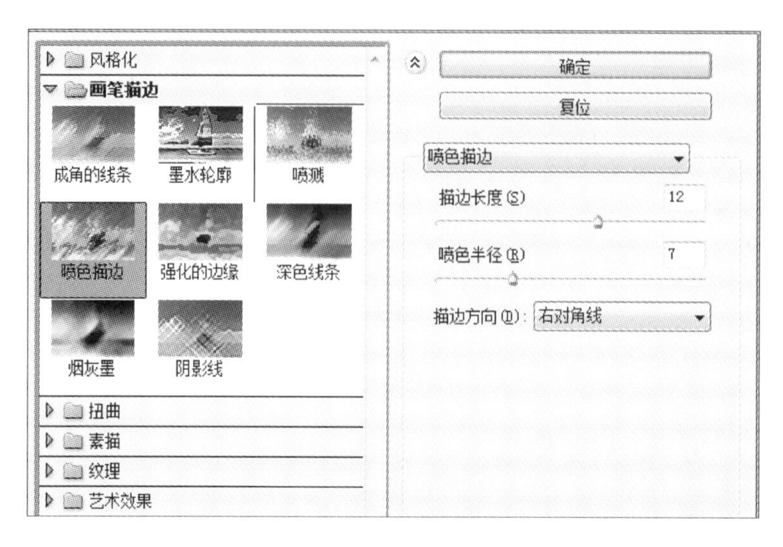

图 6－23

(3)“描边方向”用于选择喷色线条的方向。

“喷色描边”滤镜效果如图 6－24 所示。

图 6－24

5. 强化的边缘

“强化图像边缘”滤镜在滤镜库内,可以形成画笔勾勒描边的效果。在“滤镜库”对话框中,单击“画笔描边”滤镜组,选择“强化的边缘”选项,“参数调整区”的参数如图 6－25 所示。

(1)“边缘宽度”用于设置强化边缘的宽度。

(2)“边缘亮度”用于设置强化边缘的亮度,取值范围为 0～50。当数值较小时,强化效果类似于黑色油墨;当数值较大时,强化效果类似于白色粉笔。

(3)“平滑度”用于设置边缘线条的平滑程度。

6. 深色线条

“深色线条”滤镜在滤镜库内,可以使用短的、绷紧的线条绘制图像中接近黑色的暗区,用长的白色线条绘制图像中的亮区。在“滤镜库”对话框中,单击“画笔描边”滤镜组,选择“深色线条”选项,“参数调整区”的参数如图 6－26 所示。

(1)“平衡”用于控制图像中亮区与暗区的范围比例。

(2)“黑色强度”用于控制图像中暗区的强度。数值越大,强度越大。

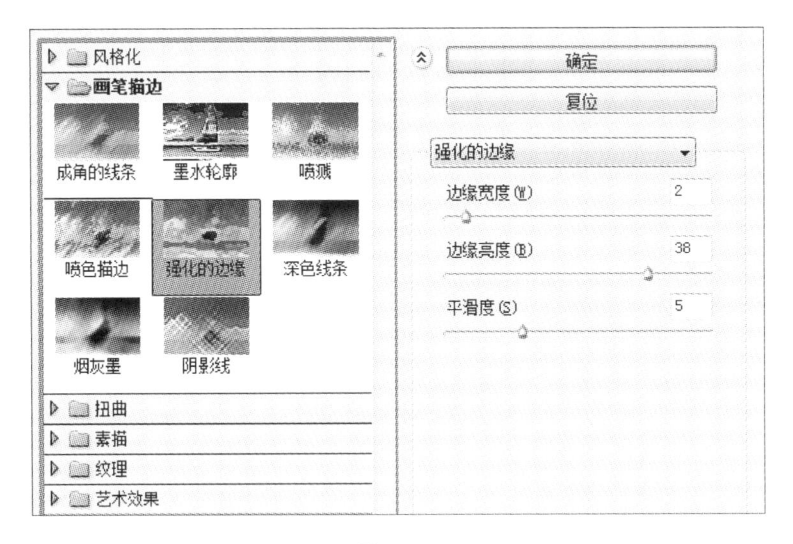

图 6－25

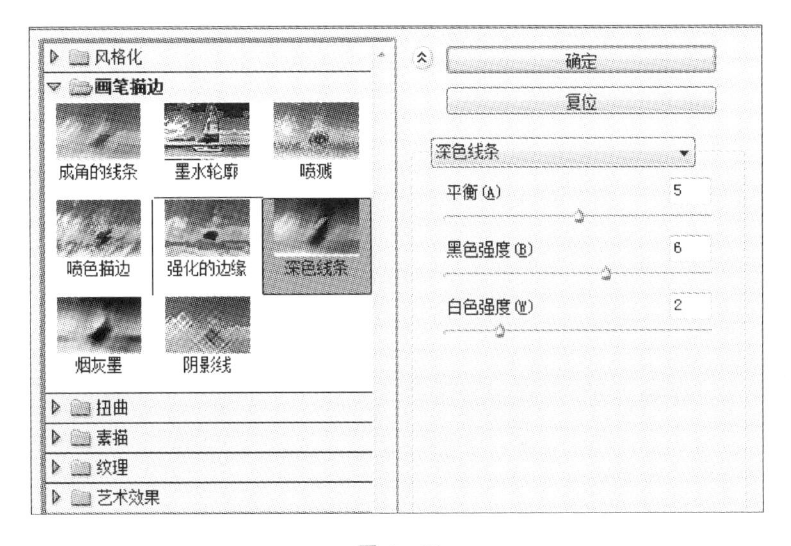

图 6－26

(3)“白色强度”用于控制图像中亮区的强度。数值越大，强度越大。

“深色线条”滤镜效果如图 6－27 所示。

图 6－27

7. 烟灰墨

“烟灰墨”滤镜在滤镜库内，可以模仿使用蘸满黑色油墨的湿画笔在宣纸上绘画的效果。画面具有非常黑的柔化模糊边缘，风格类似日本画。在“滤镜库”对话框中，单击“画笔描边”滤镜组，选择“烟灰墨”选项，“参数调整区”的参数如图 6 - 28 所示。

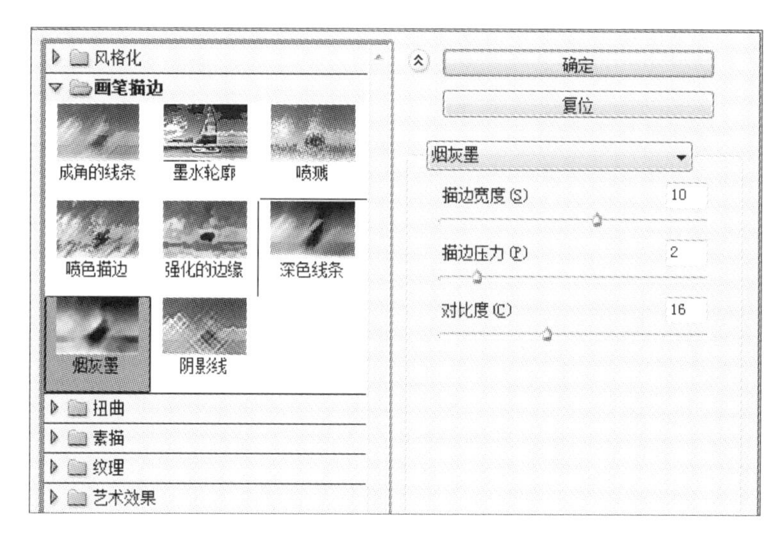

图 6 - 28

(1) “描边宽度”用于控制绘画笔触的宽度。

(2) “描边压力”用于控制画笔的压力大小。数值越大，线条越粗，颜色越黑。

(3) “对比度”用于控制画面的对比度大小。数值越大，对比度越大。

“烟灰墨”滤镜效果如图 6 - 29 所示。

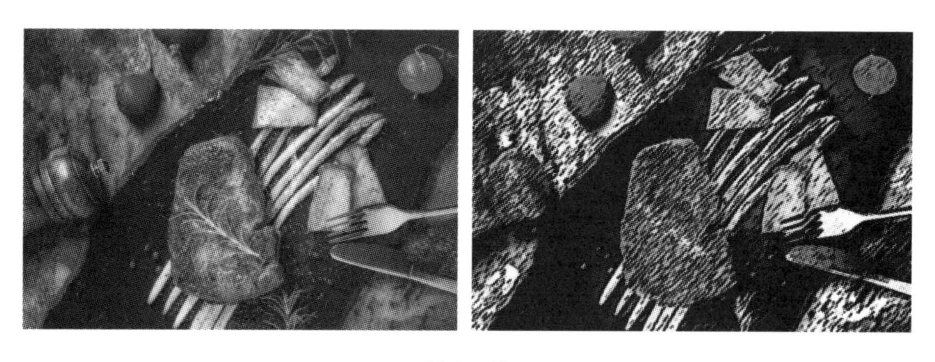

图 6 - 29

8. 阴影线

“阴影线”滤镜在滤镜库内，可以模仿使用铅笔工具在图像上绘制交叉的阴影线而形成的纹理效果。画面彩色区域的边缘变得粗糙，同时保留原图像的细节和特征。在“滤镜库”对话框中，单击“画笔描边”滤镜组，选择“阴影线”选项，“参数调整区”的参数如图 6 - 30 所示。

(1) “描边长度”用于控制阴影线的长短。数值越大，线条越长。

(2) “锐化程度”用于控制阴影线的锐化程度。数值越大，线条越清楚。

(3) “强度”用于控制阴影线的使用次数。数值越大，阴影线越明显、越密集。

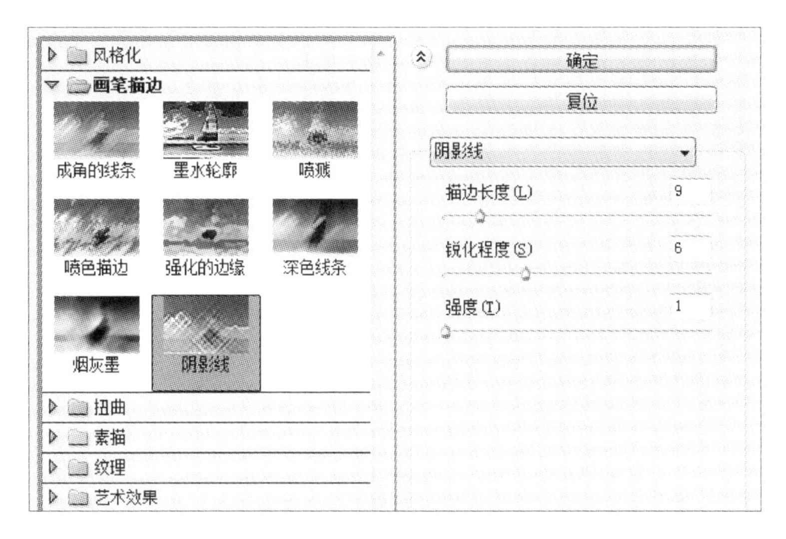

图 6-30

“阴影线”滤镜效果如图 6-31 所示。

图 6-31

6.2.4 扭曲滤镜组

“扭曲”滤镜组共包括 12 种滤镜，主要通过对图像进行几何扭曲，创建三维或其他变形效果。12 种滤镜中“玻璃”、“海洋波纹”和“扩散亮光”滤镜是通过滤镜库使用的，其他滤镜在“滤镜”菜单中。

1. 玻 璃

“玻璃”滤镜在滤镜库内，可以模仿透过不同类型的玻璃观看图像的效果。在“滤镜库”对话框中，单击“扭曲”滤镜组，选择“玻璃”选项，“参数调整区”的参数如图 6-32 所示。

(1) “扭曲度”用于控制图像的变形程度。

(2) “平滑度”用于控制滤镜效果的平滑程度。

(3) “纹理”用于选择一种预设的纹理类型或载入自定义的纹理类型。

(4) “缩放”用于控制纹理的缩放比例，取值范围为 50%～200%。

(5) “反相”复选项用于控制玻璃效果的凸部与凹部对换。

“玻璃”滤镜效果如图 6-33 所示。

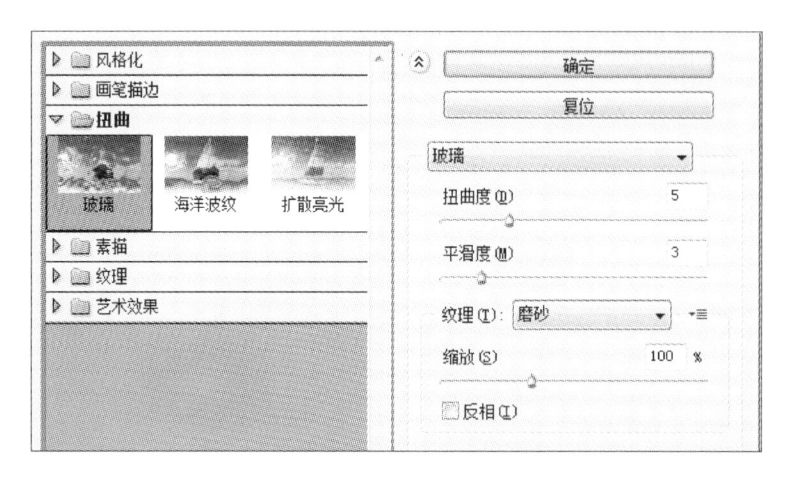

图 6－32

图 6－33

2. 海洋波纹

“海洋波纹”滤镜在滤镜库内，可以在图像上产生随机分隔的波纹效果，看上去就像是在水中。在“滤镜库”对话框中，单击“扭曲”滤镜组，选择“海洋波纹”选项，“参数调整区”的参数如图 6－34 所示。

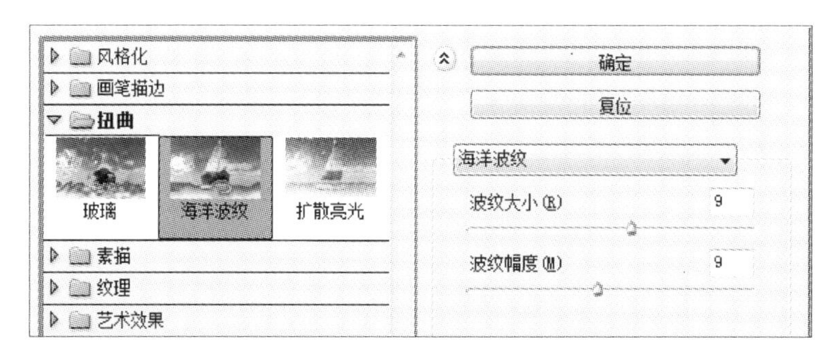

图 6－34

(1) “波纹大小”用于控制波纹的大小。数值越大，波纹越大。

(2) “波纹幅度”用于控制波纹的幅度。数值越大，幅度越大。

“海洋波纹”滤镜效果如图 6－35 所示。

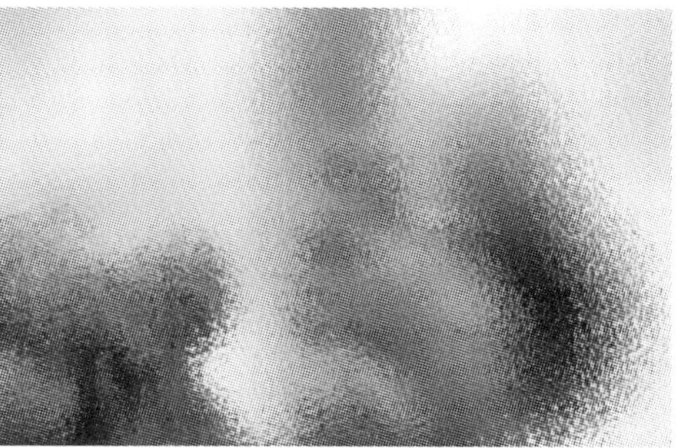

图 6-35

3. 扩散亮光

“扩散亮光”滤镜在滤镜库内，可以图像较亮的区域为中心向外扩散亮光，形成一种灯光弥漫的效果。在“滤镜库”对话框中，单击“扭曲”滤镜组，选择“扩散亮光”选项，“参数调整区”的参数如图 6-36 所示。

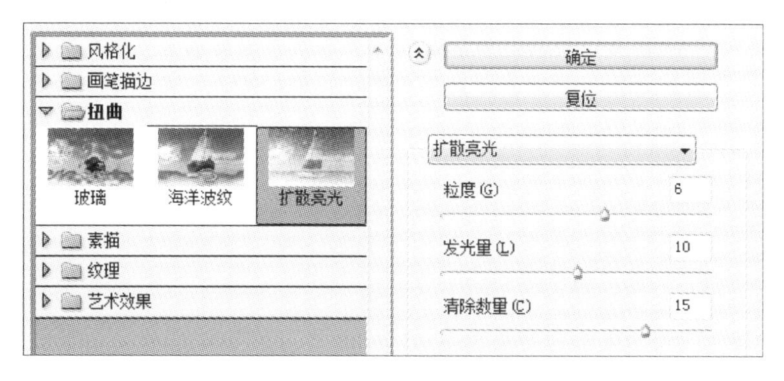

图 6-36

(1) “粒度”用于控制亮光中的颗粒数量。数值越大，颗粒越多。

(2) “发光量”用于控制亮光的强度。

(3) “清除数量”用于控制亮光的应用范围。数值越大，亮光的范围越小。

4. 波 浪

“波浪”滤镜在“滤镜”菜单中，用于模仿各种形式的波浪效果。执行“滤镜”→“扭曲”→“波浪”命令，弹出“波浪”对话框，如图 6-37 所示。

(1) “生成器数”用于控制生成波浪的数量。

(2) “波长”用于控制波长的最小值和最大值。

(3) “波幅”用于控制波形振幅的最小值和最大值。

(4) “比例”用于控制图像在水平方向和竖直方向扭曲变形的缩放比例。

(5) “类型”选项组用于选择波浪的形状，包括“正弦”、“三角形”和“方形”3 种类型。

(6) “随机化”可根据上述参数设置产生随机的波浪效果。

5. 波 纹

“波纹”滤镜在“滤镜”菜单中，用于模仿水面上的波纹效果。执行“滤镜”→“扭曲”→“波纹”命令，弹出“波纹”对话框，如图 6-38 所示。

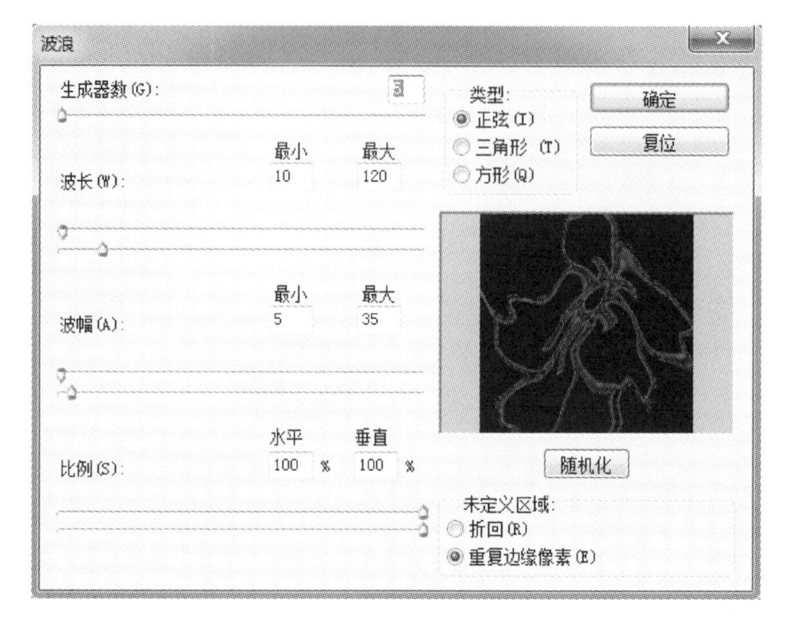

图 6－37

图 6－38

（1）“数量”用于控制波纹的数量，取值范围为－999～＋999。绝对值越大，波纹数越多。

（2）“大小”用于设置波纹的大小，包括“小”、“中”和“大”3 种类型。

6. 极坐标

“极坐标”滤镜在“滤镜”菜单中，用于将图像从直角坐标系转换到极坐标系，或从极坐标系转换到直角坐标系。执行“滤镜”→“扭曲”→“极坐标”命令，弹出“极坐标”对话框，如图 6－39 所示。

图 6-39

“极坐标”对话框中，有“平面坐标到极坐标”和“极坐标到平面坐标”2个选项。

“极坐标”滤镜效果如图 6-40 所示。

图 6-40

7. 挤 压

“挤压”滤镜在“滤镜”菜单中，用于在图像上产生挤压变形效果。执行“滤镜”→“扭曲”→“挤压”命令，弹出“挤压”对话框，如图 6-41 所示。

“数量”用于控制挤压变形的强度，取值范围为－100～＋100。取正值时向图像中心挤压，取负值时从图像中心向外挤压。

“挤压”滤镜效果如图 6-42 所示。

8. 切 变

“切变”滤镜在“滤镜”菜单中，用于使图像产生曲线扭曲效果。执行“滤镜”→“扭曲”→“切变”命令，弹出“切变”对话框，如图 6-43 所示。

(1) 在对话框的曲线方框中，直接拖动线条，或先在线条上单击增加控制点，再拖动控制点，都可以改变曲线的形状。

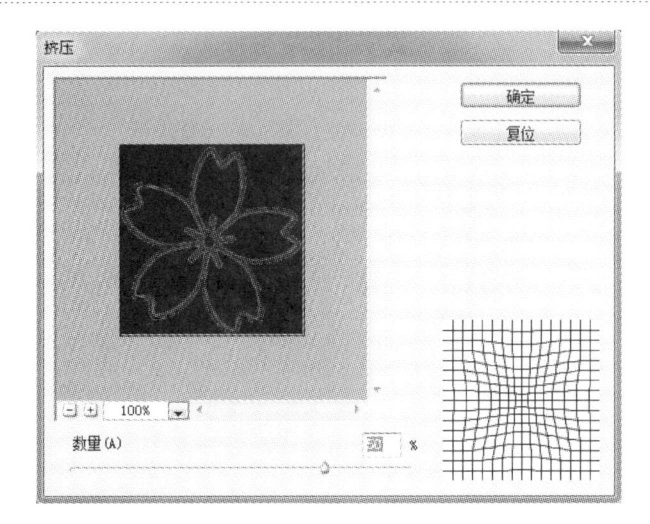

图 6－41

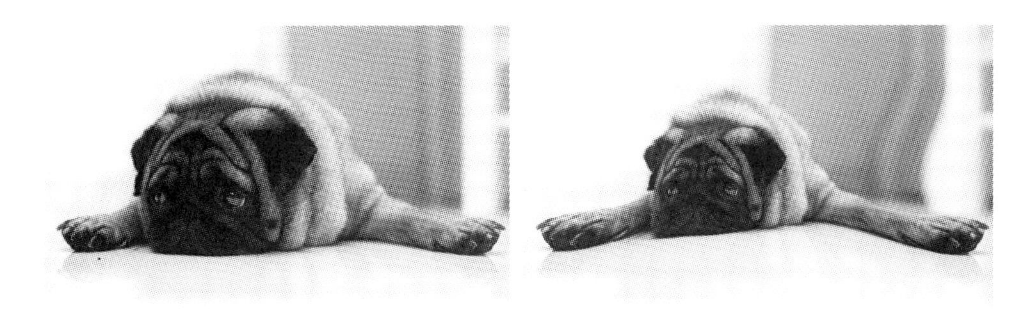

图 6－42

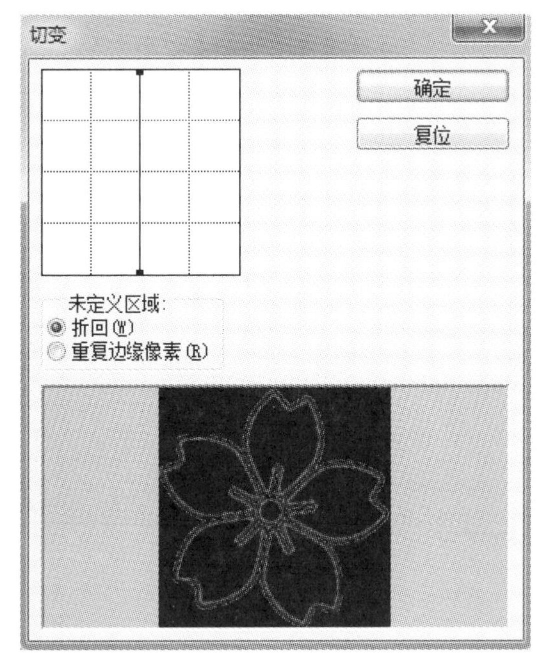

图 6－43

(2)“未定义区域”选项组中,“折回”可用图像的对边内容填充溢出图像的区域;“重复边缘像素”可用扭曲边缘的像素颜色填充溢出图像的区域。

“切变”滤镜效果如图 6-44 所示。

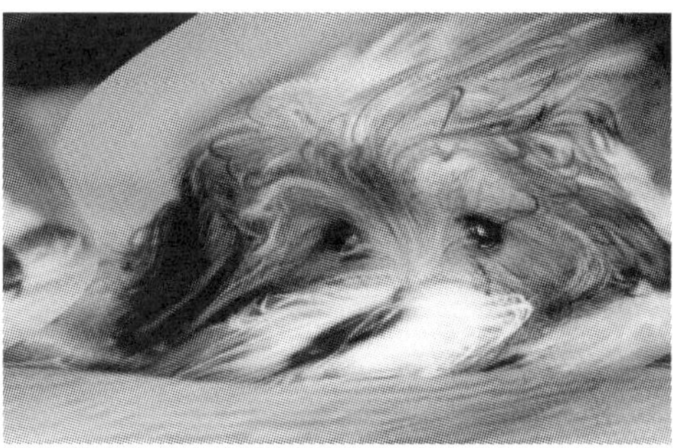

图 6-44

9. 球面化

“球面化”滤镜在“滤镜”菜单中,用于在图像上产生类似球体或圆柱体那样的凸起或凹陷效果。执行“滤镜”→“扭曲”→“球面化”命令,弹出“球面化”对话框,如图 6-45 所示。

图 6-45

(1)“数量”用于控制凸起或凹陷的变形程度。数量绝对值越大,变形效果越明显。

(2)“模式”下拉选项中包括“正常”、“水平优先”和“竖直优先”3 种选项。“正常”可从竖直和水平两个方向挤压对象,图像中央呈现凸起或凹陷效果;“水平优先”可仅在水平方向挤压图像,图像呈现竖直圆柱形凸起或凹陷效果;“竖直优先”可仅在竖直方向挤压图像,图像呈现水平圆柱形凸起或凹陷效果。

“球面化”滤镜效果如图 6-46 所示。

10. 水 波

“水波”滤镜在“滤镜”菜单中,用于模仿水面上的环形水波效果,常用于图像的局部。执行

图 6－46

“滤镜”→“扭曲”→“水波”命令，弹出“水波”对话框，如图 6－47 所示。

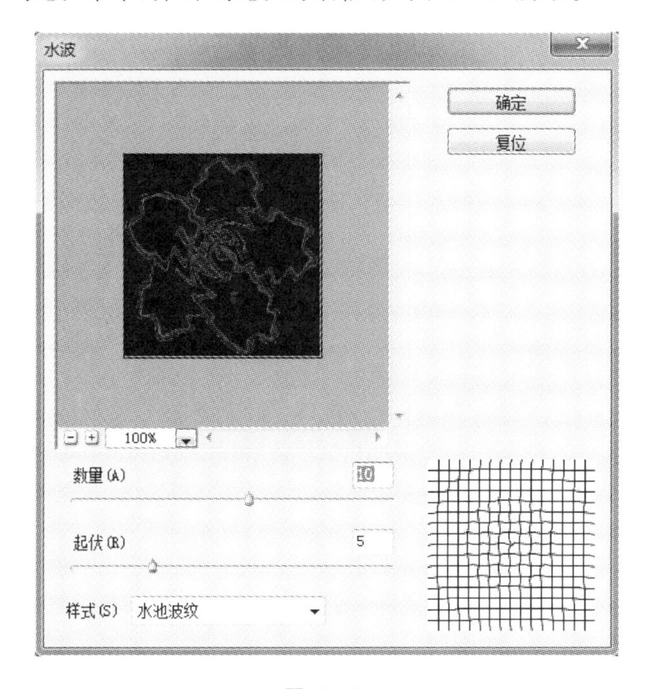

图 6－47

（1）“数量”用于控制水波的数量，取值范围为－100～＋100，正负数值的水波方向相反。

（2）“起伏”用于控制水波的起伏大小，取值范围为 0～20。

（3）“样式”下拉选项中包括“围绕中心”、“从中心向外”和“水池波纹”3 种类型。

11. 旋转扭曲

“旋转扭曲”滤镜在“滤镜”菜单中，可以图像中央位置为变形中心进行旋转扭曲，图像越靠近中央的位置旋转幅度越大。执行“滤镜”→“扭曲”→“旋转扭曲”命令，弹出“旋转扭曲”对话框，如图 6－48 所示。

“角度”用于指定旋转的角度，取值范围为－999～999。正值产生顺时针旋转效果，负值产生逆时针旋转效果。

12. 置　换

“置换”滤镜在“滤镜”菜单中，可以根据置换图的颜色和形状对图像进行变形。在变形中，

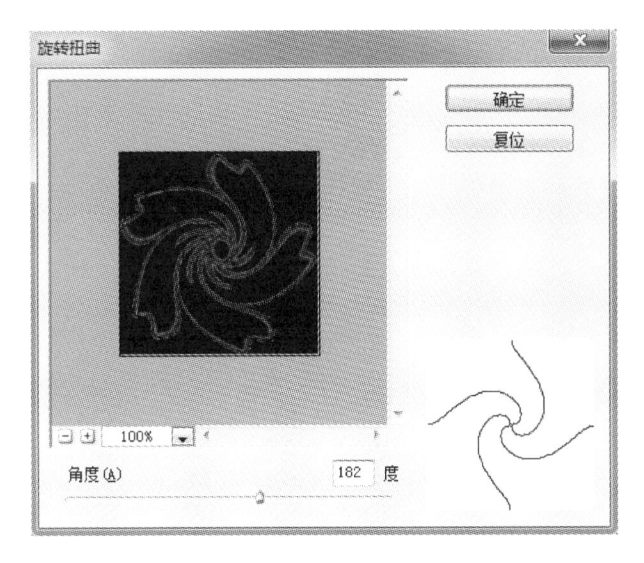

图 6-48

起作用的是置换图的图像拼合效果。执行“滤镜”→“扭曲”→“置换”命令，弹出“置换”对话框，如图 6-49 所示。

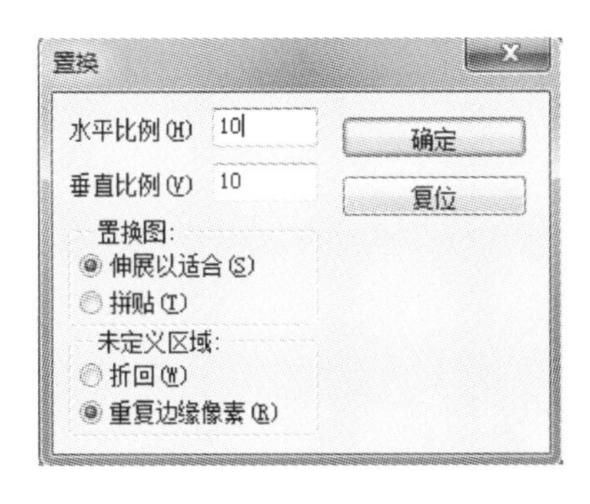

图 6-49

(1)“水平比例”用于设置置换图在水平方向的缩放比例。

(2)“垂直比例”用于设置置换图在垂直方向的缩放比例。

(3)“置换图”选项组包括“伸展以适合”和“拼贴”2 个单选项，用于当置换图与当前图像的大小不符时，选择置换图适合当前图像的方式。“伸展以适合”可将置换图缩放以适合当前图像的大小；“拼贴”可将置换图进行拼贴(置换图本身不缩放)以适合当前图像的大小。

(4)“未定义区域”选项组包括“折回”和“重复边缘像素”2 个单选项，用于选择图像中未变形区域的处理方法。“折回”可以用图像中另一边的内容填充未扭曲的区域；“重复边缘像素”可以按指定方向沿图像边缘扩展像素的颜色。

6.2.5 素描滤镜组

“素描”滤镜组共有 14 种滤镜，全部通过滤镜库使用，主要用于模仿速写等多种绘画效果，重绘图像时大多使用当前前景色和背景色。

1. 半调图案

“半调图案”滤镜在滤镜库内，可以模仿半调网屏遮罩图像的效果，同时保持色调范围的连续性。图像的颜色由前景色和背景色共同组成。在“滤镜库”对话框中，单击“素描”滤镜组，选择“半调图案”选项，“参数调整区”的参数如图 6-50 所示。

(1)“大小”用于控制网屏图案的大小。

图 6－50

(2)“对比度”用于控制网屏图案的对比度。

(3)“图案类型”下拉选项中包括“圆圈”、“网点”和“直线”3 个选项,用于选择网屏图案的类型。

“半调图案”滤镜效果如图 6－51 所示。

图 6－51

2. 便条纸

“便条纸”滤镜在滤镜库内,可以模仿使用一种颜色的纸张剪出图像亮区,贴在表示图像暗区的另一种颜色的纸张上。两种纸张都带有颗粒状纹理,纸张颜色由前景色和背景色共同确定。在“滤镜库”对话框中,单击“素描”滤镜组,选择“便条纸”选项,“参数调整区”的参数如图 6－52 所示。

(1)“图像平衡”用于控制图像中明暗区域的平衡。数值越大,亮区面积越小。

(2)“粒度”用于控制颗粒纹理的强度。数值越大,颗粒效果越明显。

(3)“凸现”用于设置画面中浮雕效果的起伏程度。数值越大,起伏越大。

“便条纸”滤镜效果如图 6－53 所示。

3. 粉笔和炭笔

“粉笔和炭笔”滤镜在滤镜库内,可以模仿使用粉笔(背景色)和炭笔(前景色)重新绘制图像。在“滤镜库”对话框中,单击“素描”滤镜组,选择“粉笔和炭笔”选项,“参数调整区”的参数如图 6－54 所示。

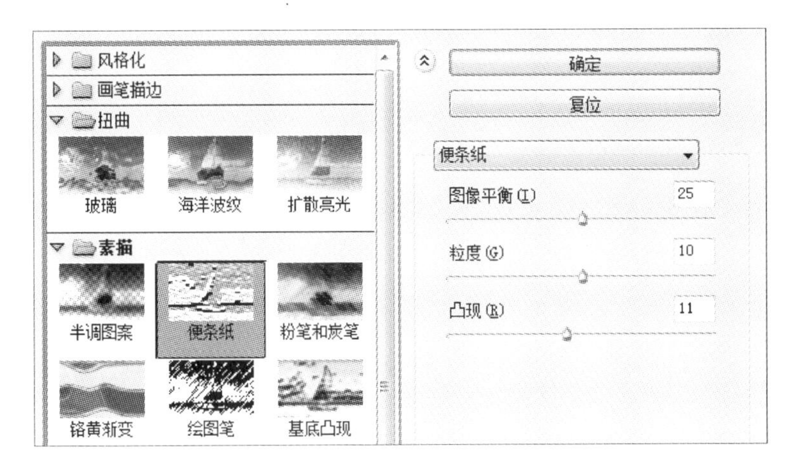

图 6 - 52

图 6 - 53

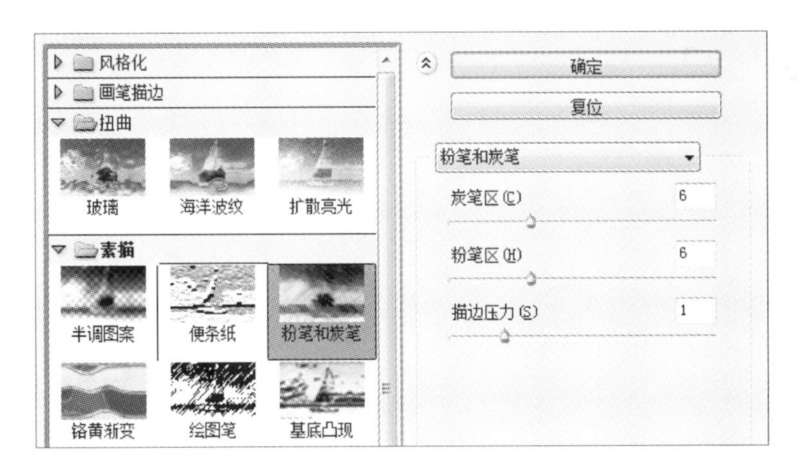

图 6 - 54

(1)“炭笔区”用于控制炭笔区域的大小和颜色深浅。数值越大,炭笔区域越大,颜色越浓。

(2)“粉笔区”用于控制粉笔区域的大小和颜色深浅。数值越大,粉笔区域越大,颜色越浓。

(3)“描边压力”用于控制笔触的压力大小。

“粉笔和炭笔”滤镜效果如图 6－55 所示。

图 6－55

4. 铬黄渐变

“铬黄渐变”滤镜在滤镜库内，可以模仿一种擦亮的金属表面的效果。金属表面的明暗区域与原图像的明暗区域基本上是对应的。滤镜效果为灰度图像或色调图像，与前景色和背景色无关。在“滤镜库”对话框中，单击“素描”滤镜组，选择“铬黄渐变”选项，“参数调整区”的参数如图 6－56 所示。

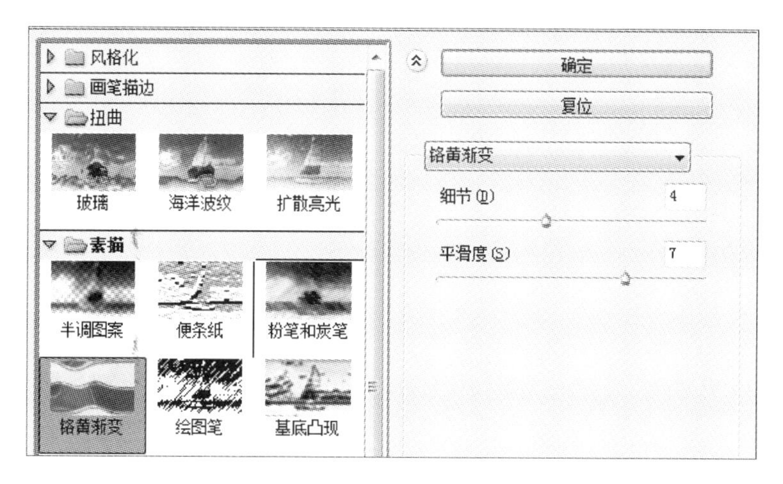

图 6－56

(1) “细节”用于控制画面的细致程度。数值越大，画面越细腻。

(2) “平滑度”用于控制画面的平滑程度。数值越大，画面越显得平滑。

“铬黄渐变”滤镜效果如图 6－57 所示。

5. 绘图笔

“绘图笔”滤镜在滤镜库内，可以模仿使用具有一定方向的细线重绘图像。其中，绘图笔颜色使用前景色，纸张颜色使用背景色。在“滤镜库”对话框中，单击“素描”滤镜组，选择“绘图笔”选项，“参数调整区”的参数如图 6－58 所示。

(1) “描边长度”用于控制线条的长短。数值越大，线条越长。

(2) “明/暗平衡”用于控制画面的明暗平衡，取值范围为 0～100。

(3) “描边方向”下拉选项中包括“右对角线”、“水平”、“左对角线”和“垂直”4 种选项，用于选择线条的方向。

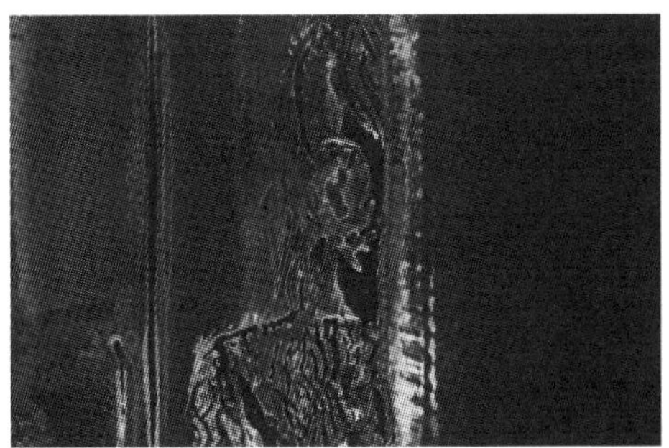

图 6 - 57

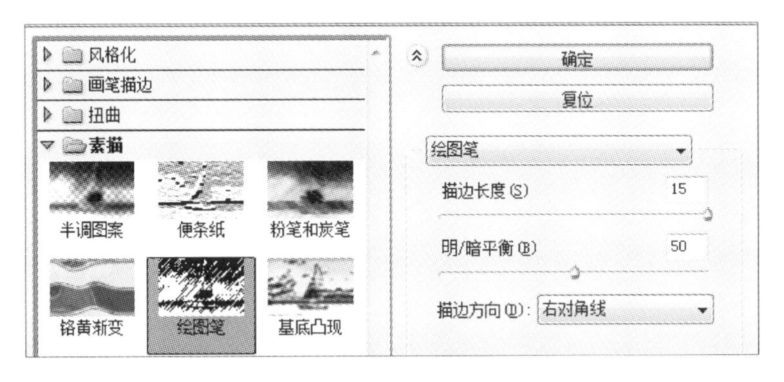

图 6 - 58

6. 基底凸现

“基底凸现”滤镜在滤镜库内，可以模仿在不同方向的光照下凸凹起伏的雕刻效果。在“滤镜库”对话框中，单击“素描”滤镜组，选择“基底凸现”选项，“参数调整区”的参数如图 6 - 59 所示。

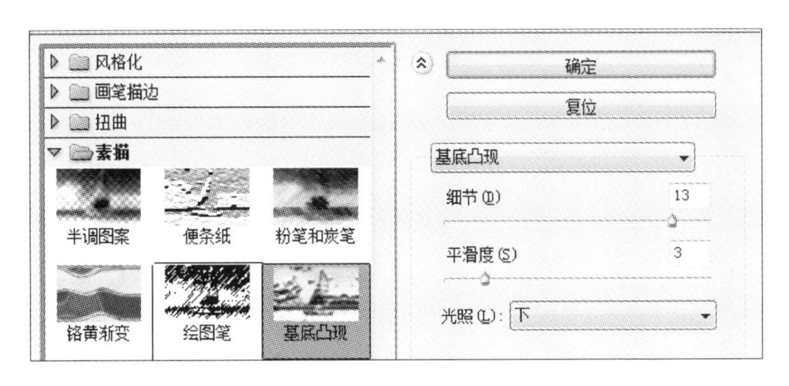

图 6 - 59

(1) “细节”用于控制雕刻效果的细致程度。数值越大，画面越细腻。

(2) “平滑度”用于控制画面的平滑程度。数值越大，画面越柔和，越显得模糊。

(3) “光照”下拉选项中共有 8 种光照方向可供选择，用于设置雕刻的受光方向。

“基底凸现”滤镜效果如图 6 - 60 所示。

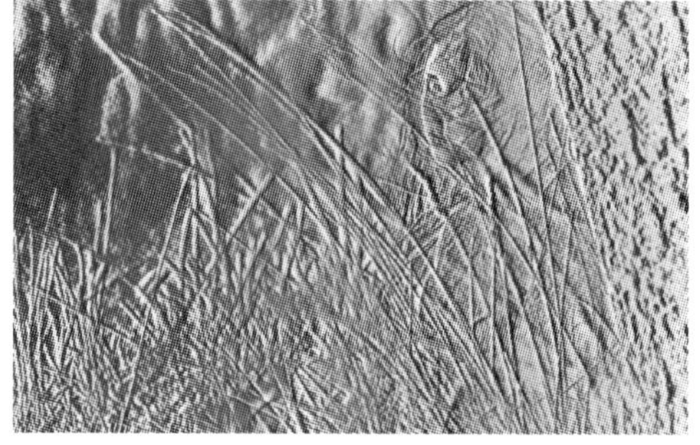

图 6-60

7. 石膏效果

“石膏效果”滤镜在滤镜库内，可以模仿在不同方向的光照下凸凹起伏的石膏效果。在“滤镜库”对话框中，单击“素描”滤镜组，选择“石膏效果”选项，“参数调整区”的参数如图 6-61 所示。

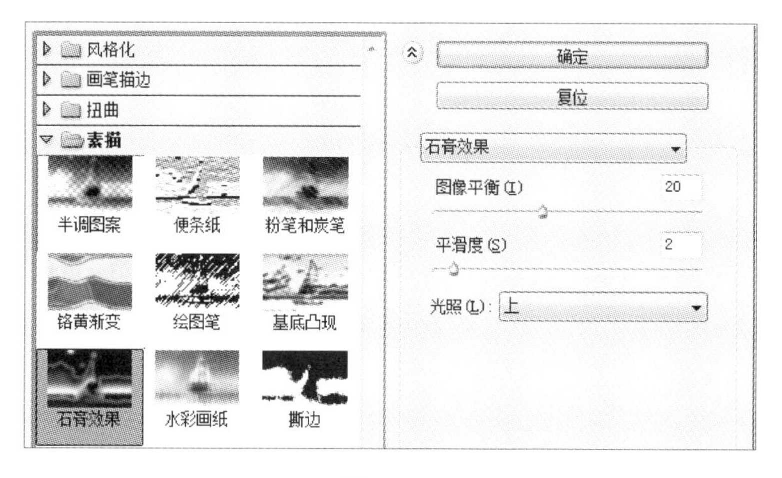

图 6-61

（1）“图像平衡”用于设置前景色和背景色之间的平衡程度。数值越大，图像越凸出。

（2）“平滑度”用于控制画面的平滑程度。数值越大，画面越柔和，越显得模糊。

（3）“光照”下拉选项中共有 8 种光照方向可供选择，用于设置雕刻的受光方向。

8. 水彩画纸

“水彩画纸”滤镜在滤镜库内，可以模仿在潮湿的纤维纸上绘画的效果。由于颜色流动并混合，所绘对象的边缘出现细长的锯齿效果。画面颜色与前景色和背景色无关。在“滤镜库”对话框中，单击“素描”滤镜组，选择“水彩画纸”选项，“参数调整区”的参数如图 6-62 所示。

（1）“纤维长度”用于控制纸张纤维的长度。数值越大，图画的边缘锯齿越细长。

（2）“亮度”用于控制画面的亮度。

（3）“对比度”用于控制画面的明暗对比度。

“水彩画纸”滤镜效果如图 6-63 所示。

9. 撕　边

“撕边”滤镜在滤镜库内，可以使用前景色和背景色重绘图像，使之呈现出粗糙、撕破的纸

图 6 - 62

图 6 - 63

片状。在“滤镜库”对话框中，单击“素描”滤镜组，选择“撕边”选项，“参数调整区”的参数如图 6 - 64 所示。

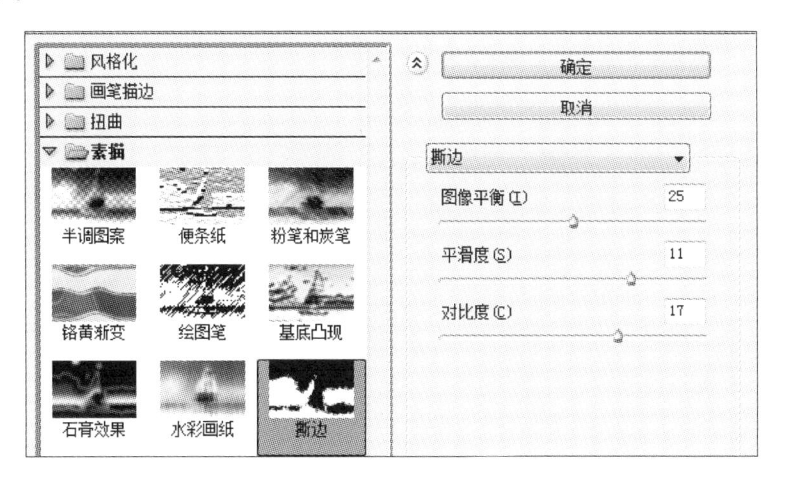

图 6 - 64

(1)“图像平衡”用于控制图像中前景色与背景色的平衡。

(2)“平滑度”用于控制图像的平滑程度。数值越大，画面越平滑，而撕边效果越不明显。

（3）“对比度”用于控制画面的对比度。

“撕边”滤镜效果如图 6－65 所示。

图 6－65

10. 炭　笔

“炭笔”滤镜在滤镜库内，可以模仿炭笔绘画的效果。主要边缘以粗线条绘制，中间色调区域用对角细线条绘制。炭笔颜色使用前景色，纸张颜色使用背景色。在“滤镜库”对话框中，单击“素描”滤镜组，选择“炭笔”选项，“参数调整区”的参数如图 6－66 所示。

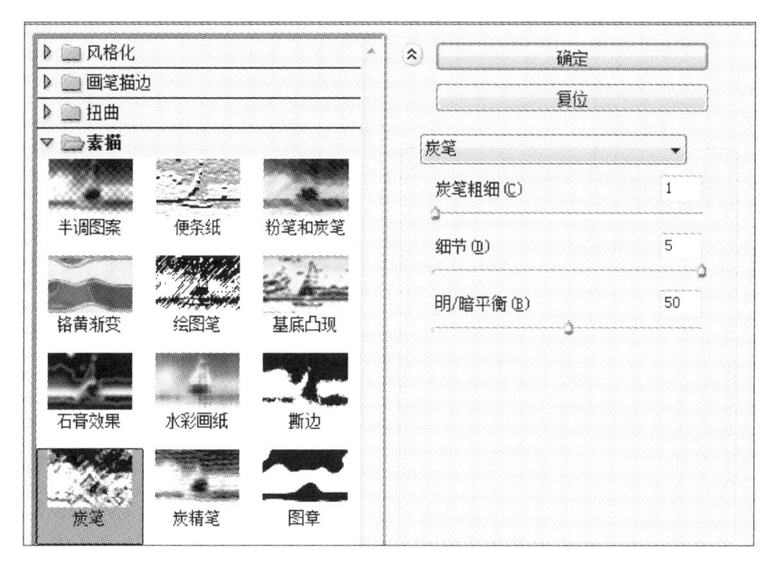

图 6－66

（1）“炭笔粗细”用于控制炭笔线条的粗细。数值越大，线条越粗。

（2）“细节”用于控制画面的细致程度。数值越大，画面越细腻。

（3）“明/暗平衡”用于控制画面的明暗平衡。取值范围为 0～100。

11. 炭精笔

“炭精笔”滤镜在滤镜库内，可以在图像上模仿炭精笔绘画的效果。在画面的暗区使用前景色，在亮区使用背景色。在“滤镜库”对话框中，单击“素描”滤镜组，选择“炭精笔”选项，“参数调整区”参数如图 6－67 所示。

（1）“前景色阶”用于控制前景色的多少。

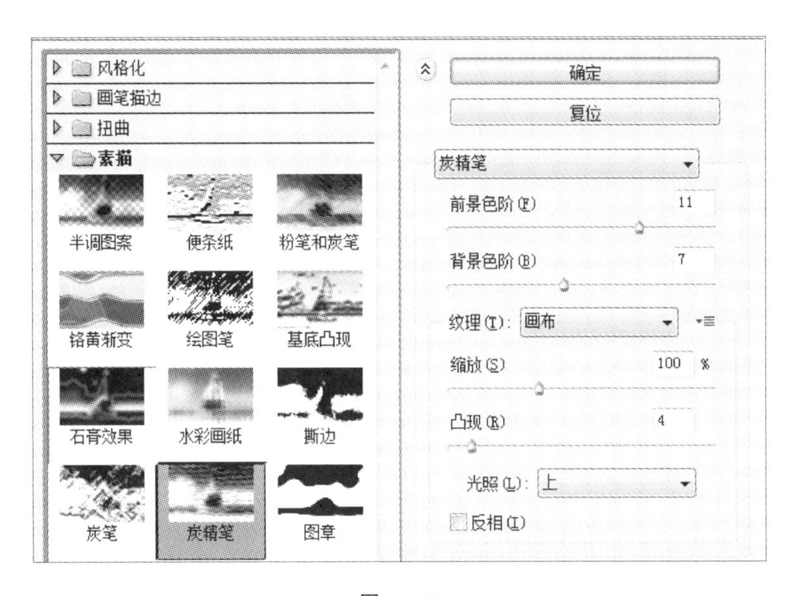

图 6-67

(2)"背景色阶"用于控制背景色的多少。

(3)"纹理"下拉选项为画纸选择预设的纹理类型。单击右侧的按钮可以载入自定义纹理。

(4)"缩放"用于设置纹理的缩放比例。数值越大,纹理比例越大。

(5)"凸现"用于设置纹理的起伏程度。数值越大,纹理越深。

(6)"光照"用于设置画面的受光方向。

(7)"反相"复选项可以将画面的受光方向反转。

"炭精笔"滤镜效果如图 6-68 所示。

图 6-68

12. 图　章

"图章"滤镜在滤镜库内,用于简化图像,表现出用橡皮或木制图章盖印的效果。图像由前景色和背景色共同组成。在"滤镜库"对话框中,单击"素描"滤镜组,选择"图章"选项,"参数调整区"的参数如图 6-69 所示。

(1)"明/暗平衡"用于控制画面的明暗平衡,进而确定前景色与背景色在画面上所占的比例。

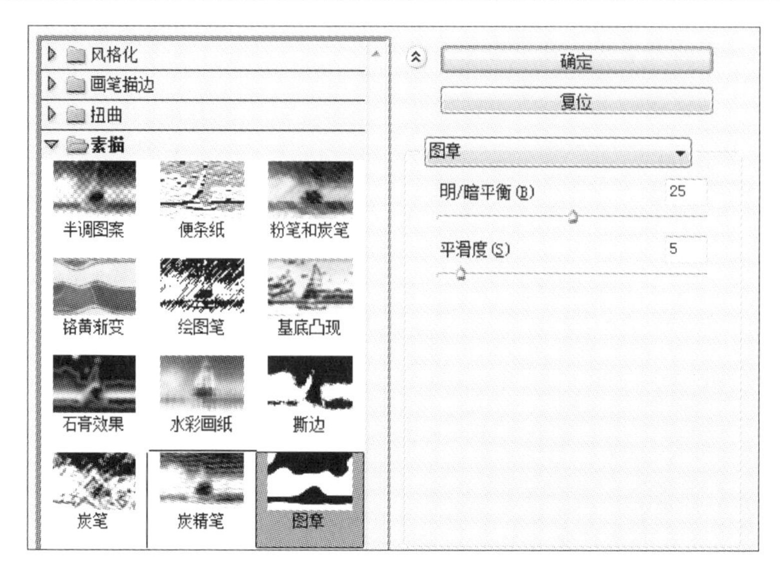

图 6-69

(2)“平滑度”用于控制图像边缘的平滑程度。数值越大,画面越平滑,同时也越简化。

“图章”滤镜效果如图 6-70 所示。

图 6-70

13. 网　状

“网状”滤镜在滤镜库内,可以模仿胶片乳胶的可控收缩和扭曲效果,使之在暗调区域呈结块状,在高光区域呈轻微颗粒状。在“滤镜库”对话框中,单击“素描”滤镜组,选择“网状”选项,“参数调整区”的参数如图 6-71 所示。

(1)“浓度”用于控制网点的密集程度。

(2)“前景色阶”用于控制前景色的多少。

(3)“背景色阶”用于控制背景色的多少。

“网状”滤镜效果如图 6-72 所示。

14. 影　印

“影印”滤镜在滤镜库内,可以使用前景色和背景色模仿影印图像的效果。在“滤镜库”对话框中,单击“素描”滤镜组,选择“影印”选项,“参数调整区”的参数如图 6-73 所示。

(1)“细节”用于控制画面的细致程度。数值越大,与原图像越接近。

(2)“暗度”用于控制画面的明暗程度。

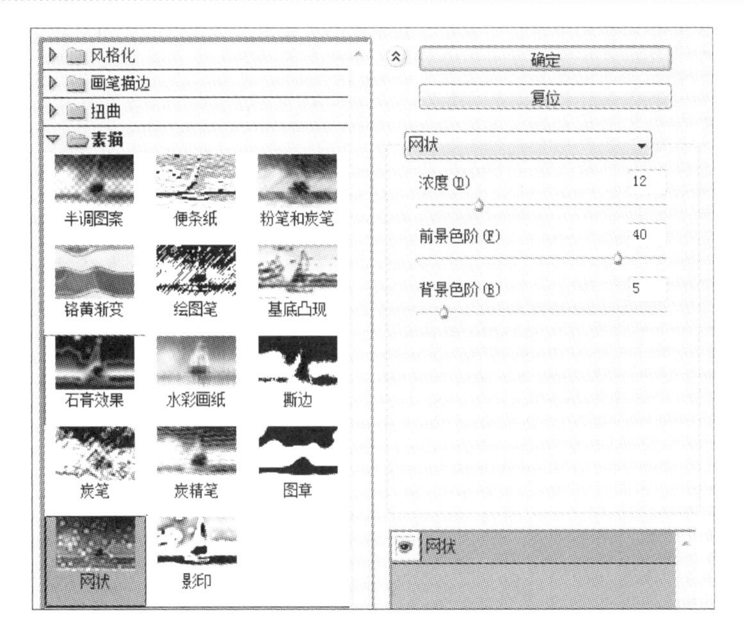

图 6－71

图 6－72

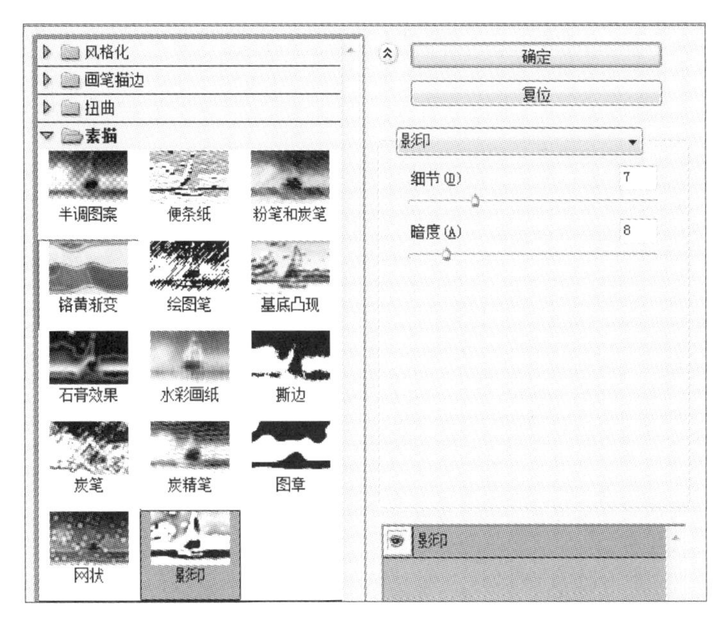

图 6－73

"影印"滤镜效果如图 6－74 所示。

图 6－74

6.2.6 纹理滤镜组

"纹理"滤镜组包括 6 种滤镜，全部在滤镜库中使用，用于为图像添加各种纹理效果，使图像表现出深度感或物质感。

1. 龟裂纹

"龟裂纹"滤镜在滤镜库内，可以模仿包含多种颜色值或灰度值的图像的浮雕效果。在"滤镜库"对话框中，单击"纹理"滤镜组，选择"龟裂纹"选项，"参数调整区"的参数如图 6－75 所示。

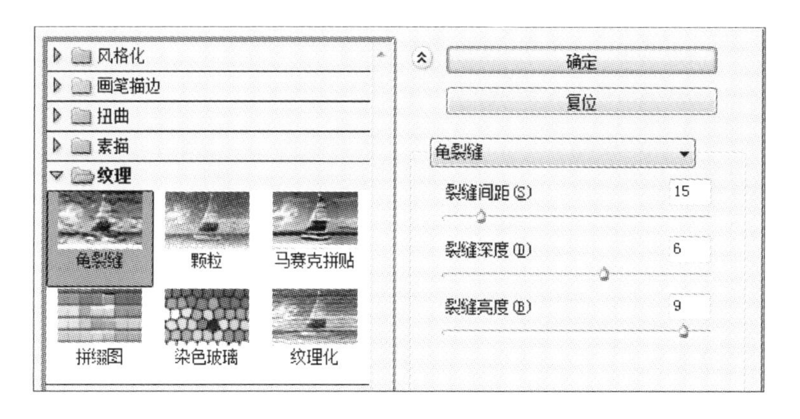

图 6－75

(1)"裂缝间距"用于控制裂缝出现的频率多少。

(2)"裂缝深度"用于控制裂缝颜色明暗级别。

(3)"裂缝亮度"用于控制裂缝的亮度。

"龟裂纹"滤镜效果如图 6－76 所示。

2. 颗　粒

"颗粒"滤镜在滤镜库内，可以模仿常规、软化、喷洒、结块、强反差、扩大、点刻、水平、垂直和斑点。在"滤镜库"对话框中，单击"纹理"滤镜组，选择"颗粒"选项，"参数调整区"的参数如图 6－77 所示。

(1)"强度"用于控制画面噪点的多少。

(2)"对比度"用于调节结果图像的明暗度。

图 6-76

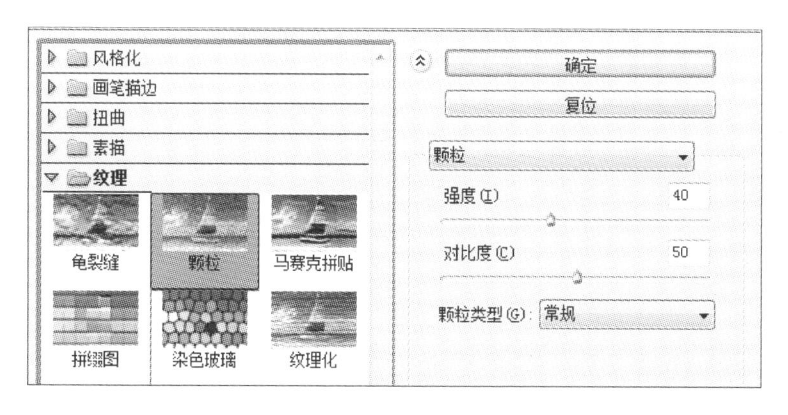

图 6-77

(3)“颗粒类型”用于选择颗粒的不同种类。

“颗粒”滤镜效果如图 6-78 所示。

图 6-78

3. 马赛克拼贴

“马赛克拼贴”在滤镜库内,可以模仿小的碎片和拼贴效果。在“滤镜库”对话框中,单击“纹理”滤镜组,选择“马赛克拼贴”选项,“参数调整区”的参数如图 6-79 所示。

(1)“拼贴大小”用于控制马赛克块的大小。

(2)“缝隙宽度”用于控制缝隙的间隔。

(3)“加亮缝隙”用于控制缝隙的明暗度。

“马赛克拼贴”滤镜效果如图 6-80 所示。

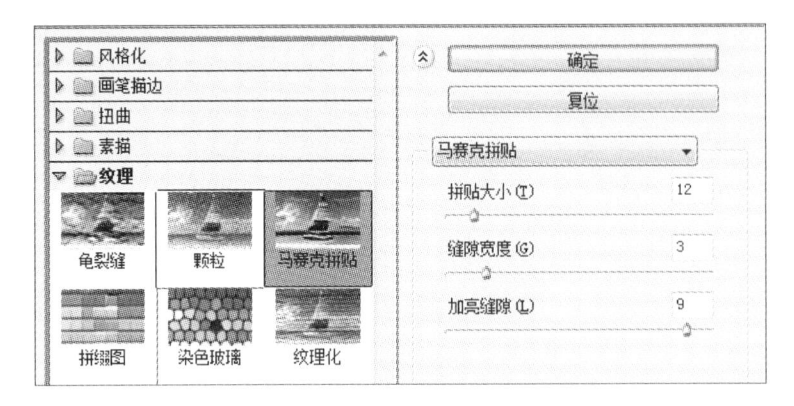

图 6-79

图 6-80

4. 拼缀图

“拼缀图”滤镜在滤镜库内，用于模仿凸起的马赛克。在“滤镜库”对话框中，单击“纹理”滤镜组，选择“拼缀图”选项，“参数调整区”的参数如图 6-81 所示。

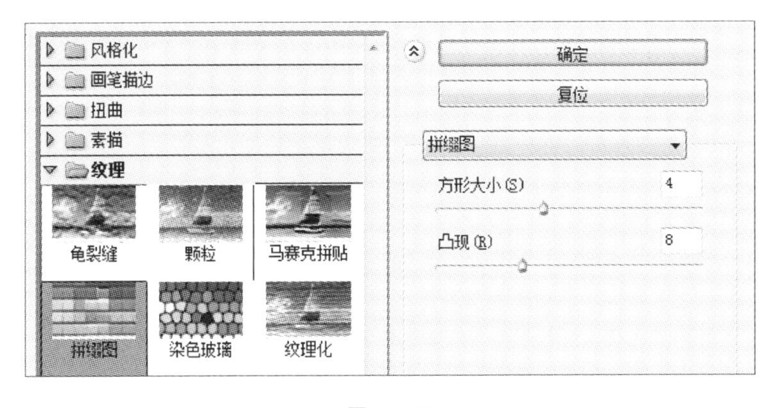

图 6-81

(1) “方形大小”用于控制块的大小。

(2) “凸现”用于控制凸起的深度。

“拼缀图”滤镜效果如图 6-82 所示。

5. 染色玻璃

“染色玻璃”滤镜在滤镜库内，用于模仿细胞形状的马赛克。在“滤镜库”对话框中，单击

图 6-82

“纹理”滤镜组，选择“染色玻璃”选项，“参数调整区”的参数如图 6-83 所示。

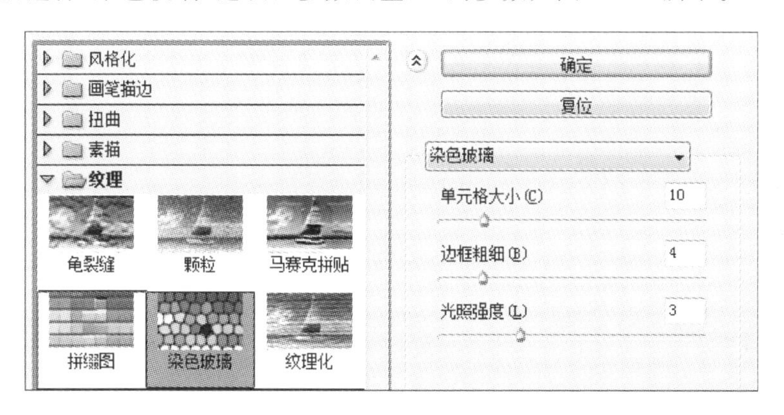

图 6-83

(1)“单元格大小”用于控制分裂块的大小。

(2)“边框粗细”用于控制分割块的间隙。

(3)“光照强度”用于控制玻璃的光照效果。

“染色玻璃”滤镜效果如图 6-84 所示。

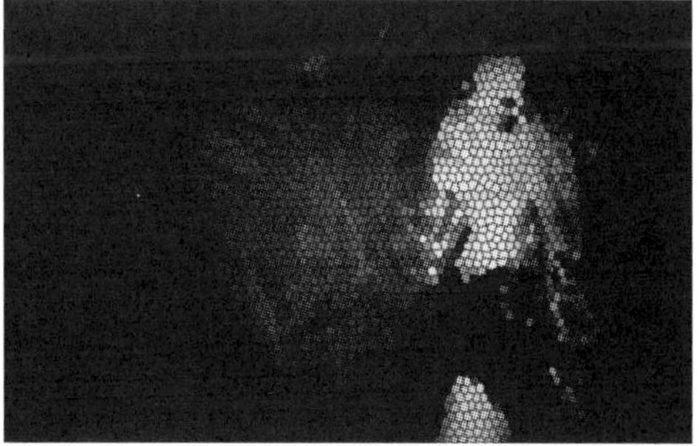

图 6-84

6. 纹理化

“纹理化”滤镜在滤镜库内，用于模仿自然界中碎的肌理效果。在“滤镜库”对话框中，单击“纹理”滤镜组，选择“纹理化”选项，“参数调整区”的参数如图 6-85 所示。

(1)“纹理”下拉选项用于选择预设纹理，单击右侧按钮可载入自定义纹理。

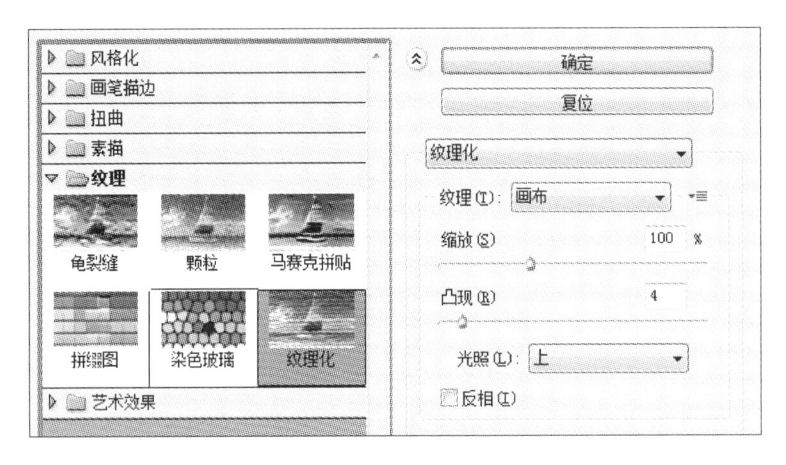

图 6-85

(2)“缩放”用于控制纹理的缩放比例。

(3)“凸现”用于设置纹理的凸显程度。数值越大,纹理起伏越大。

(4)“光照”下拉选项中共有 8 种光源方向,用于设置画面的受光方向。

(5)“反相”复选项可以获得一个反向光照效果。

“纹理化”滤镜效果如图 6-86 所示。

图 6-86

6.2.7 艺术效果滤镜组

“艺术效果”滤镜组包括 15 种滤镜,全部在滤镜库中使用,用于模仿在自然或传统介质上绘画的效果。

1. 壁　画

“壁画”滤镜在滤镜库内,可以模仿使用短而圆的小块颜料粗略轻涂,以一种粗糙的风格绘制图像,画面显得斑驳不平,产生古代壁画般的效果。在“滤镜库”对话框中,单击“艺术效果”滤镜组,选择“壁画”选项,“参数调整区”的参数如图 6-87 所示。

(1)“画笔大小”用于设置绘画笔刷的大小。数值越小,笔刷越细,绘画越精细。

(2)“画笔细节”用于设置画笔的精确度。数值越大,落笔位置越准确,画面越逼真。

(3)“纹理”可以通过设置高光和阴影,在画面上产生某种纹理效果。

“壁画”滤镜效果如图 6-88 所示。

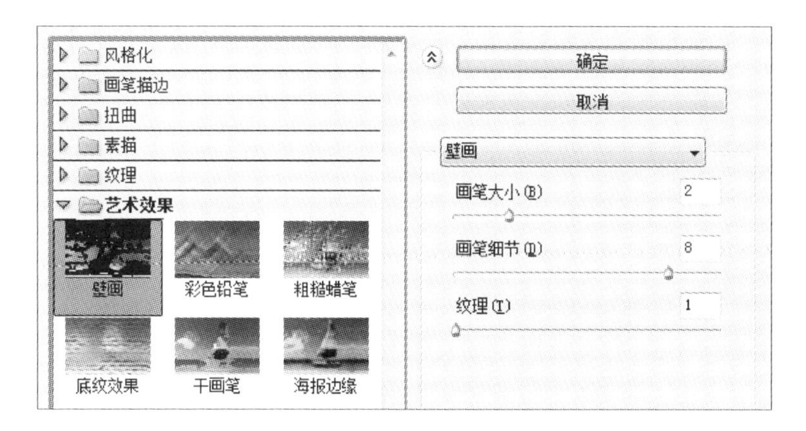

图 6-87

图 6-88

2. 彩色铅笔

“彩色铅笔”滤镜在滤镜库内，可以用当前背景色模仿彩色铅笔绘画的效果。该滤镜在外观上保留原图像的重要边缘，画面上显示出使用定向的粗糙铅笔线条绘画的痕迹。在“滤镜库”对话框中，单击“艺术效果”滤镜组，选择“彩色铅笔”选项，“参数调整区”的参数如图 6-89 所示。

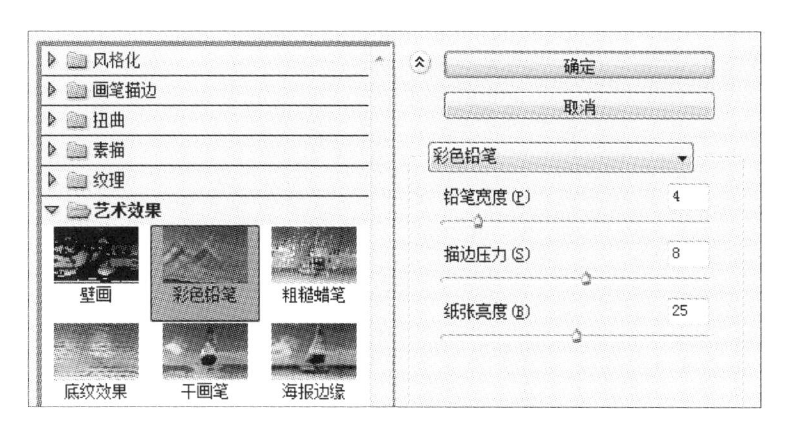

图 6-89

(1)“铅笔宽度”用于设置铅笔笔芯的宽度。数值越大，线条越粗。

(2)“描边压力”用于设置铅笔绘画的力度。数值越大,用力越大,线条越清晰。

(3)“纸张亮度”用于设置绘图颜色的亮度。数值越大,亮度越高。当取最小值 0 时,线条颜色接近黑色;当取最大值 50 时,线条颜色接近背景色。

“彩色铅笔”滤镜效果如图 6 - 90 所示。

图 6 - 90

3. 粗糙蜡笔

“粗糙蜡笔”滤镜在滤镜库内,可以模仿使用彩色蜡笔在有纹理的画纸上沿一定方向绘画的效果。在“滤镜库”对话框中,单击“艺术效果”滤镜组,选择“粗糙蜡笔”选项,“参数调整区”的参数如图 6 - 91 所示。

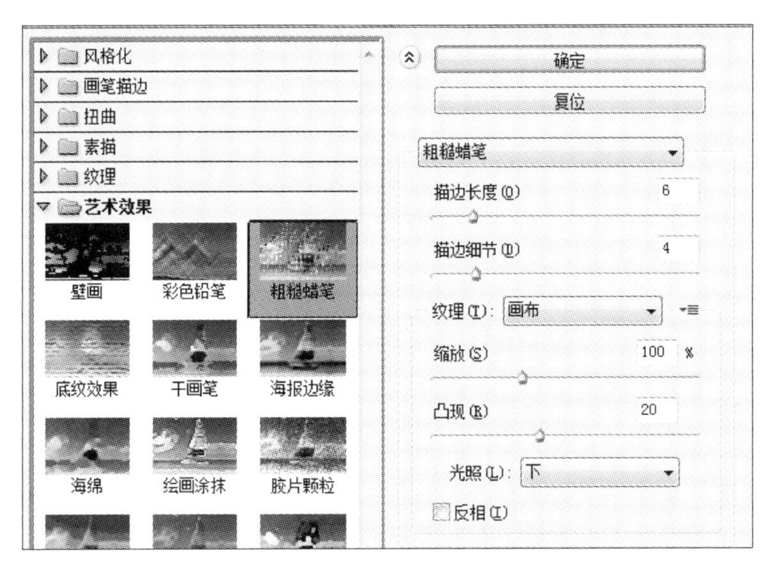

图 6 - 91

(1)“描边长度”用于设置绘画线条长度。数值越大,线条越长,画面方向感越强。

(2)“描边细节”用于设置画面细节复杂程度。数值越大,线条越多,画面越显粗糙。

(3)“纹理”下拉选项中包括“砖”、“粗麻布”、“画布”和“砂岩”4 种效果,用于选择画纸的纹理类型。单击右侧的按钮,可以载入自定义纹理。

(4)“缩放”用于设置纹理的缩放比例。数值越大,比例越大,画面上纹理越明显。

(5)“凸现”用于设置纹理的凸显程度。数值越大,纹理越深。

(6)“光照”下拉选项用于设置画面的受光方向。

(7)“反相”复选项用于将画面的亮色与暗色反转,从而获得反向光照效果。

“粗糙蜡笔”滤镜效果如图 6-92 所示。

图 6-92

4. 底纹效果

“底纹效果”滤镜在滤镜库内,可以模仿在有纹理背景的画纸上绘画的效果。在“滤镜库”对话框中,单击“艺术效果”滤镜组,选择“底纹效果”选项,“参数调整区”的参数如图 6-93 所示。

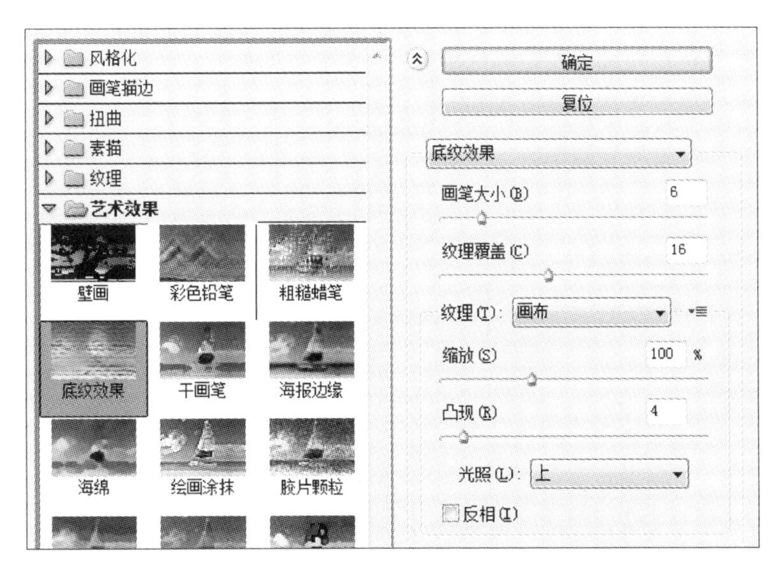

图 6-93

(1)“画笔大小”用于设置笔触的大小。数值越大,笔触越大。

(2)“纹理覆盖”用于设置纹理的覆盖范围。数值越大,范围越大,纹理效果越明显。

其他参数与“粗糙蜡笔”滤镜相同,不再赘述。

“底纹效果”滤镜效果如图 6-94 所示。

5. 干画笔

“干画笔”滤镜在滤镜库内,可以模仿没蘸水的画笔用水彩颜料涂抹,形成介于油画与水彩画之间的绘画效果。在“滤镜库”对话框中,单击“艺术效果”滤镜组,选择“干画笔”选项,“参数调整区”的参数如图 6-95 所示。

“干画笔”滤镜参数设置与“壁画”滤镜类似,不再赘述。

图 6－94

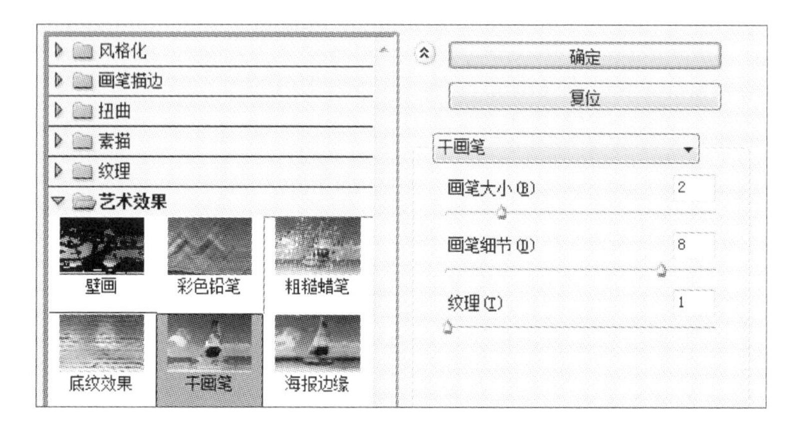

图 6－95

“干画笔”滤镜效果如图 6－96 所示。

图 6－96

6. 海报边缘

“海报边缘”滤镜在滤镜库内，可以通过减少图像的颜色数量，使画面产生分色效果，并用黑色线条勾勒图像的边缘轮廓。在“滤镜库”对话框中，单击“艺术效果”滤镜组，选择“海报边缘”选项，“参数调整区”的参数如图 6－97 所示。

(1) “边缘厚度”用于设置边缘轮廓线的粗细。数值越大，轮廓线越粗。

(2) “边缘强度”用于设置边缘轮廓线颜色的深浅。数值越大，颜色越深。

(3) “海报化”可以通过增减颜色数量，控制分色效果。数值越小，分色越明显。

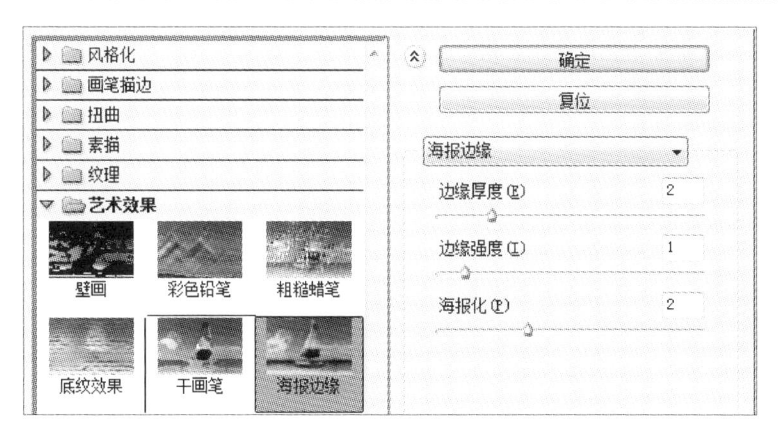

图 6-97

“海报边缘”滤镜效果如图 6-98 所示。

图 6-98

7. 海　绵

“海绵”滤镜在滤镜库内,可以模仿使用海绵浸染绘画的效果。画面颜色对比强烈,纹理较重。在“滤镜库”对话框中,单击“艺术效果”滤镜组,选择“海绵”选项,“参数调整区”参数如图 6-99 所示。

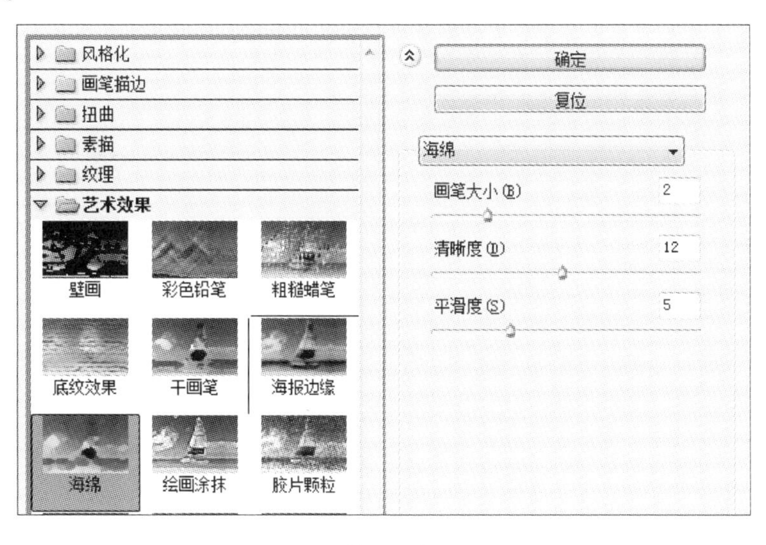

图 6-99

(1)"画笔大小"用于设置笔触大小。数值越大,笔触越大。

(2)"清晰度"用于设置绘画的清晰度。数值越大,颜色对比越强烈,纹理越重。

(3)"平滑度"用于设置画面的平滑程度。数值越大,画面越平滑,越显得柔和。

"海绵"滤镜效果如图 6－100 所示。

图 6－100

8. 绘画涂抹

"绘画涂抹"滤镜在滤镜库内,可以模仿使用不同类型的画笔涂抹绘画的效果,画面通常比较模糊。在"滤镜库"对话框中,单击"艺术效果"滤镜组,选择"绘画涂抹"选项,"参数调整区"的参数如图 6－101 所示。

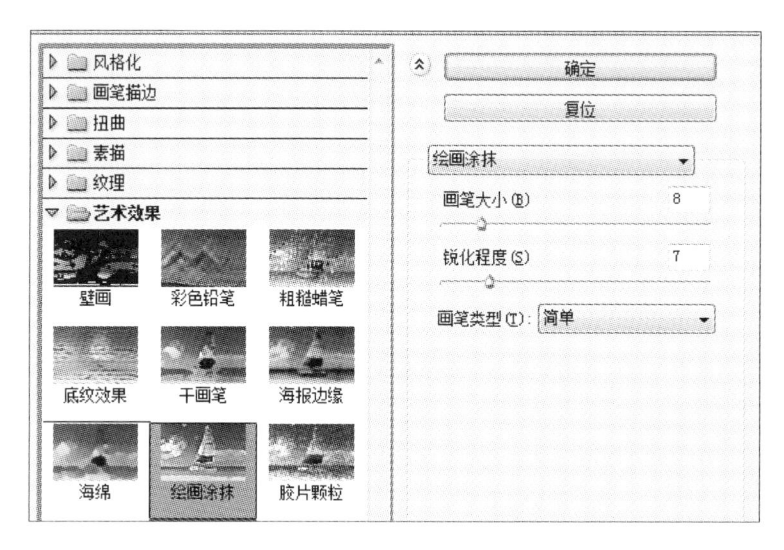

图 6－101

(1)"画笔大小"用于设置笔刷大小。数值越大,笔刷越粗。

(2)"锐化程度"用于设置笔画的锐利程度。数值越大,笔触越锋利,画面越清晰。

(3)"画笔类型"下拉选项中包括"简单"、"未处理光照"、"未处理深色"、"宽锐化"、"宽模糊"和"火花"6 种效果,用于设置不同的画笔类型。不同的画笔产生不同的绘画风格。

"绘画涂抹"滤镜效果如图 6－102 所示。

9. 胶片颗粒

"胶片颗粒"滤镜在滤镜库内,可以通过添加杂点,产生类似胶片颗粒的画面效果。在"滤

图 6-102

镜库”对话框中，单击“艺术效果”滤镜组，选择“胶片颗粒”选项，“参数调整区”的参数如图 6-103 所示。

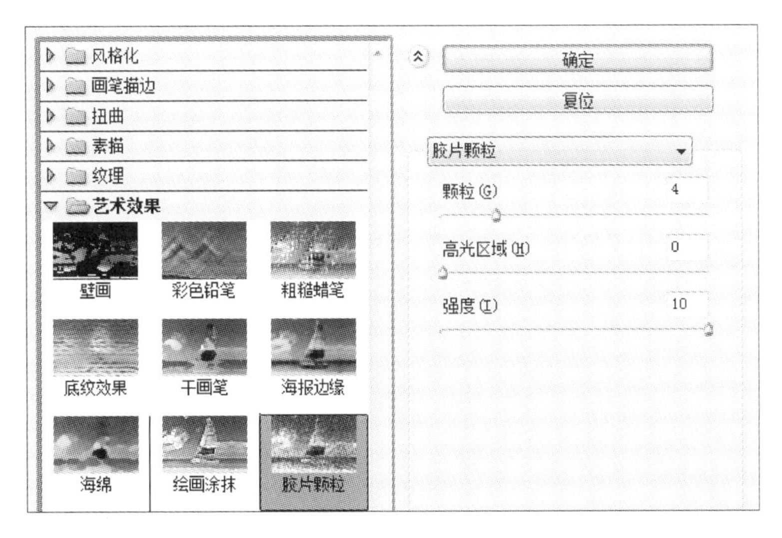

图 6-103

(1)“颗粒”用于设置杂点的多少。数值越大，杂点越多。

(2)“高光区域”用于设置高亮区域的大小。数值越大，高亮区域面积越大。

(3)“强度”用于设置杂点强度。数值越大，图像亮区的杂点越少，暗区的杂点越多。

“胶片颗粒”滤镜效果如图 6-104 所示。

10. 木 雕

“木雕”滤镜在滤镜库内，可以模仿木刻版画的艺术效果。在“滤镜库”对话框中，单击“艺术效果”滤镜组，选择“木雕”选项，“参数调整区”的参数如图 6-105 所示。

(1)“色阶数”用于设置画面被分隔的色阶数。数值越大，色阶越多，与原图像越接近。

(2)“边缘简化度”用于设置边缘简化度。数值越大，简化度越高，颜色线条越简单。

(3)“边缘逼真度”用于设置边缘精确度。数值越大，表现越细腻，与原图像越接近。

“木雕”滤镜效果如图 6-106 所示。

11. 霓虹灯光

“霓虹灯光”滤镜在滤镜库内，可以模仿霓虹灯照射画面的效果，画面色彩通常受当前前景

图 6 - 104

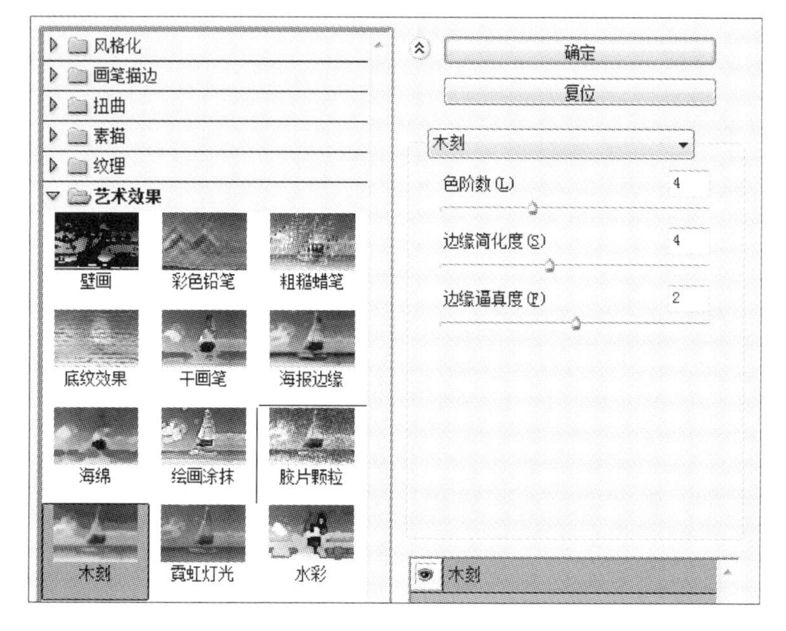

图 6 - 105

图 6 - 106

色与背景色的影响比较大。在“滤镜库”对话框中，单击“艺术效果”滤镜组，选择“霓虹灯光”选项，“参数调整区”的参数如图 6 - 107 所示。

（1）“发光大小”用于设置灯光照射的范围。

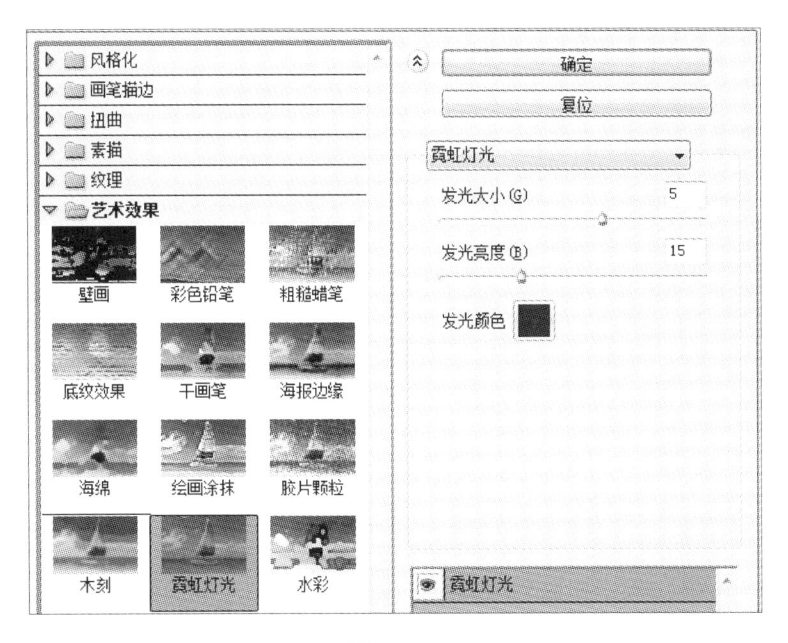

图 6-107

(2)“发光亮度”用于设置灯光照射的强度。

(3)“发光颜色”选色框用于选择发光颜色。

“霓虹灯光”滤镜效果如图 6-108 所示。

图 6-108

12. 水　彩

“水彩”滤镜在滤镜库内,可以模仿水彩画的绘画风格。图像细节被简化,用色饱满,好像使用蘸了水和颜料的中号画笔绘制而成。在“滤镜库”对话框中,单击“艺术效果”滤镜组,选择“水彩”选项,“参数调整区”的参数如图 6-109 所示。

(1)“画笔细节”用于设置画面的细腻程度。数值越大,笔画越细腻、准确。

(2)“阴影强度”用于设置阴影的强弱。数值越大,阴影越强。

(3)“纹理”用于设置画面的纹理效果。数值越大,纹理越明显。

“水彩”滤镜效果如图 6-110 所示。

13. 塑料包装

“塑料包装”滤镜在滤镜库内,可以模仿使用一层塑料薄膜包装图像的效果,使画面的表面

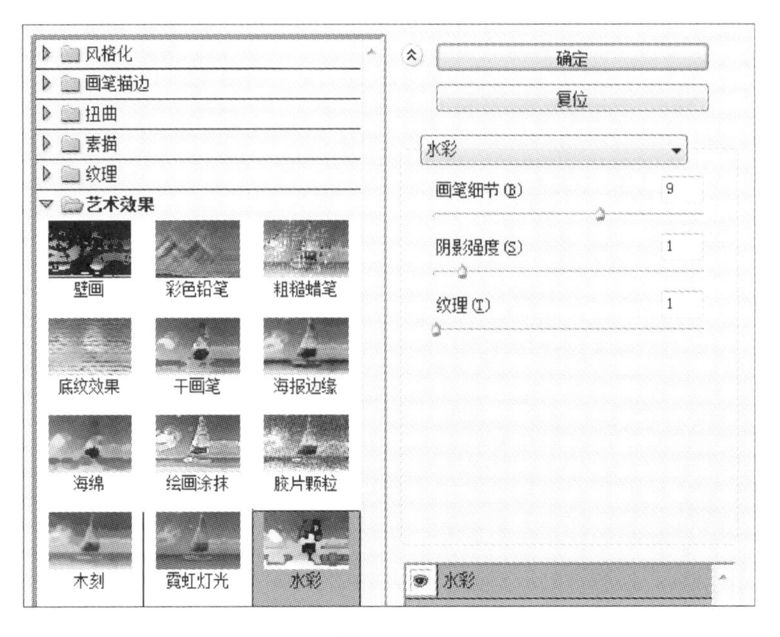

图 6－109

图 6－110

细节得以强调。在“滤镜库”对话框中，单击“艺术效果”滤镜组，选择“塑料包装”选项，“参数调整区”的参数如图 6－111 所示。

（1）“高光强度”用于设置图像亮部区域的光泽程度。

（2）“细节”用于设置画面细节的复杂程度。

（3）“平滑度”用于设置塑料薄膜的平滑程度。数值越大，画面越平滑、柔和。

“塑料包装”滤镜效果如图 6－112 所示。

14. 调色刀

“调色刀”滤镜在滤镜库内，可以通过减少图像细节，显示背景纹理，生成淡淡的描绘效果。在“滤镜库”对话框中，单击“艺术效果”滤镜组，选择“调色刀”选项，“参数调整区”的参数如图 6－113 所示。

（1）“描边大小”用于设置绘画时笔触的大小。数值越大，笔触越粗。

（2）“描边细节”用于设置画面的精细程度。数值越大，画面细节越多。

（3）“软化度”用于设置画面的柔和程度。数值越大，画面越柔和。

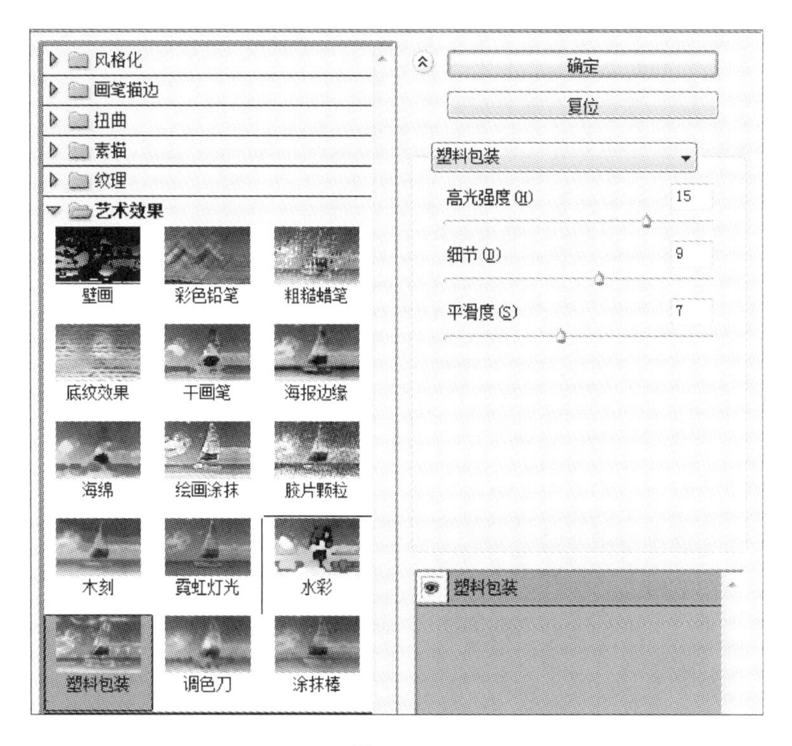

图 6－111

图 6－112

“调色刀”滤镜效果如图 6－114 所示。

15. 涂抹棒

“涂抹棒”滤镜在滤镜库内,可以模仿短而粗的黑线沿一定方向涂抹绘画的效果。在“滤镜库”对话框中,单击“艺术效果”滤镜组,选择“涂抹棒”选项,“参数调整区”的参数如图 6－115 所示。

(1)“长度”用于设置黑色线条的长度。数值越大,线条越长,画面方向感越强。

(2)“高光区域”用于设置高亮区域的大小。数值越大,高亮区域的范围越大。

(3)“强度”用于设置高亮区域光照强度。数值越大,光线越强,画面明暗对比越强。

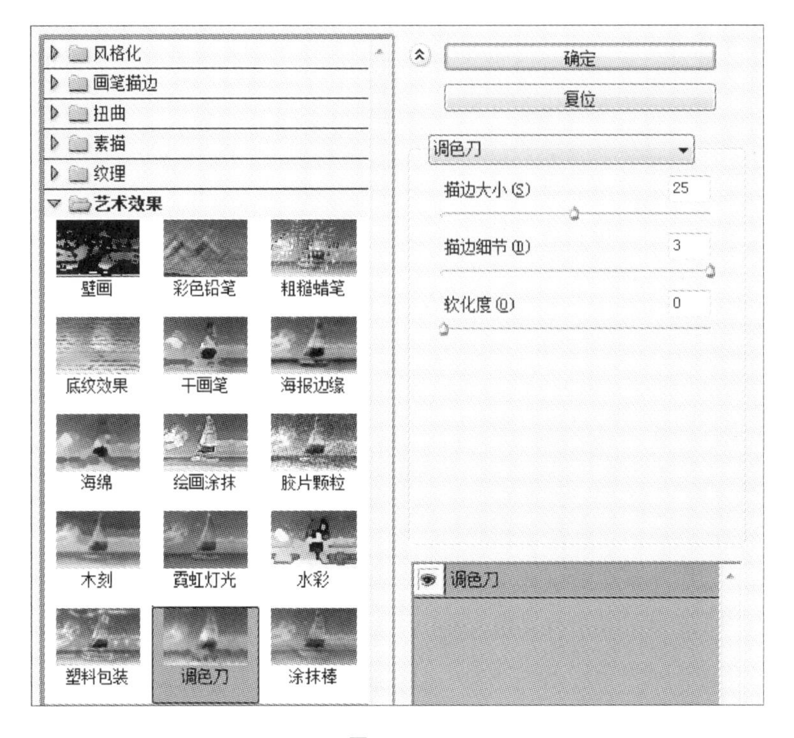

图 6－113

图 6－114

6.2.8 模糊滤镜组

“模糊”滤镜组共包括 14 种滤镜，全部通过“滤镜”菜单使用，主要通过降低图像对比度创建各种模糊效果。

1. 场景模糊

“场景模糊”滤镜在“滤镜”菜单中，用于通过添加不同的控制点，并设置每个点作用的模糊强度来控制景深的特效，制作有层次的浅景深效果。执行“滤镜”→“模糊”→“场景模糊”命令，出现“场景模糊”属性栏，如图 6－116 所示。

（1）“模糊”滑动条主要用于改变模糊像素，以改变整个图片的模糊程度。

（2）“光源散景”滑动条主要用于改变光圈的大小和形状。

（3）“散景颜色”滑动条主要用于任意添加模糊点，改变模糊辅助线的位置、大小等。

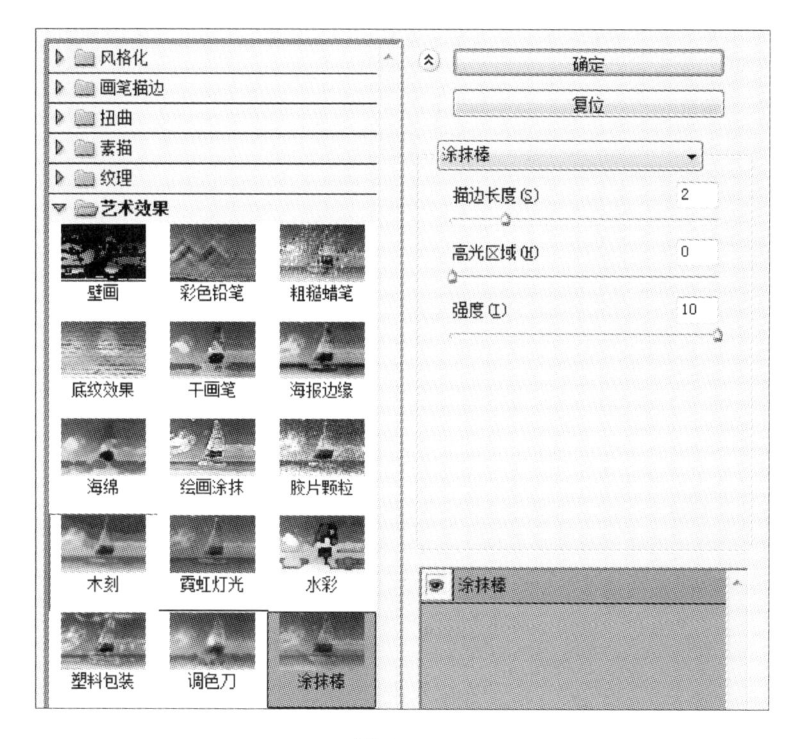

图 6-115

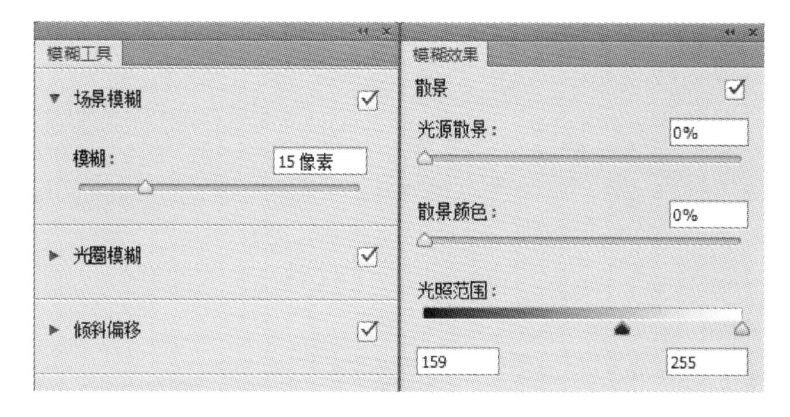

图 6-116

(4)“光照范围”滑动条主要用于光照的模糊区域。

2. 光圈模糊

“光圈模糊”滤镜在“滤镜”菜单中,用于在后期处理图片时添加景深效果。执行“滤镜”→“模糊”→“光圈模糊”命令,出现“光圈模糊”属性栏,如图 6-117 所示。

“模糊”滑动条主要用于通过添加控制点,控制模糊范围和过渡层次,得到一种自然的大光圈镜头景深效果,其他参数设置与“场景模糊”相同。

3. 倾斜偏移

“倾斜偏移”滤镜在“滤镜”菜单中,用于中心清晰,而周围模糊的效果。执行“滤镜”→“模糊”→“倾斜偏移”命令,出现“倾斜偏移”属性栏,如图 6-118 所示。

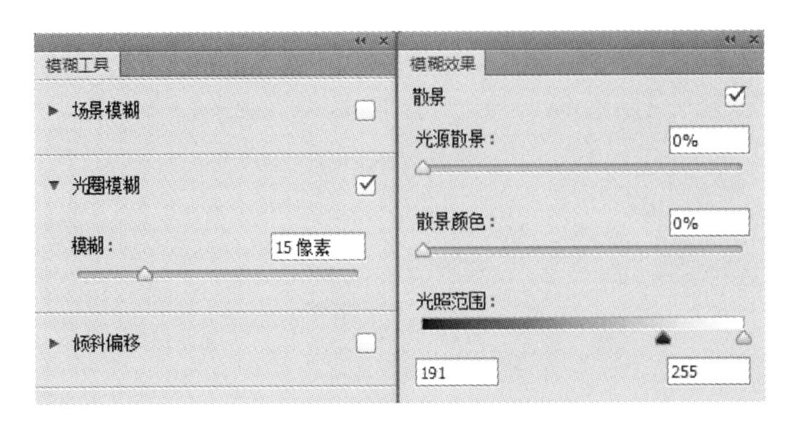

图 6－117

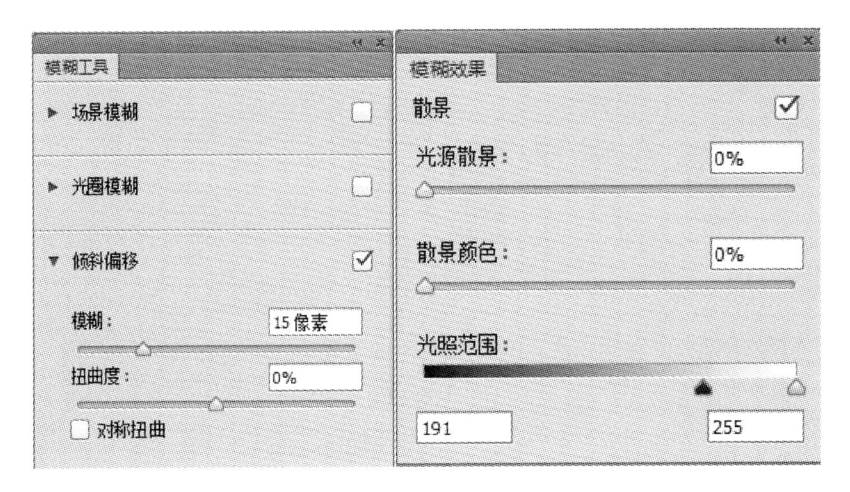

图 6－118

(1)“模糊”滑动条主要用于模糊的程度。

(2)“扭曲度”滑动条主要用于扭曲的频率。

其他参数设置与“场景模糊”相同。

4. 表面模糊

“表面模糊”滤镜在“滤镜”菜单中，用于在保留图像边缘的情况下模糊图像。执行“滤镜”→“模糊”→“表面模糊”命令，弹出“表面模糊”对话框，如图 6－119 所示。

(1)“半径”用于模糊的范围空间大小。

(2)“阈值”用于模糊的最大值。

5. 动感模糊

“动感模糊”滤镜在“滤镜”菜单中，用于以特定的方向和强度对图像进行模糊，形成类似于运动对象的残影效果，常用于为静态物体营造运动的速度感。执行“滤镜”→“模糊”→“动感模糊”命令，弹出“动感模糊”对话框，如图 6－120 所示。

(1)“角度”用于设置动感模糊的方向，取值范围为－360°～360°。

(2)“距离”用于设置动感模糊的程度，取值范围为 1～999 像素。

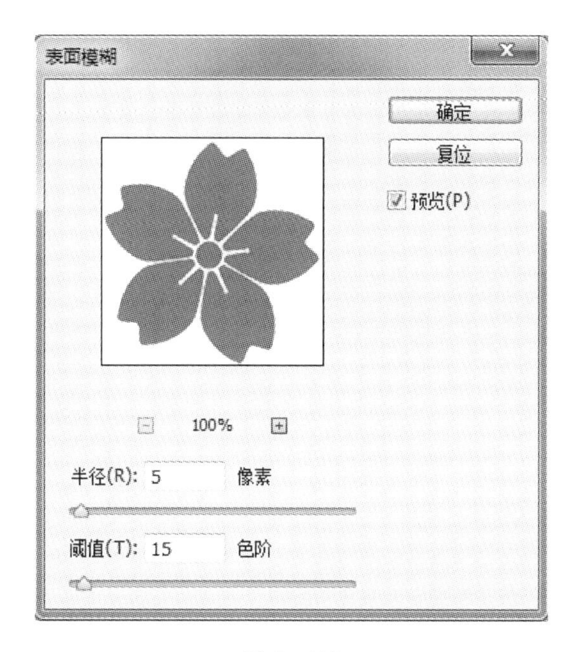

图 6-119

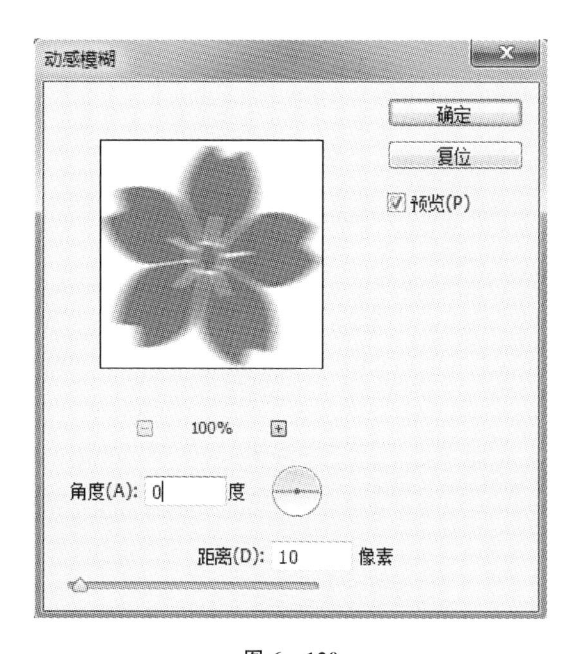

图 6-120

“动感模糊”滤镜效果如图 6-121 所示。

6. 方框模糊

“方框模糊”滤镜在“滤镜”菜单中,可以使用相邻的像素模糊图像。执行“滤镜”→“模糊”→“方框模糊”命令,弹出“方框模糊”对话框,如图 6-122 所示。

“半径”用于控制图像的模糊程度,取值范围为 1～2 000,半径越大,图像越模糊。

图 6－121

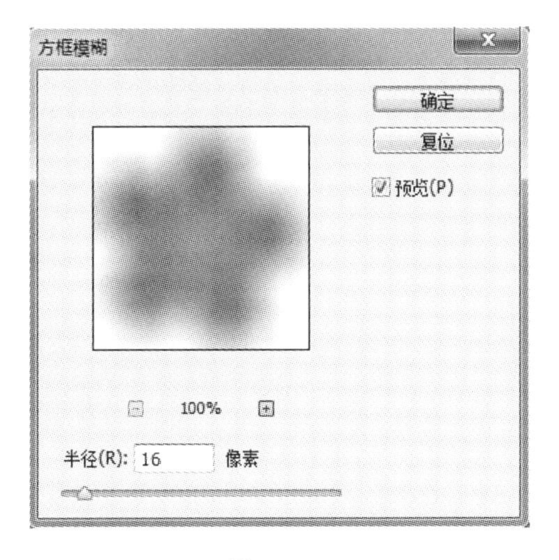

图 6－122

7. 高斯模糊

"高斯模糊"滤镜在"滤镜"菜单中，功能与"方框模糊"相仿。执行"滤镜"→"模糊"→"高斯模糊"命令，弹出"高斯模糊"对话框，如图 6－123 所示。

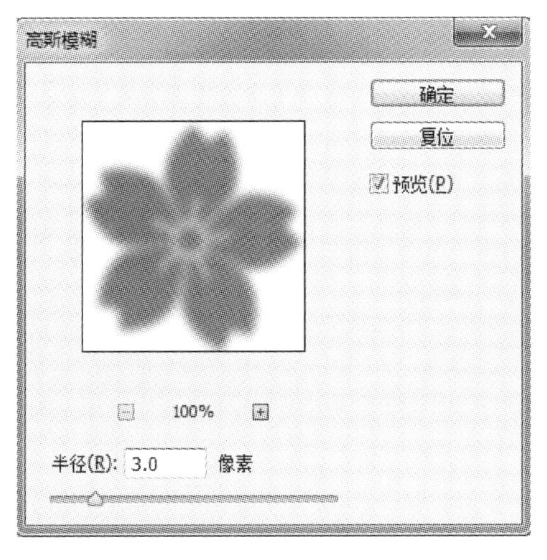

图 6－123

“半径”功能与“方框模糊”相似。

“高斯模糊”滤镜效果如图 6－124 所示。

图 6－124

8．进一步模糊

“进一步模糊”滤镜在“滤镜”菜单中，可以使图像产生不易察觉的模糊效果，主要用于消除图像中的杂色，使图像变得柔和。执行“滤镜”→“模糊”→“高斯模糊”命令后，效果直接作用在图像上。

9．径向模糊

“径向模糊”滤镜在“滤镜”菜单中，用于模仿拍摄时旋转相机或前后移动相机所产生的照片模糊效果。执行“滤镜”→“模糊”→“径向模糊”命令，弹出“径向模糊”对话框，如图 6－125 所示。

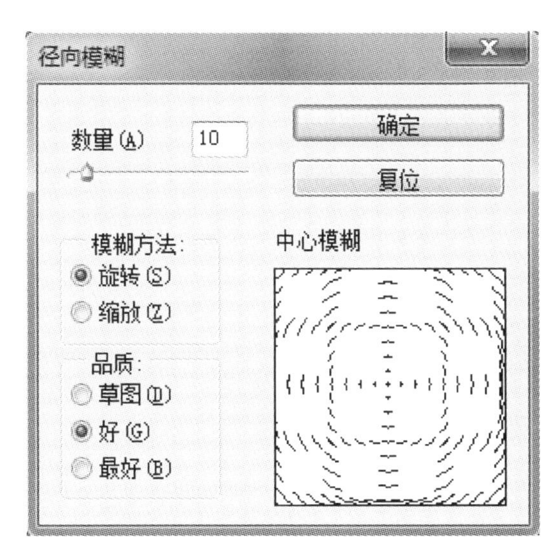

图 6－125

(1) “数量”用于设置模糊的程度，取值范围为 1～100。数值越大，模糊程度越大。

(2) “模糊方法”选项组包括“旋转”和“缩放”2 个单选项，用于选择模糊的方法。“旋转”可使图像沿同心圆环线模糊；“缩放”可使图像沿径向线模糊。

(3) “品质”选项组包括“草图”、“好”和“最好”3 个单选项，用于控制模糊效果的品质。

(4) 在“中心模糊”预览框内拖动或单击，可以改变模糊的中心位置。

10. 镜头模糊

“镜头模糊”在“滤镜”菜单中，用于在图像中模拟景深效果，使部分图像位于焦距内而保持清晰效果，其余部分因位于焦距外而变得模糊。该滤镜可以利用选区确定图像的模糊区域，也可以利用蒙版和 Alpha 通道准确描述模糊程度及需要模糊区域的位置。执行“滤镜”→“模糊”→“镜头模糊”命令，在屏幕右侧显示“镜头模糊”属性栏，如图 6－126 所示。

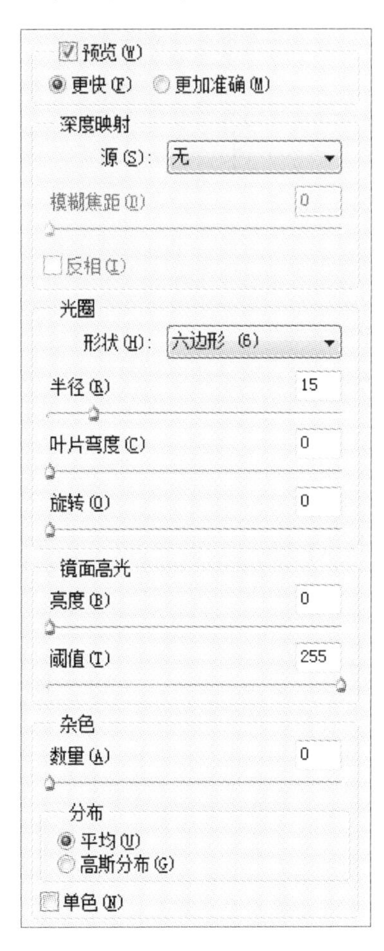

图 6－126

(1)“预览”选项组包括“更快”和“更加准确”2 个单选项。“更快”可提高预览速度；“更加准确”能够更准确地预览滤镜效果，但预览所需时间较长。

(2)“深度映射”选项组中“源”下拉选项用于选择一个创建深度映射的源，以准确描述模糊程度及需要模糊区域的位置；“模糊焦距”滑动条用于设置位于焦点内的像素的深度。若在对话框中的图像预览区中某处单击，则“模糊焦距”自动调整数值，将单击点设置为对焦深度；“反相”复选项可将选区或用作深度映射源的蒙版和 Alpha 通道反转使用。

(3)“光圈”选项组中，“形状”下拉选项用于选择光圈类型，以确定模糊方式，不同类型的光圈含有的叶片数量不同；“半径”滑动条用于调整模糊程度，半径越大越模糊；“叶片弯度”滑动条用于调整光圈叶片的弯度，对光圈边缘的图像进行平滑处理；“旋转”滑动条用于调整光圈的旋转。

(4)“镜面高光”选项组中，“亮度”滑动条用于调整高光区域的亮度；“阈值”滑动条用于选择亮度截止点，使比该值亮的所有像素都被视为高光像素。

(5)“杂色”选项组中，“数量”滑动条用于设置杂点的数量。数值越大，杂点越多。

(6)“分布”选项组中有“平均”和“高斯分布”2 个单选项。“平均”用于控制随机分布杂色的颜色值，以获得细微效果。“高斯分布”用于控制沿一条钟形曲线分布杂色的颜色值，以获得斑点状的效果。

(7)“单色”复选项可生成灰色杂点，否则生成彩色杂点。

11. 模　糊

“模糊”滤镜在“滤镜”菜单中，用于使图像产生比较轻微的模糊效果，功能和使用方法与“进一步模糊”类似。

12. 平　均

“平均”滤镜用于计算图像或选区的平均颜色，并用平均色填充图像或选区，以创建平滑的外观。

13. 特殊模糊

“特殊模糊”滤镜在“滤镜”菜单中，用于精确地模糊图像。执行“滤镜”→“模糊”→“特殊模糊”命令，弹出“特殊模糊”对话框，如图 6－127 所示。

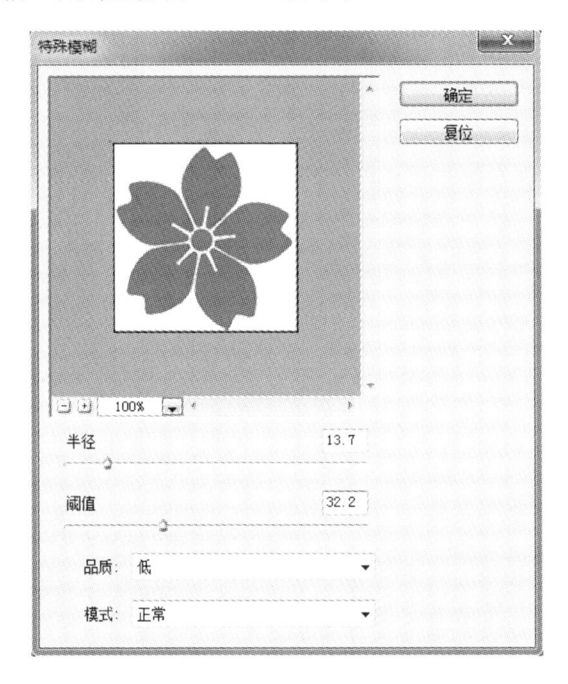

图 6－127

(1)“半径”滑动条用于设置所选图层中的对象的中心点向外模糊数值的大小，数值越大越模糊，数值越小越清晰。

(2)“阈值”滑动条用于设置该参数确定像素值的差别达到何种程度时将其消除。

(3)“品质”下拉选项中包括“低”、“中”和“高”3 个选项，用于指定模糊品质。

(4)“模式”下拉选项中包括“正常”、“仅限边缘”和“叠加边缘”3 个选项，用于设置特殊模糊的不同形式。“正常”为整个图像应用模式；“仅限于边”仅为边缘应用模式，在对比度显著之处生成黑白混合的边缘；“叠加边缘”为颜色转变的边缘应用模式，仅在对比度显著之处生成白边。

14. 形状模糊

“形状模糊”滤镜在“滤镜”菜单中，能够根据指定的形状对图像进行模糊。执行“滤镜”→“模糊”→“形状模糊”命令，弹出“形状模糊”对话框，如图 6－128 所示。

“半径”功能与“方框模糊”相似。

6.2.9　锐化滤镜组

“锐化”滤镜组共包括 5 种滤镜，全部通过“滤镜”菜单使用，主要通过增加相邻像素的对比度，特别是加强对画面中边缘的定义，使图像变得更清晰。

1. USM 锐化

“USM 锐化”滤镜在“滤镜”菜单中，能够按指定的阈值查找不同于周围像素的像素，并按指定的数量增加这些像素的对比度，以达到锐化图像的目的。执行“滤镜”→“锐化”→“USM 锐化”命令，弹出“USM 锐化”对话框，如图 6－129 所示。

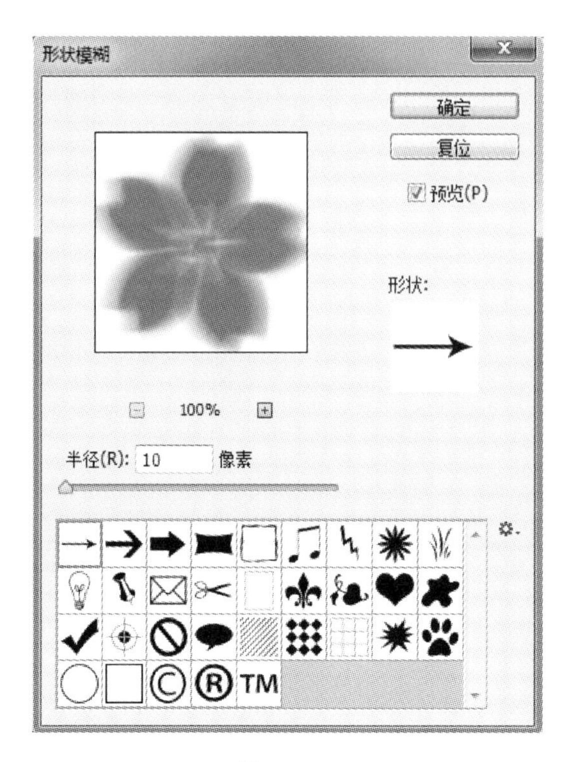

图 6 - 128

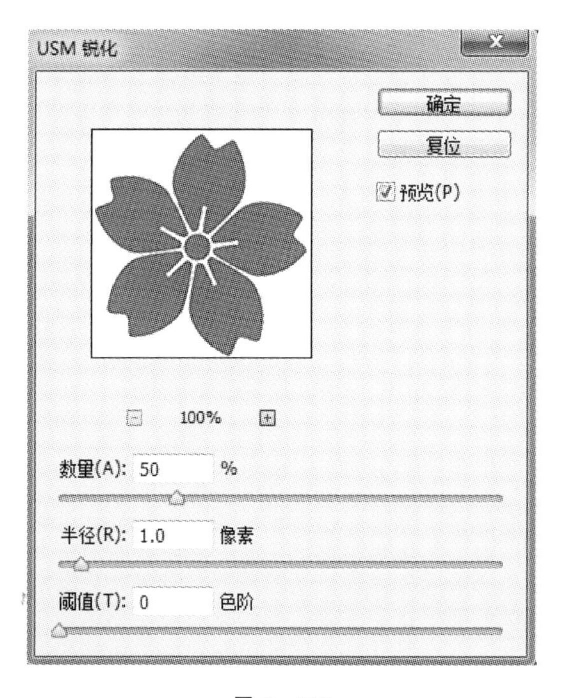

图 6 - 129

(1)“数量”用于设置锐化量。数值越大,锐化越明显。

(2)“半径”用于设置边缘像素周围受锐化影响的像素数量，取值范围为0.1～250。数值越大，受影响的边缘越宽，锐化效果越明显。

(3)“阈值”用于确定要锐化的像素与周围像素的对比度相差多少时才被锐化，取值范围为0～255。阈值为0时将锐化图像中的所有像素，而阈值较高时仅锐化具有明显差异边缘像素。

使用USM滤镜时，若导致图像中亮色过于饱和，则可在锐化前将图像转换为Lab模式，仅对图像的L通道应用滤镜。这样，既可锐化图像，又不至于改变图像的颜色。在“USM锐化”对话框的预览窗内，按住鼠标左键不放可查看图像未锐化时的效果。

“USM锐化”滤镜效果如图6-130所示。

图6-130

2. 锐化与进一步锐化

“锐化”和“进一步锐化”2个滤镜都在“滤镜”菜单中，可以增加图像中相邻像素的对比度，提高模糊图像的清晰度。执行“滤镜”→“锐化”→“锐化”或“进一步锐化”命令后，效果直接作用在图像上。

3. 锐化边缘

“锐化边缘”滤镜在“滤镜”菜单中，能够仅锐化图像的边缘，同时保留图像总体的平滑度，使图像的轮廓更加分明。执行命令后，效果直接作用在图像上。

4. 智能锐化

“智能锐化”在“滤镜”菜单中，可以根据特定的算法对图像进行锐化，还可以进一步调整阴影和高光区域的锐化量。执行“滤镜”→“锐化”→“智能锐化”命令，弹出“智能锐化”对话框，如图6-131所示。

(1)“数量”用于设置锐化量。数值越大，锐化越明显。

(2)“半径”用于设置边缘像素周围受锐化影响的像素数量。数值越大，受影响的边缘越宽，锐化效果越明显。

(3)“移去”下拉选项中包括“高斯模糊”、“镜头模糊”和“动感模糊”3个选项，用于选择锐化算法。

(4)“角度”用于设置像素运动的方向。

(5)“更加准确”复选项可以更准确地锐化图像。

(6)在“智能锐化”滤镜对话框中选择“高级”单选项，可切换到该滤镜的高级设置，进一步控制阴影和高光区域的锐化量。其中，“渐隐量”用于调整阴影或高光区域的锐化量。数值越

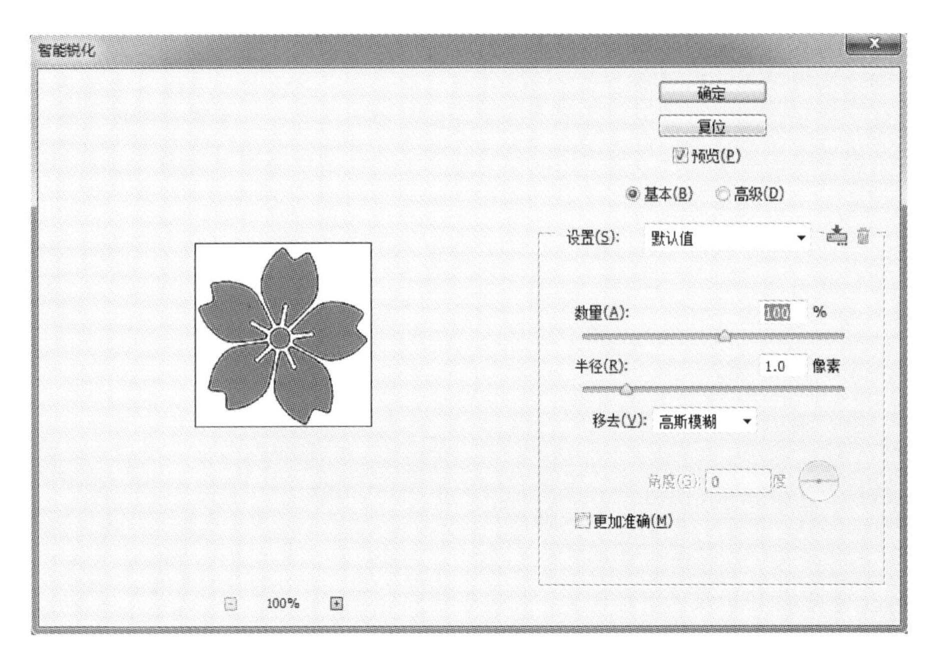

图 6-131

大，锐化程度越低；“色调宽度”用于控制阴影或高光区域的色调修改范围。数值越大，范围越大；“半径”用于定义阴影或高光区域的大小，通过半径的取值，可以确定某一像素是否属于阴影或高光区域。

6.2.10 视频滤镜组

“视频”滤镜组包括“NTSC 颜色”和“逐行”2 个滤镜，全部通过“滤镜”菜单使用，用于视频图像与普通图像的相互转换。

1. NTSC 颜色

“NTSC 颜色”滤镜在“滤镜”菜单中，用于将图像色域限制在电视机能够接受的范围内，防止过于饱和的颜色渗到电视扫描行中。执行命令后，效果直接作用在图像上。

2. 逐 行

“逐行”滤镜在“滤镜”菜单中，用于移去视频图像中的奇数或偶数隔行线，使从视频上捕捉到的图像变得平滑，提高图像质量。执行“滤镜”→“视频”→“逐行”命令，弹出“逐行”对话框，如图 6-132 所示。

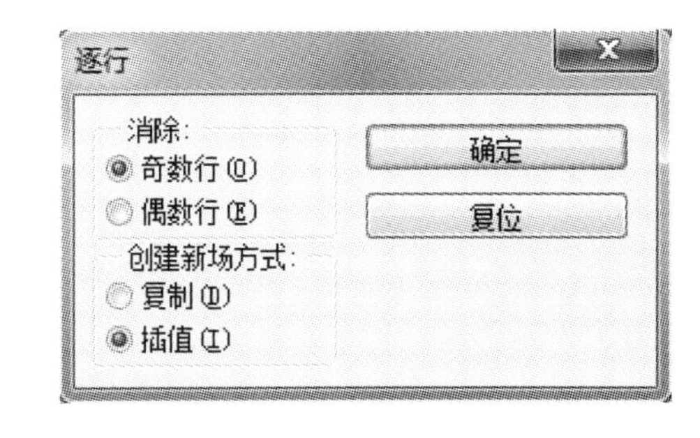

图 6-132

(1) “消除”用于选择移去“奇数行”还是“偶数行”扫描线。

(2) “创建新场方式”用于选择通过“复制”还是“插值”方式替换移去的扫描线。

6.2.11 像素化滤镜组

“像素化”滤镜组包括 7 种滤镜，全部通过“滤镜”菜单使用，可以使图像单位区域内颜色值相近的像素结成块，形成点状、晶格等多种特效。

1. 彩块化

“彩块化”滤镜在“滤镜”菜单中，用于将图像单位区域内颜色相近的像素结成像素块，使图像看上去像手绘作品或抽象派绘画作品。执行“滤镜”→“像素化”→“彩块化”命令后，效果直接作用于图像上。

2. 彩色半调

“彩色半调”滤镜在“滤镜”菜单中，用于将每个单色通道上的图像划分为矩形，并用圆形替换每个矩形。圆形的大小与矩形区域的亮度成比例。执行“滤镜”→“像素化”→“彩色半调”命令，弹出“彩色半调”对话框，如图 6－133 所示。

(1) “最大半径”用于控制半调网点的最大半径，取值范围为 4～127。

(2) “网角”用于为图像的每个单色通道输入网角值。对于灰度图像，只使用通道 1；对于 RGB 图像，使用通道 1、2 和 3，分别对应于红色、绿色和蓝色通道；对于 CMYK 图像，使用所有 4 个通道，对应于青色、洋红、黄色和黑色通道。

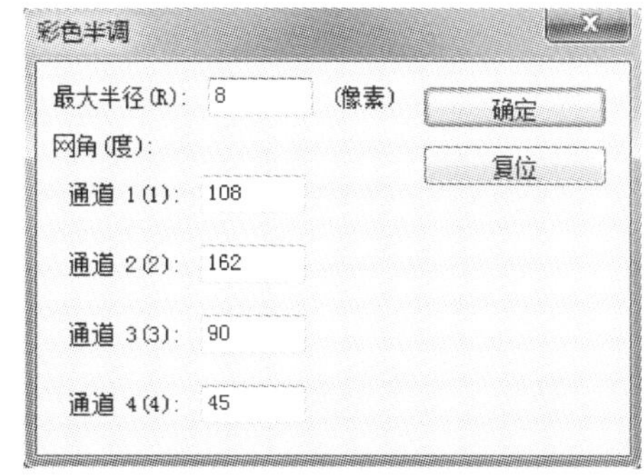

图 6－133

“彩色半调”滤镜效果如图 6－134 所示。

图 6－134

3. 点状化

“点状化”滤镜在“滤镜”菜单中，用于将图像中的颜色分解为随机分布的小色块，并使用当前背景色填充各色块之间的图像区域。执行“滤镜”→“像素化”→“点状化”命令，弹出“点状化”对话框，如图 6－135 所示。

“单元格大小”用于控制色块大小，数值越大，色块越大。

“点状化”滤镜效果如图 6－136 所示。

4. 晶格化

“晶格化”滤镜在“滤镜”菜单中，用于将图像中邻近的像素结成块，形成一个个多边形纯色

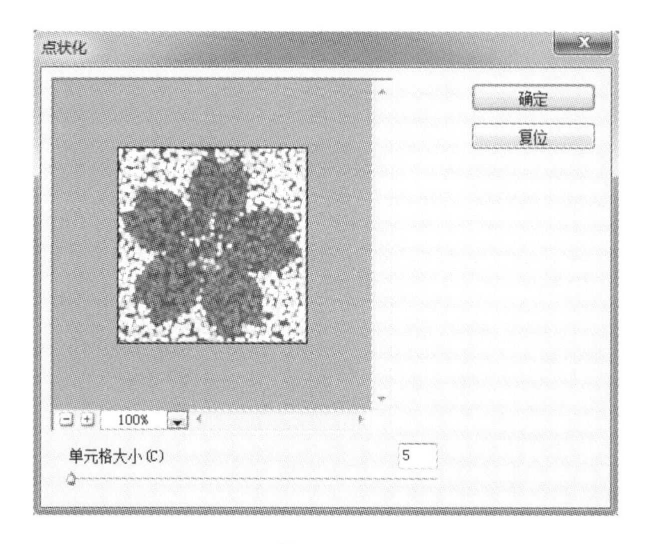

图 6-135

图 6-136

晶格。其参数设置与“点状化”滤镜相同。

“晶格化”滤镜效果如图 6-137 所示。

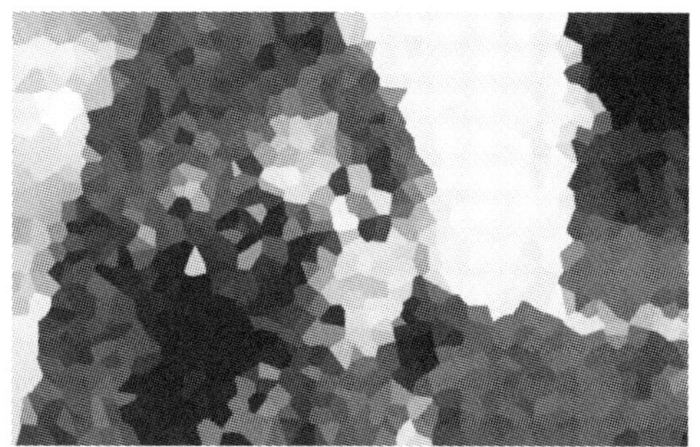

图 6-137

5. 马赛克

“马赛克”滤镜在“滤镜”菜单中，用于将图像中邻近的像素结成纯色方块，形成马赛克效果。其参数设置与“点状化”滤镜相同。

6. 碎 片

“碎片”滤镜在“滤镜”菜单中，用于将图像中的像素创建4个副本，相互偏移，形成朦胧重影效果。执行“滤镜”→“像素化”→“碎片”命令后，效果直接作用在图像上。

7. 铜板雕刻

“铜板雕刻”滤镜在“滤镜”菜单中，用于将图像转换为由点或线条绘制的随机图案。执行“滤镜”→“像素化”→“铜板雕刻”命令，弹出“铜板雕刻”对话框，如图6－138所示。

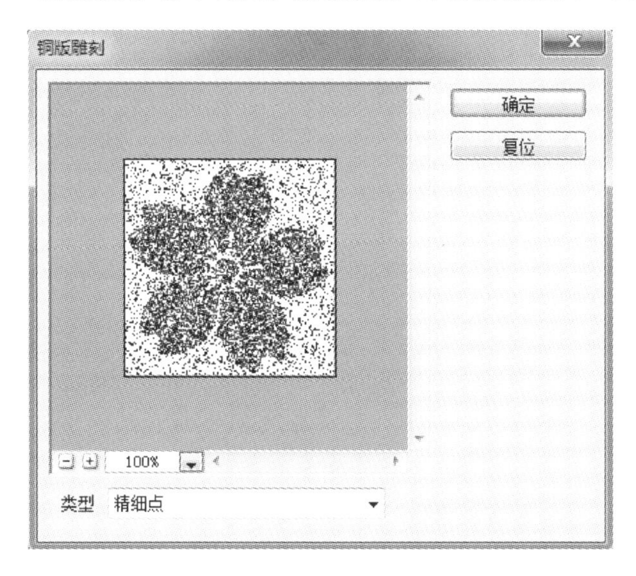

图6－138

“类型”下拉选项中共包括10个选项，用于选择不同的雕刻效果。

“铜板雕刻”滤镜效果如图6－139所示。

图6－139

6.2.12 渲染滤镜组

“渲染”滤镜组包括5种滤镜，全部在“滤镜”菜单中使用，可以在图像上产生分层彩云、光照效果、镜头光晕、纤维和云彩等效果。

1. 分层彩云

“分层彩云”滤镜在“滤镜”菜单中，能够从前景色和背景色之间随机获取像素的颜色值生成彩云图案，并将彩云图案与原图像进行混合，最终效果相当于使用彩云滤镜产生的图案以差值混合模式叠加在原图像上。执行“滤镜”→“渲染”→“分层彩云”命令后，效果直接作用在图像上。

“分层彩云”滤镜效果如图 6-140 所示。

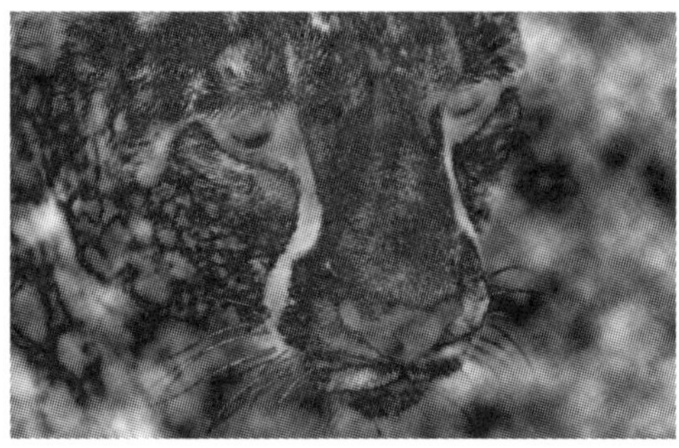

图 6-140

2. 光照效果

“光照效果”滤镜在“滤镜”菜单中，能够在 RGB 图像上创建各种光照效果。执行“滤镜”→“渲染”→“光照效果”命令，在右侧出现“光照效果”属性栏，如图 6-141 所示。

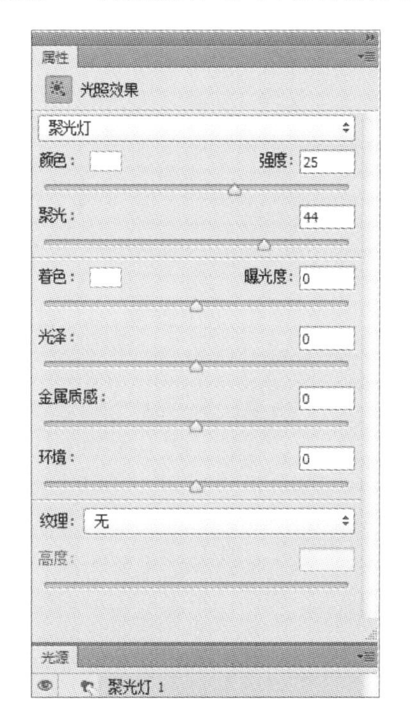

图 6-141

(1)“光照类型”下拉选项中包括“点光”、“聚光灯”和“无线光”3 种类型，用于选择不同的光照类型。

(2)“颜色”用于在“拾色器”中选择光源颜色，滑动条用于控制光照“强度”，取值范围为－100～100。数值越大，光线越强。

(3)“聚光”用于控制光照范围内主光区与衰减光区的大小。数值越大，主光区面积越大，而衰减光区越小。

(4)“着色”用于控制光照，取值范围为－100～100，正值增加光照，负值减少光照。

(5)“光泽”用于控制对象表面反射光的多少。数值越大，光照范围内的图像越明亮。

(6)“金属质感”用于控制对象表面产生金属质感的强弱。

(7)“环境”用于控制环境光的强弱。数值越大，环境光越强。

(8)“纹理”下拉选项用于设置纹理填充的颜色通道，选择“无”不产生纹理效果。

(9)“高度”用于控制纹理的高度。数值越大，纹理越凸出。

“光照效果”滤镜效果如图 6-142 所示。

图 6－142

3. 镜头光晕

“镜头光晕”滤镜在“滤镜”菜单中，用于模仿拍照时因亮光照射到相机镜头上而在相片中产生的折射效果。执行“滤镜”→“渲染”→“镜头光晕”命令，弹出“镜头光晕”对话框，如图 6－143 所示。

图 6－143

(1) 单击“预览图”预览图像的任意位置，可指定光晕中心的位置。

(2) “亮度”用于控制光晕的亮度。

(3) “镜头类型”选项组用于模拟指定摄像机的镜头类型，包括“50－300 毫米变焦”、“35 毫米聚焦”、“105 毫米聚焦”和“电影镜头”4 种效果。

“镜头光晕”滤镜效果如图 6－144 所示。

4. 纤　维

“纤维”滤镜在“滤镜”菜单中，能够使用前景色和背景色创建编织纤维的外观效果，并将原图像取代。若选择合适的前景色和背景色，可制作木纹效果。执行“滤镜”→“渲染”→“纤维”命令，弹出“纤维”对话框，如图 6－145 所示。

图 6 - 144

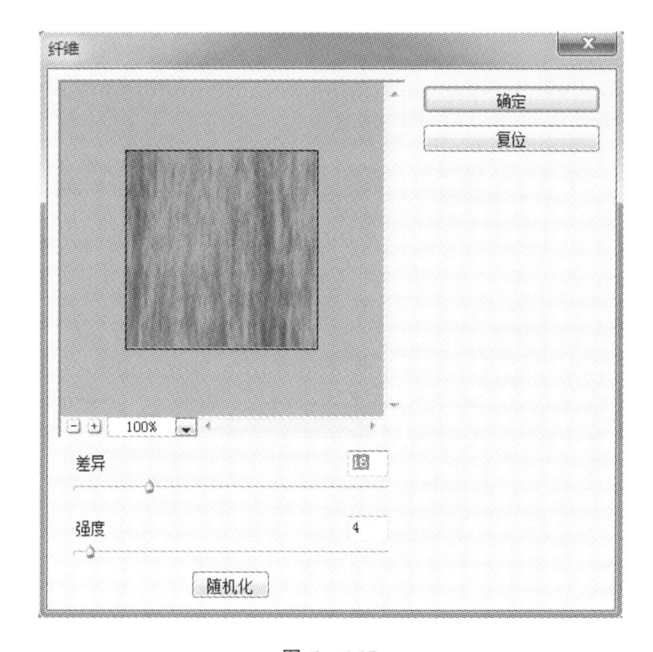

图 6 - 145

(1)“差异”用于控制纤维条纹的长短。值越小,条纹越长;值越大,条纹越短,且颜色分布变化越多。

(2)“强度”用于控制每根纤维的外观。低设置产生展开的纤维,高设置产生短的丝状纤维。

(3)“随机化”可随机更改图案的外观。

5. 云　彩

“云彩”滤镜在“滤镜”菜单中,能够从前景色和背景色之间随机获取像素的颜色值,生成柔和的云彩图案。执行“滤镜”→“渲染”→“云彩”命令后,效果直接作用在图像上。按住 Alt 键选择“云彩”滤镜,可生成色彩分明的云彩图案。

“云彩”滤镜效果如图 6 - 146 所示。

图 6 - 146

6.2.13　杂色滤镜组

“杂色”滤镜组包括 5 种滤镜，全部在“滤镜”菜单中使用，可以为图像添加或移除杂色。

1. 减少杂色

“减少杂色”滤镜在“滤镜”菜单中，能够在保留边缘的情况下减少图像中的杂色。执行“滤镜”→“杂色”→“减少杂色”命令，弹出“减少杂色”对话框，如图 6 - 147 所示。

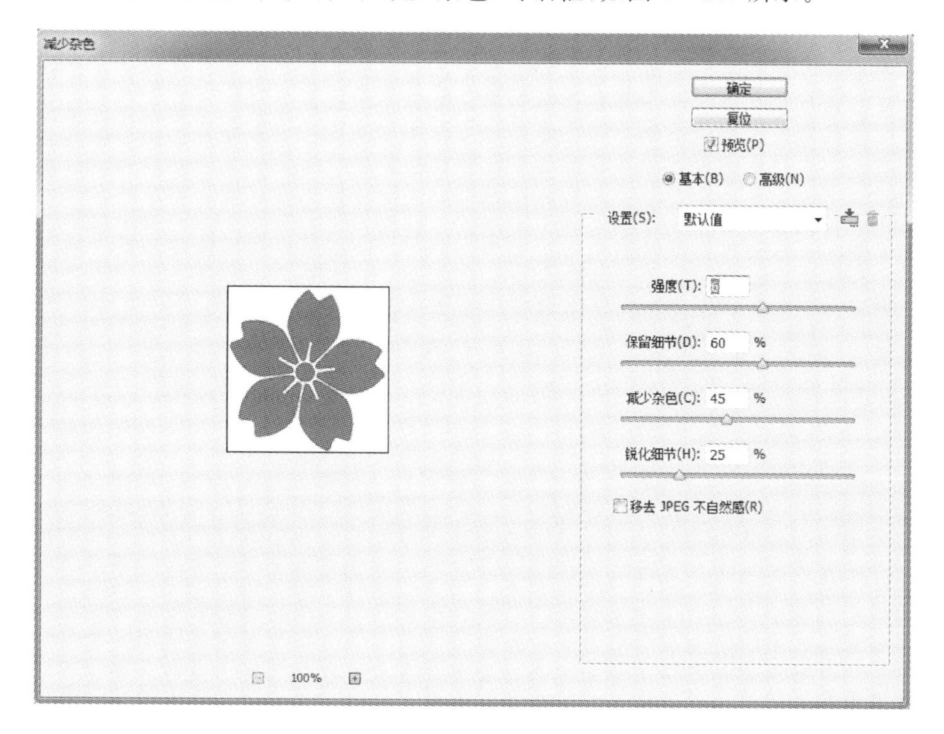

图 6 - 147

(1) “预览”包括“基本”和“高级”2 个单选项。“基本”可以对图像的整体效果进行调整；“高级”可以从每个颜色通道对图像进行调整。

(2) “强度”用于控制图像中亮度杂点的减少量。

(3) “保留细节”用于控制图像细节的保留程度。

(4) “减少杂色”用于控制移去杂点像素的多少。

(5)“锐化细节”用于对图像进行锐化。

(6)“移去JPEG不自然感”复选项可移去因JPEG算法压缩而产生的不自然色块。

2. 蒙尘与划痕

“蒙尘与划痕”滤镜在“滤镜”菜单中,能够通过在指定的范围内调整相异像素的颜色值,减少图像中的杂色。执行“滤镜”→“杂色”→“蒙尘与划痕”命令,弹出“蒙尘与划痕”对话框,如图6-148所示。

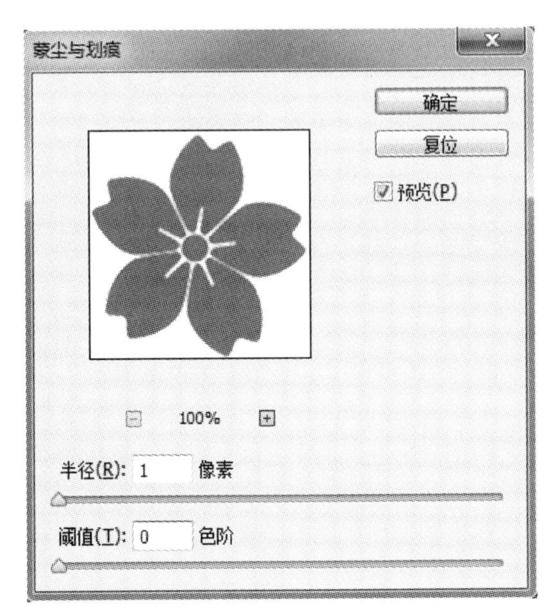

图6-148

(1)“半径”用于确定在多大的范围内搜索像素间的差异。

(2)“阈值”用于确定当像素的值至少有多大差异时才将该像素消除。

通过尝试将“半径”与“阈值”设置为各种不同的组合,可以在锐化图像和去除图像中的瑕疵之间获得一个平衡点。

3. 去　斑

“去斑”滤镜在“滤镜”菜单中,用于检测图像中的颜色边缘,并将边缘外的其他区域进行模糊处理,以去除或减弱画面上的斑点、条纹等杂色,同时保留图像细节。执行“滤镜”→“杂色”→“去斑”命令后,效果直接作用在图像上。在使用时,用一次去斑滤镜效果不太明显,往往要用多次滤镜后才能看到效果。

4. 添加杂色

“添加杂色”滤镜在“滤镜”菜单中,能够将随机像素添加到图像上,生成均匀的杂点效果。执行“滤镜”→“杂色”→“添加杂色”命令,弹出“添加杂色”对话框,如图6-149所示。

(1)“数量”用于控制杂点数量。数值越大,杂点越多。

(2)“分布”选项组中包括“平均分布”和“高斯分布”2种杂点分布方式,效果略有不同。

(3)选择“单色”复选项可生成单色杂点;否则,生成彩色杂点。

“添加杂色”滤镜效果如图6-150所示。

图 6-149

图 6-150

5. 中间值

“中间值”滤镜在“滤镜”菜单中，能够通过混合图像的亮度减少杂色，但并不保留图像的细节。执行“滤镜”→“杂色”→“中间值”命令，弹出“中间值”对话框，如图 6-151 所示。

“半径”在对每个像素进行分析时，以该像素为中心，取指定半径范围内所有像素亮度的平均值，取代中心像素的亮度值。通常半径越大，图像越平滑。

6.2.14 其他滤镜组

“其他”滤镜组包括 5 种滤镜，全部在“滤镜”菜单中使用，用于快速调整图像的色彩反差和色值，在图像中移位选区，自定义滤镜等方面。

1. 高反差保留

“高反差保留”滤镜在“滤镜”菜单中，能够在图像中有强烈颜色变化的地方保留边缘细节，

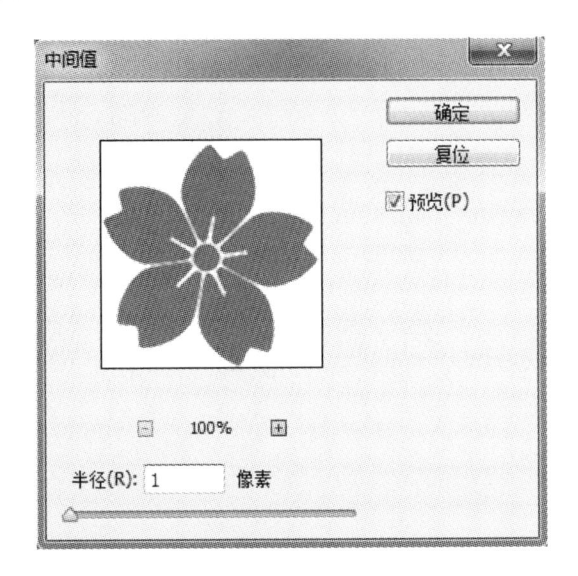

图 6－151

并过滤掉颜色变化平缓的其余部分。执行“滤镜”→“其他”→“高反差保留”命令，弹出“高反差保留”对话框，如图 6－152 所示。

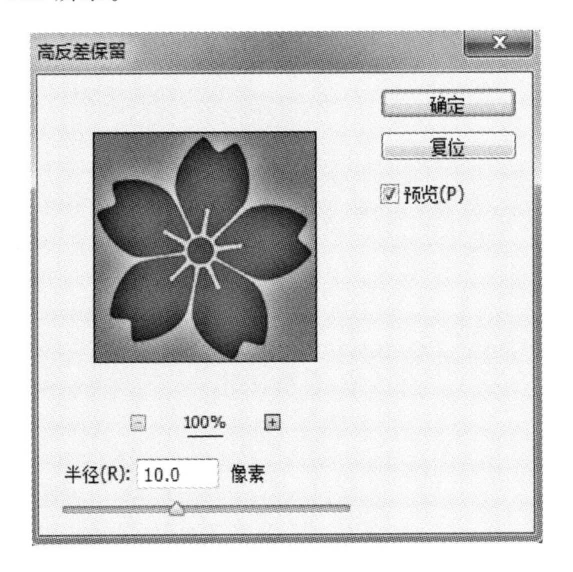

图 6－152

“半径”用于指定边缘附近要保留细节的范围。数值越大，范围越大。

2. 位　移

“位移”滤镜在“滤镜”菜单中，能够将图像按指定的水平量或垂直量进行移动，图像原位置出现的空白则根据指定的内容进行填充。执行“滤镜”→“其他”→“位移”命令，弹出“位移”对话框，如图 6－153 所示。

（1）“水平”滑动条用于控制图像在水平方向的位移量。正值右移，负值左移。

（2）“垂直”滑动条用于控制图像在竖直方向的位移量。正值下移，负值上移。

（3）“未定义区域”选项组中包括“设置为背景”、“重复边缘像素”和“折回”3 个单选项，用

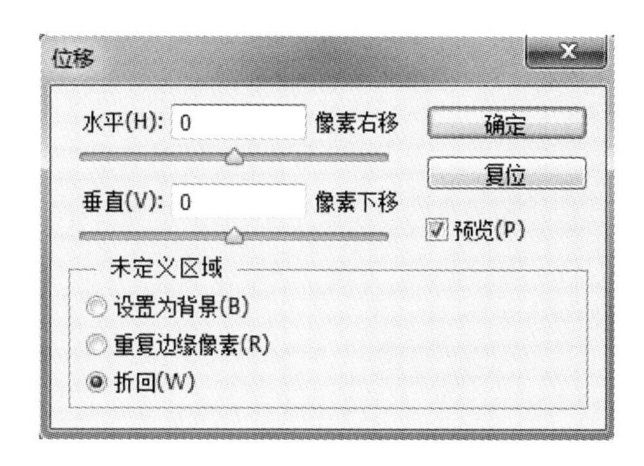

图 6-153

于设置由图像移位形成的空白区域的处理方法。“设置为背景”用于将空白区域用当前背景色填充;“重复边缘像素”用于用图像的边缘填充空白区域;“折回”用于将移出图像窗口的部分像素填充到空白区域。

3. 自 定

“自定”滤镜在“滤镜”菜单中,能够根据预定义的数学算法(即卷积运算),通过更改图像中每个像素的亮度值创建用户自己的滤镜。执行“滤镜”→“其他”→“自定”命令,弹出“自定”对话框,如图 6-154 所示。

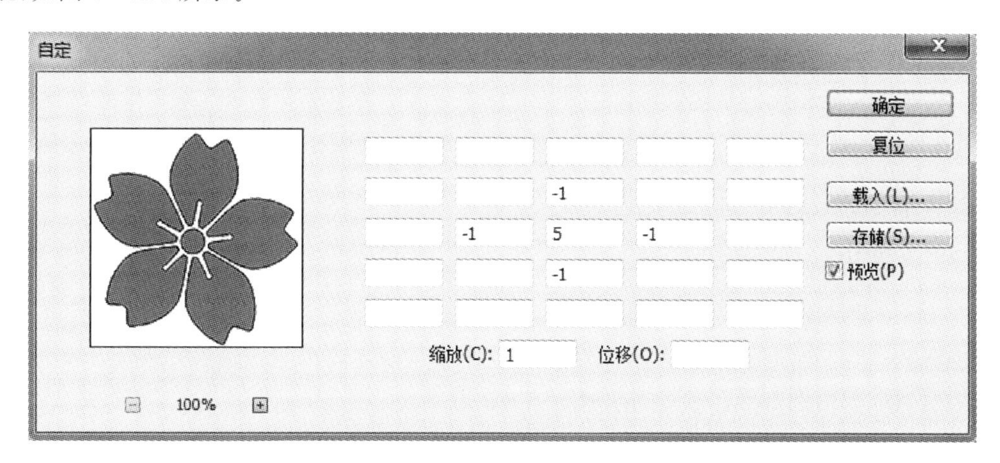

图 6-154

在“自定”对话框中,有文本框矩阵区域。正中间的文本框代表要进行计算的每一个像素,其中输入的数值表示当前像素亮度增加的倍数(范围为-999～999)。在相邻的文本框中输入数值,表示与当前像素相邻的像素亮度增加的倍数。使用时,不必在所有文本框中都输入数值。

(1)“缩放”用于输入参与计算的所有像素亮度值总和的除数。

(2)“位移”用于输入要加到“缩放”运算结果上的数值。

(3)“载入”用于载入已经存储的自定义滤镜的参数设置。

(4)“存储”用于存储当前自定义滤镜的参数设置,以便将它们用于其他图像。

4. 最大值

“最大值”滤镜在“滤镜”菜单中，能够扩展图像的亮部区域，缩小暗部区域。执行“滤镜”→“其他”→“最大值”命令，弹出“最大值”对话框，如图 6－155 所示。

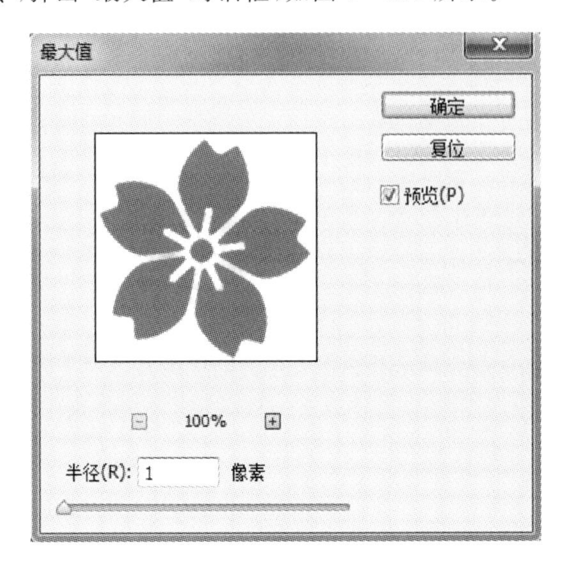

图 6－155

“半径”可针对图像中的单个像素，在指定半径范围内，用周围像素的最大亮度值替换当前像素的亮度值。

5. 最小值

“最小值”滤镜在“滤镜”菜单中，与最大值滤镜相反，扩展图像的暗部区域，缩小亮部区域。其参数设置与“最大值”滤镜相似。

6.2.15 Digimarc 滤镜组

Digimarc 滤镜组包括“读取水印”和“嵌入水印”2 个滤镜。“读取水印”可以判断数字图像中有没有嵌入水印，或从已嵌入水印的图像中读取有关制作者的版权信息；“嵌入水印”则可以将数字水印嵌入到图像中，以保护制作者的版权。

水印是作为杂色添加到图像中的数字代码，人的肉眼几乎看不见。这种水印在数字和印刷形式下都是耐久的，经过通常的图像编辑和文件格式转换后仍然存在，甚至将打印出的图像重新扫描到计算机后，仍可以检测到水印。另外，在图像中嵌入数字水印也可使查看者获得有关图像创作者的信息，这对于将作品授权给他人的图像创作者特别有价值。

6.2.16 液化滤镜

“液化”滤镜在“滤镜”菜单中，是 Photoshop CS6 修饰图像和创建艺术效果的强大工具，可对图像进行推、拉、旋转、反射、折叠和膨胀等随意变形。执行“滤镜”→“液化”命令，弹出“液化”对话框，如图 6－156 所示。

在“液化”对话框中，左侧为工具栏有 7 个图标，右侧为属性栏。在属性栏中选择“高级模式”复选项，可对“液化”滤镜进行更详细的设置。

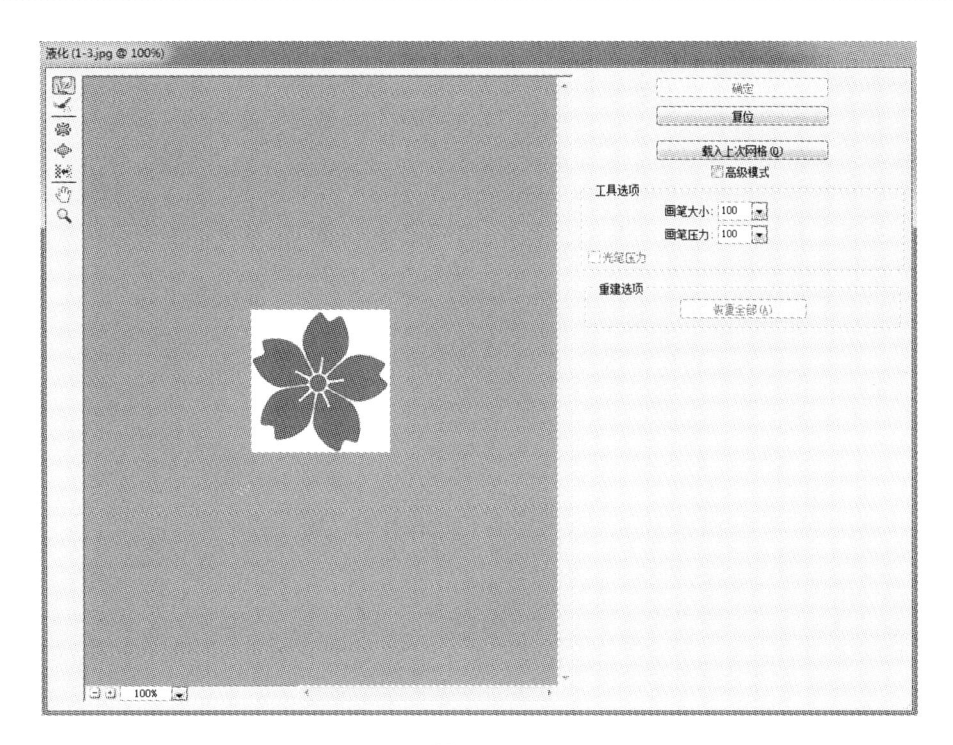

图 6 - 156

1. 工具栏

左侧工具栏中的 7 个图标的功能如下：

(1) 拖动“向前变形工具”时，向前推送像素。

(2) “重建工具”可以用涂抹方式恢复变形，或使用新方法重新对图像进行变形。

(3) 单击“褶皱工具”或拖动时，像素向画笔中心收缩。

(4) 单击“膨胀工具”或拖动时，像素从画笔中心向外移动。

(5) “左推工具”能够使像素向垂直于拖动的方向移动挤压。按住 Alt 键拖动，像素移动方向相反。

另外，还有“抓手工具”和“缩放工具”的使用方法与工具箱中的对应工具相同。

2. 普通属性栏

(1) “工具选项”选项组中包括“画笔大小”和“画笔压力”2 个下拉选项框。“画笔大小”用于设置工具箱中对应工具的画笔大小；“画笔压力”用于控制图像在画笔边界区域的变形程度。值越大，变形度越明显。

(2) “光笔压力”复选项可使用数位板的压力值调整图像变形程度。

(3) “重建选项”选项组用于控制重建工具以何种方式重建变形区域的图像。

3. 高级属性栏

(1) “工具选项”选项组包括“画笔大小”、“画笔密度”、“画笔压力”和“画笔速率”4 个下拉选项框和“光笔压力”复选项。“画笔大小”、“画笔压力”和“光笔压力”作用与普通属性栏相同。“画笔密度”用于设置变形工具的画笔密度，减小画笔密度更容易控制变形程度。“画笔速率”用于控制图像变形的速度，值越大，变形速度越快。

（2）“重建选项”选项组中，单击“重建”可减小图像的变形度，或以所选重建模式重新构建图像；单击“恢复全部”可撤销图像（包括未完全冻结的区域）的全部变形。

（3）“蒙版选项”选项组能够将原图像的选区、当前层的蒙版和透明区域载入图像预览区中，并与图像预览区中的蒙版选区进行替代、求并、求差、求交和反转等运算。单击“无”可清除图像预览区的所有蒙版；单击“全部蒙住”可在图像预览区全部区域添加蒙版；单击“全部反相”可在图像预览区，将蒙版区域与未蒙版区域反转。

（4）“视图选项”选项组中，“显示图像”用来显示和隐藏当前层预览图像；“显示网格”能在图像预览区显示和隐藏网格；“网格大小”可设置网格的大小；“网格颜色”用于设置网格的颜色；“显示蒙版”可以在图像预览区显示和隐藏蒙版；“蒙版颜色”用来设置蒙版的颜色；“显示背景”能在图像预览区显示和隐藏背景幕布；“使用”用于选择某个图层作为背景幕布；“模式”用于确定背景幕布与当前图层及变形网格的叠加方式；“不透明度”可以改变不透明度值调整背景幕布与当前图层及变形网格的叠加效果。

6.2.17 消失点滤镜

“消失点”滤镜在“滤镜”菜单中，可以帮助用户在编辑包含透视效果的图像时，保持正确合理的透视方向。执行“滤镜”→“消失点”命令，弹出“消失点”对话框，如图 6－157 所示。

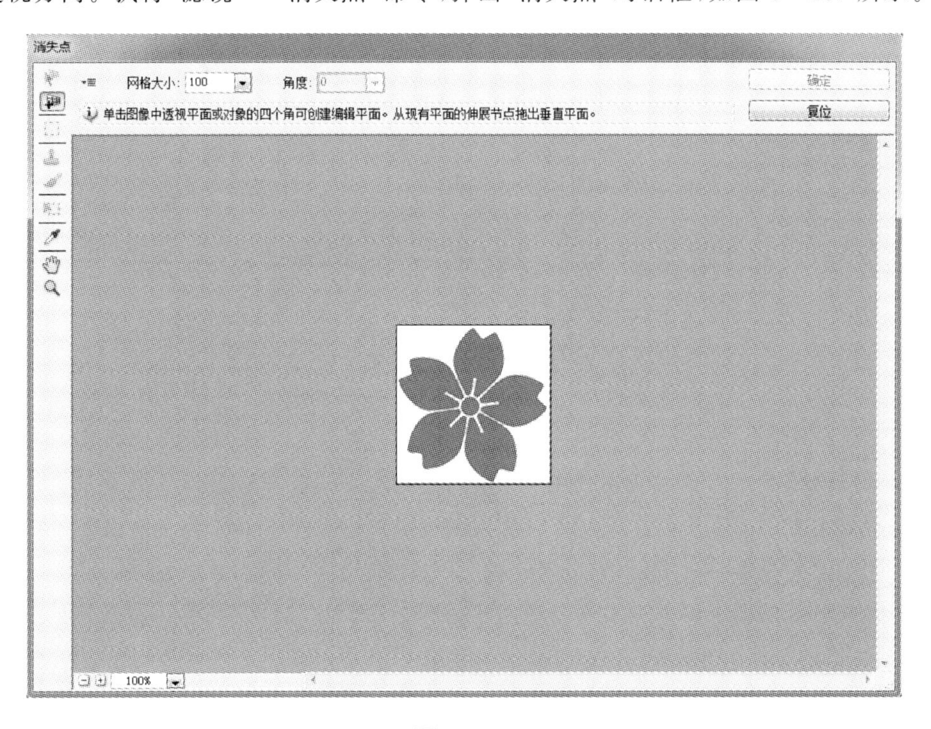

图 6－157

（1）“创建平面工具”用于创建平面，可通过单击图像中任意 4 个点以创建平面，平面创建好后将自动切换到编辑平面工具。

（2）“编辑平面工具”用于选择、移动、缩放和编辑平面。按住 Ctrl 键拖动平面边的中点可创建与该平面相关的垂直平面，在相关的平面内编辑图像时可保持一致的比例和透视效果。

（3）“选框工具”用于创建矩形选区。按住 Alt 键拖动选区可复制选区内图像。

“图章工具”、“画笔工具”、“吸管工具”、“抓手工具”和“缩放工具”的使用方法与工具箱中的对应工具相同。

6.3 外挂滤镜

上述介绍的滤镜为 Photoshop CS6 的内置滤镜。除内置滤镜外，Photoshop CS6 还支持第三方开发的滤镜，称为外挂滤镜。

大多外挂滤镜都带有安装程序。运行安装程序，按提示进行安装即可。外挂滤镜可以安装，安装后出现在 Photoshop CS6“滤镜”菜单的底部，与内置滤镜同样使用。

在安装外挂滤镜前，一定要退出 Photoshop CS6 程序。在选择安装位置时，一定要选择 Photoshop CS6 安装路径下的 Plug-Ins 文件夹。

还有些外挂滤镜没有安装程序，而是一些扩展名为 8BF 的滤镜文件。对于这类外挂滤镜，直接将滤镜文件复制到 Adobe\Photoshop CS6\Plug-Ins 文件夹下即可。

第7章 路 径

7.1 概 述

7.1.1 路径的概念

路径工具是 Photoshop CS6 中精确的选取工具之一，适合选择边界弯曲而平滑的对象，如人物、静物、花瓣、心形等。路径是矢量对象，具有矢量图形的优点，在 Photoshop CS6 中有很强大的矢量绘图功能，为用户的矢量图形创建需求提供了方便。

Photoshop CS6 的路径工具包括“钢笔工具组”、“形状工具组”和“路径编辑工具组”。其中，“钢笔工具组”和“形状工具组”可用于创建路径和形状，“路径编辑工具组”用于编辑和调整路径。在对路径操作时，可以通过调整方向线的长度和方向或移动锚点的位置改变路径曲线的形状。常见的路径形态如图 7－1 所示。

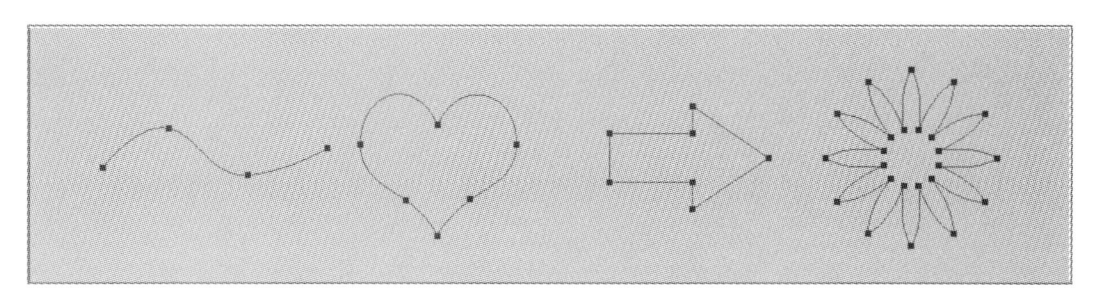

图 7－1

7.1.2 锚点的概念

在 Photoshop CS6 中，连接路径上各线段的节点叫做锚点，可分为“平滑点”和“角点”2 种。

1. 平滑点

“平滑点”是指在改变锚点单侧方向线的长度和方向时，另一侧的方向线会随之做相应的调整，使锚点两侧的方向线始终保持在同一方向上，而且通过平滑点的路径是光滑的。值得注意的是，平滑点两侧的方向线长度不一定相等，平滑点形态如图 7－2 所示。

2. 角 点

“角点”可根据形态划分为“无方向线角点”和“有方向线角点”2 种。

“无方向线角点”不含方向线，不能通过调整方向线改变路径的形状，只能通过移动锚点的位置改变路径的形状。如果与无方向角点相邻的锚点也是无方向线角点，则两者之间的连线为直线路径，否则为曲线路径。

“有方向线角点”两侧的方向线一般不在同一方向上，有时仅含单侧方向线。有方向线角点两侧方向线可分别调整，互不影响，角点形态如图 7-3 所示。

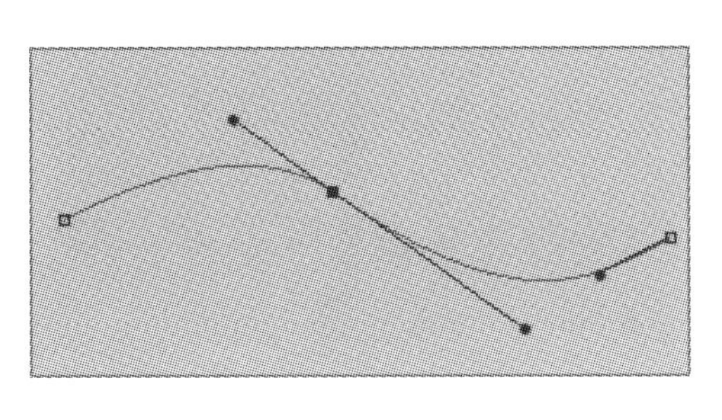

图 7-2

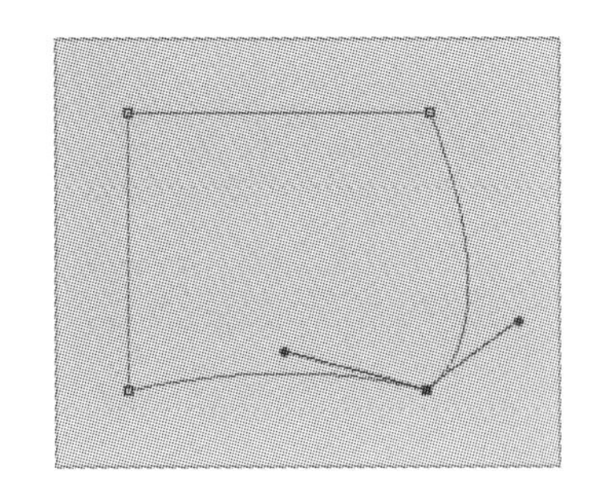

图 7-3

7.2 创建路径

7.2.1 使用钢笔工具创建路径

1. 钢笔工具

“钢笔工具”的位置在“工具栏”的中下部，默认状态是“钢笔工具”。将光标放在“钢笔工具”上右击时，会弹出钢笔工具组，包括“钢笔工具”、“自由钢笔工具”、“添加锚点工具”、“删除锚点工具”和“转换点工具”。“钢笔工具”属性栏如图 7-4 所示。

图 7-4

(1)“路径”下拉选项框包括“形状”、“路径”和“像素”3 个选项，用于创建路径。

(2) 在“路径”状态下，“建立”可将已创建的路径转换为“选区”、“蒙版”和“形状”3 种形态，转换后效果如图 7-5 所示。

图 7-5

(3)“路径运算”包括“合并形状”、“减去顶层形状”等 6 种类型，用于路径的运算，位置如图 7-6 所示。

(4)“橡皮带”复选项用于在使用钢笔工具创建路径时，在最后生成的锚点和光标所在位置之间会出现一条临时连线，以协助确定下一个锚点，“橡皮带”位置如图 7-7 所示。

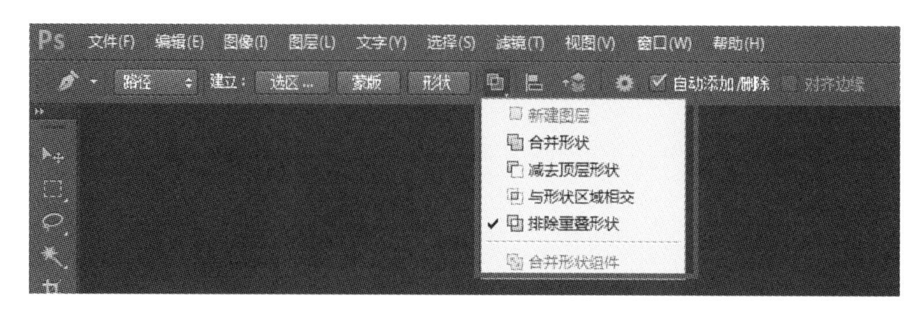

图 7-6

图 7-7

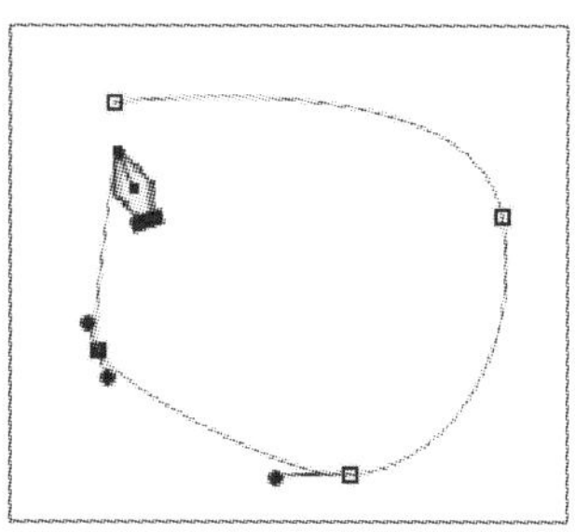

图 7-8

使用"橡皮带"后的效果如图 7-8 所示。

(5)"自动添加/删除"复选项可将钢笔工具移到路径上,单击可在路径上增加一个锚点。将钢笔工具移到路径的锚点上,单击可删除该锚点。

2. 创建直线路径

(1)创建开放路径。在工具栏中选择"钢笔工具"后,在图像中单击生成第一个锚点,移动光标再次单击生成第二个锚点,同时前后两个锚点之间由直线路径连接起来,依次下去可形成折线路径。要结束路径可按住 Ctrl 键,在路径外单击,即可创建开放路径,如图 7-9 所示。

(2)创建封闭路径。只要将光标定位在第一个锚点上,当光标旁出现一个小圆圈时单击即创建完成,效果如图 7-10 所示。

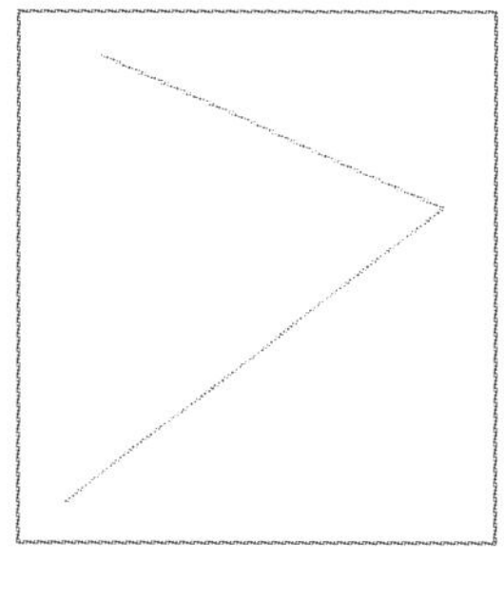

图 7-9

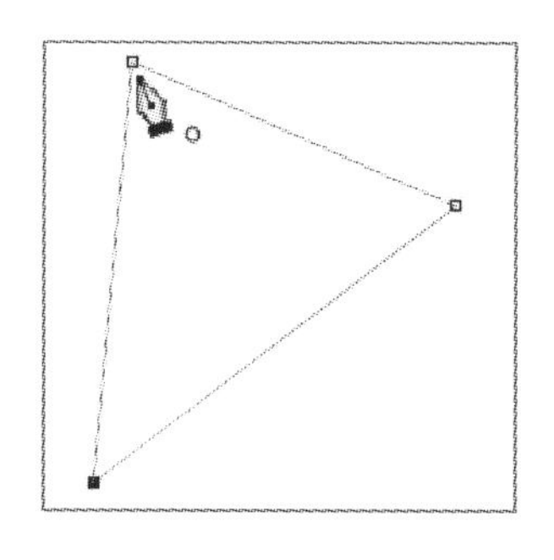

图 7-10

(3)创建特殊路径。在创建直线路径时,按住 Shift 键可沿水平、竖直或 45°角倍数的方向绘制路径。这时,构成直线路径的锚点不含方向线,所以这种锚点又称直线角点,效果如图 7-11 所示。

3. 创建曲线路径

在确定路径的锚点时，若按住左键拖动鼠标，则前后两个锚点由曲线路径连接起来，依次下去形成曲线路径。要结束路径可按住 Ctrl 键，在路径外单击，可形成开放路径。如要创建封闭路径，只要将光标定位在第一个锚点上单击，如图 7－12 所示。

图 7－11

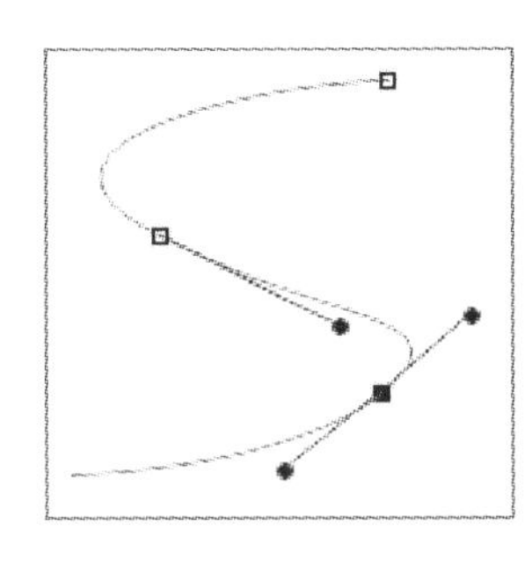

图 7－12

7.2.2　使用自由钢笔工具创建路径

“自由钢笔工具”可以用来以手绘的方式创建路径，操作比较随意。Photoshop CS6 将根据所绘路径的形状在路径的适当位置自动添加锚点。

创建路径时，需选择“自由钢笔工具”，在属性栏中单击“路径”按钮，然后在图像中按住左键拖动鼠标，路径尾随着指针自动生成。释放鼠标按键则可结束路径的绘制。

若要继续在现有路径上绘制路径，可将指针定位在路径的端点上，光标旁出现连接标志后，拖动鼠标即可。要创建封闭的路径只要拖动鼠标回到路径的初始点后释放即可。

此外，配合 Shift 键可绘制规范的路径。设置前景色后，在“路径”面板上单击“用前景色填充路径”按钮，可对路径填色。

7.2.3　使用形状工具创建路径

在创建路径时，有时需要创建一些规则图形的路径，选择任一形状工具后，使用“路径”按钮可创建不同形状的路径。以创建矩形路径为例，操作步骤如下：

① 在工具栏中选择“矩形工具”选项，如图 7－13 所示。

② 在属性栏中选择“路径”按钮，如图 7－14 所示。

③ 创建矩形路径，效果如图 7－15 所示。

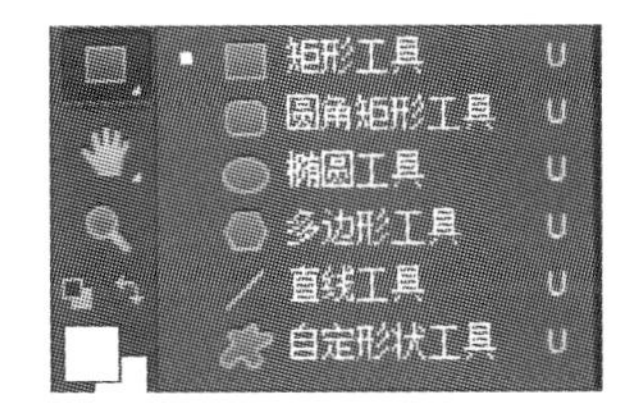

图 7－13

图 7－14

图 7－15

7.2.4 显示与隐藏锚点

当路径上的锚点被隐藏时，使用“直接选择工具”在路径上单击，可显示路径上所有锚点。反之，使用直接选择工具在显示锚点的路径外单击，可隐藏路径上所有锚点，效果如图 7－16 所示。

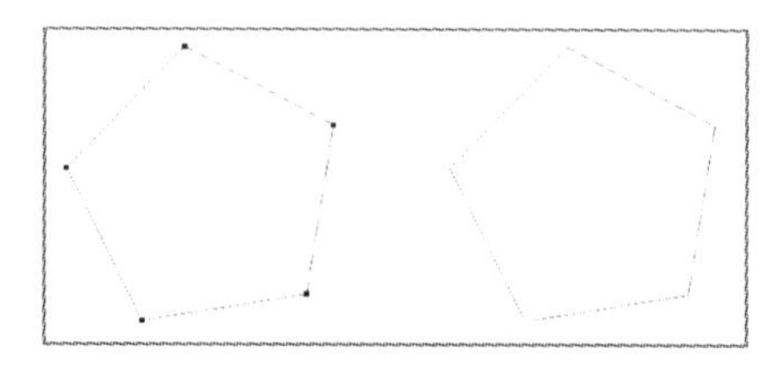

图 7－16

7.2.5 转换锚点

使用转换点工具可以实现“平滑点”和“角点”的转换。

1. “无方向线角点”转化为“平滑点”或“有方向线角点”

选择“转换点工具”，将光标定位于要转换的“无方向线角点”上，按住鼠标左键拖动，可将“无方向线角点”转化为“平滑点”，如图 7－17 所示。

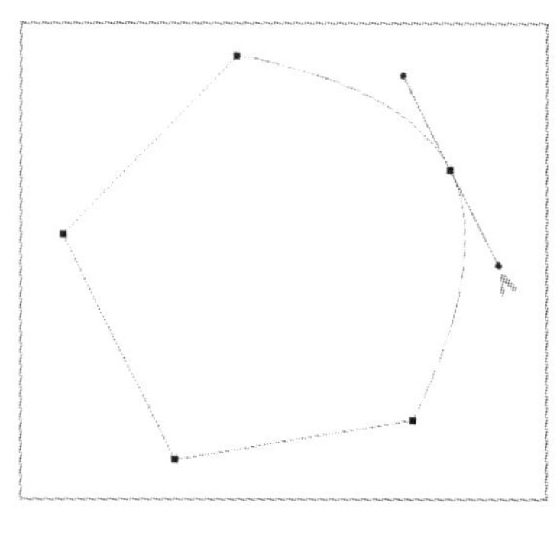

图 7－17

在转换后的“平滑点”上继续拖动，“平滑点”可转换为“有方向线角点”。此时，可通过拖动方向点，改变单侧方向线的长度和方向，进一步调整锚点单侧路径的形状，如图 7－18 所示。

2. 将“平滑点”或“有方向线角点”转化为“无方向线角点”

使用“转换点工具”在锚点上单击，可将“平滑点”或“有方向线角点”转化为“无方向线角点”。在调整路径时，使用“直接选择工具”拖动锚点或方向点不会改变锚点的类型，如图 7－19 所示。

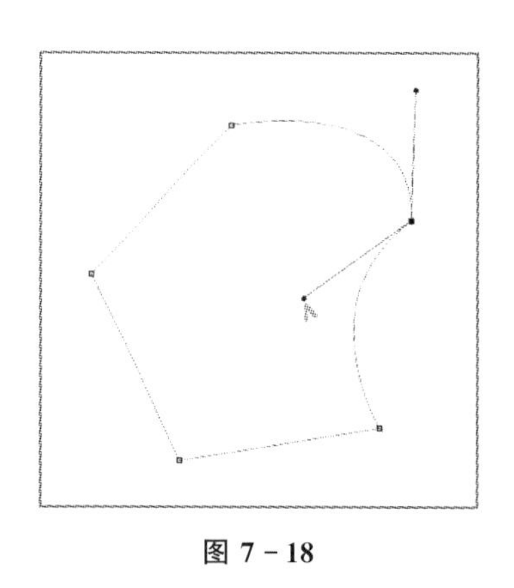

图 7－18

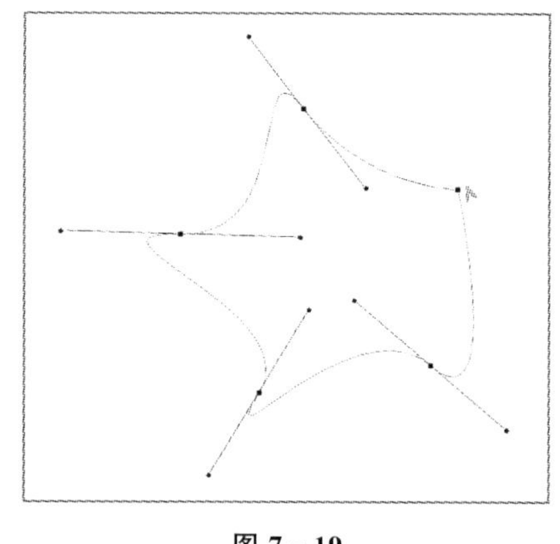

图 7－19

3. 将“平滑点”转化为有半条方向线的“角点”

在具体绘制路径的过程中，经常会遇到两段路径连续绘制的情况。当建立完一段曲线路径后，生成的平滑点由两条方向线控制，有可能影响下一段路径的走势。因此，在绘制下一段路径前，必须去除平滑点的半边方向线，使新的路径不受制约。

新建“平滑点”后，按住 Alt 键，将光标移动至新“平滑点”上，光标会变为钢笔下带有小转换点图标形态。此时单击，可删除半边方向线，将“平滑点”转化为带有半边方向线的“角点”，如图 7-20 所示。

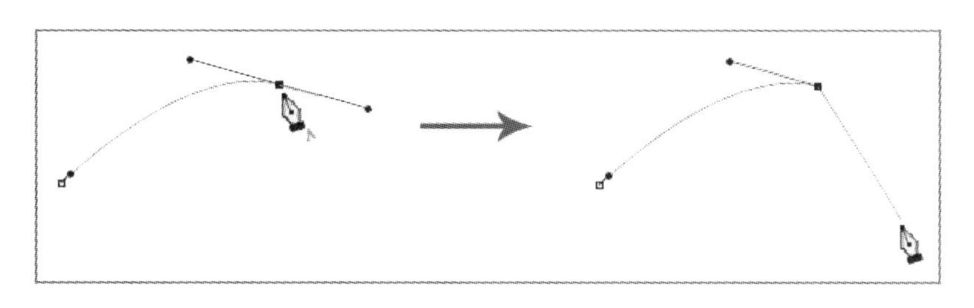

图 7-20

当为平滑点去除半边方向线后，此时可继续绘制下段路径，但要注意保持两段路径连接的顺畅，因此在去除半边方向线之前，应预先控制好平滑点的走势及方向线的状态。

7.2.6 选择与移动锚点

使用“直接选择工具”可以选择锚点，也可以改变锚点的位置，工具位置如图 7-21 所示。

选择“直接选择工具”后，单击选中单个锚点，锚点将由空心方块变成实心方块。如果选中的锚点含有方向线，则方向线将显示出来，效果如图 7-22 所示。

图 7-21

此时在锚点上拖动，可以改变单个锚点的位置，如图 7-23 所示。

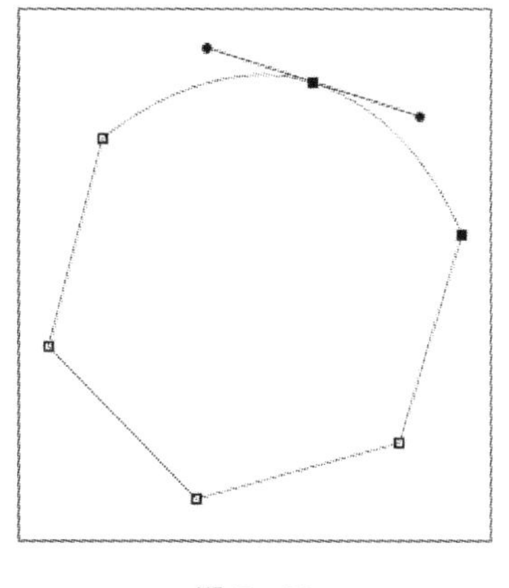

图 7-22

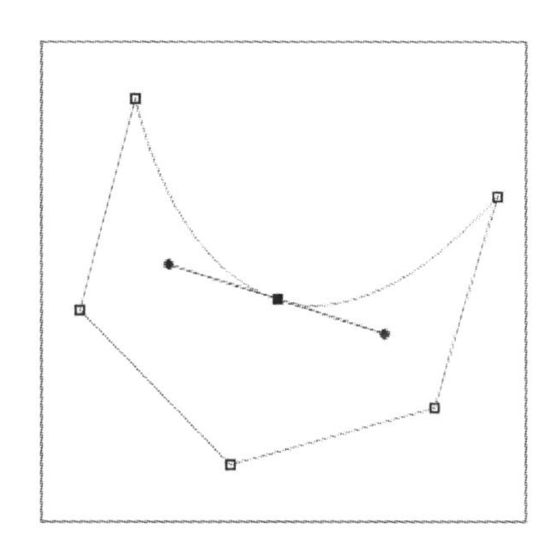

图 7-23

选中单个锚点后，按住 Shift 键在其他锚点上单击，可继续加选锚点。也可以通过框选的方式直接选择多个锚点，如图 7-24 所示。

选中多个锚点后，在其中一个锚点上拖动，可同时改变选中的所有锚点的位置。也可以通过这种方式移动与所选锚点相关的部分路径，如图 7-25 所示。

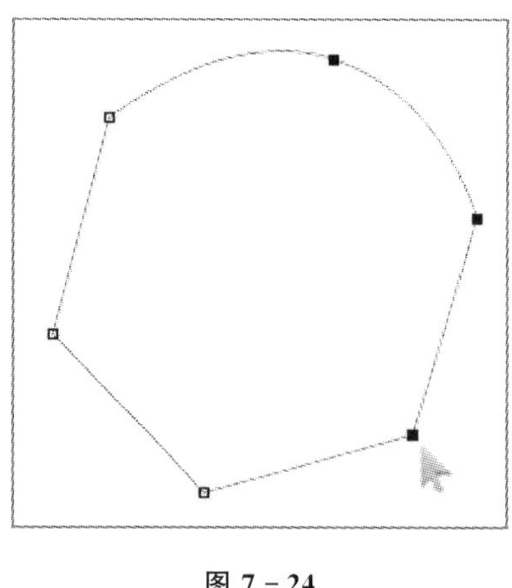

图 7－24

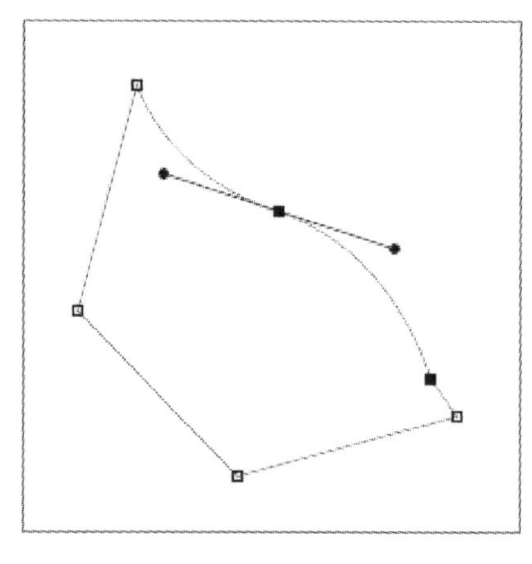

图 7－25

7.2.7 添加与删除锚点

在绘制路径时，有时会根据需要添加或删除锚点。可以使用“钢笔工具”属性栏中“自动添加/删除”复选项完成锚点的添加或删除，位置如图 7－26 所示。

图 7－26

1. 锚点的添加

将光标移到路径上要添加锚点的位置单击可添加锚点，也可以直接使用添加锚点工具在路径上添加锚点。添加锚点并不会改变路径的形状，如图 7－27 所示。

2. 锚点的删除

将光标移到要删除的锚点上单击可删除锚点，也可以直接使用删除锚点工具删除锚点。删除锚点后，路径的形状将重新调整，以适合其余的锚点，如图 7－28 所示。

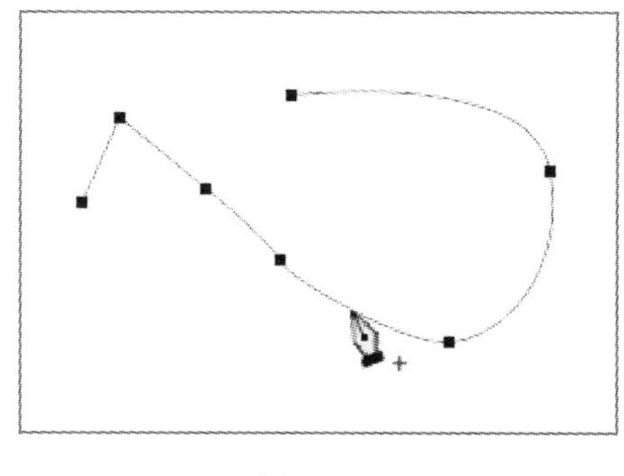

图 7－27

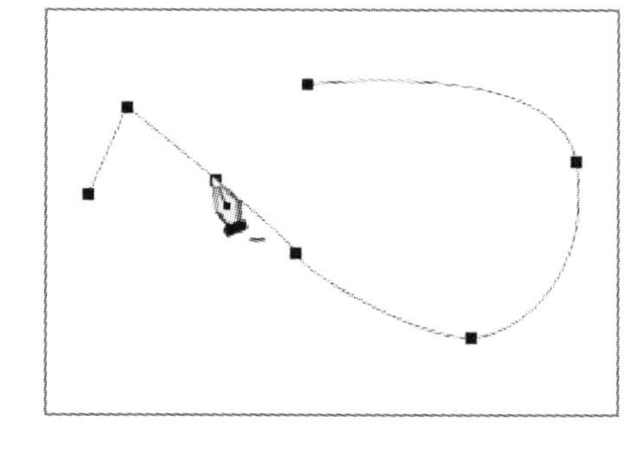

图 7－28

7.2.8 选择与移动路径

使用“路径选择工具”可以选中路径，也可以改变路径位置。“路径选择工具”位置如

图 7-29 所示。

在路径上单击即可选择整个路径，在路径上拖动可改变路径的位置，效果如图 7-30 所示。

图 7-29

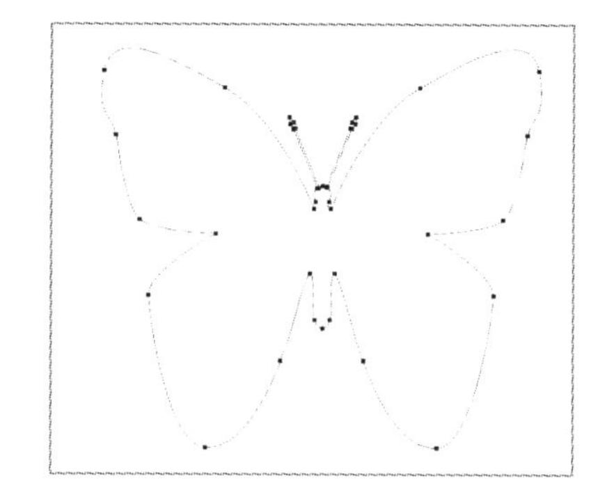

图 7-30

若路径由多个子路径组成，单击可选择一个子路径。按住 Shift 键，可继续单击增选其他子路径。也可以通过框选的方式选择多个子路径，如图 7-31 所示。

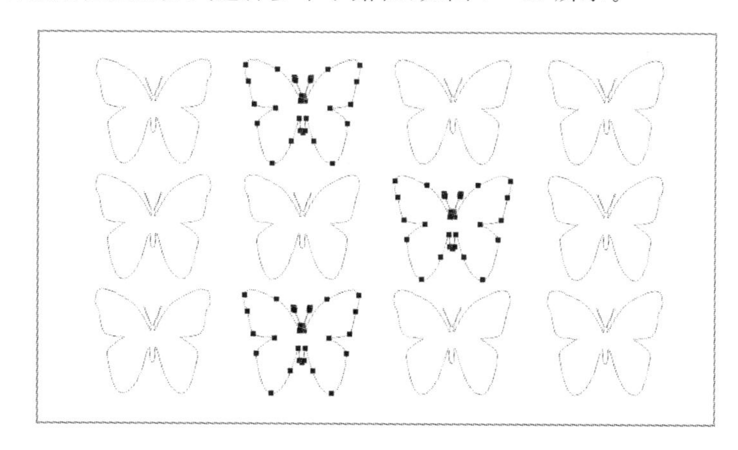

图 7-31

选中多个子路径后，拖动其中一个子路径可同时改变选中的所有子路径的位置，如图 7-32 所示。

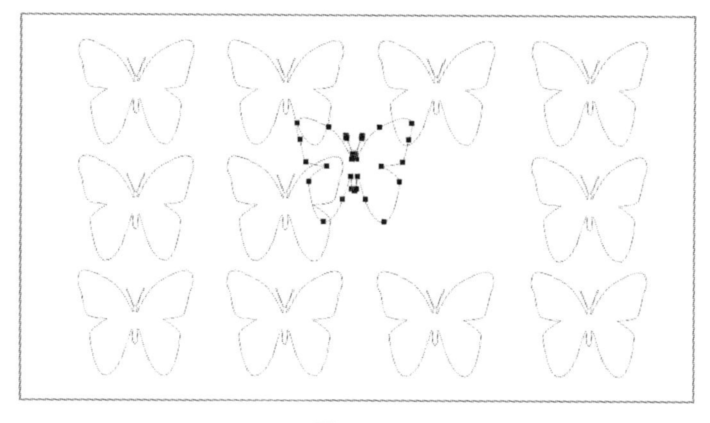

图 7-32

7.2.9 存储路径

在 Photoshop CS6 中，新创建的路径将以临时工作路径的形式存放于“路径”面板。在工作路径未被选择的情况下，再次创建路径，新的工作路径将取代原有工作路径。有时为了防止重要信息的丢失，必须将工作路径存储起来。

在工作路径上双击，弹出“存储路径”对话框，如图 7－33 所示。

图 7－33

在“名称”文本框中输入路径名称，单击“确定”按钮，即可完成路径的存储。也可直接将工作路径拖动到“路径”面板上的“创建新路径”按钮上释放，同样能存储路径。

7.2.10 删除路径

如果删除子路径，可以在选中子路径后按 Delete 键，即可完成子路径的删除。

如果删除整个路径，可以打开“路径”面板，在要删除的路径上右击，从弹出的快捷菜单中选择“删除路径”命令，或将要删除的路径直接拖动到“删除当前路径”按钮上释放，即可删除。

7.2.11 显示与隐藏路径

在“路径”面板底部的灰色空白区域单击，取消路径的选择，可以在图像中隐藏路径；在“路径”面板上单击，选择要显示的路径，可以在图像中显示该路径。

7.2.12 重命名已存储的路径

打开“路径”面板，双击已存储路径的名称，在“名称”文本框中输入新的名称，按 Enter 键或在“名称”文本框外单击，可重命名已经存储的路径。

7.2.13 复制路径

1. 在同一图像内复制路径

在同一图像内复制路径，包括复制子路径和复制全路径两种情况。

复制子路径需在图像中进行。选择“路径选择工具”，然后按住 Alt 键，在图像中拖移要复制的路径即可。

复制全路径需在“路径”面板上进行的。打开“路径”面板，将要复制的路径拖动到面板底部的“创建新路径”按钮上释放，即可复制出原路径的一个副本。

2. 在不同图像间复制路径

在不同图像间复制路径，只须使用“路径选择工具”，将要复制的路径从一个图像窗口拖到另一个图像窗口，或将要复制的路径从当前图像的“路径”面板直接拖动到另一个图像窗口，也可在当前图像窗口中选择要复制的路径或子路径，执行“编辑”→“拷贝”命令，切换到目标图像，再执行“编辑”→“粘贴”命令，即可复制路径。

7.2.14 描边路径

“描边路径”是路径中经常使用的操作之一，可以使用 Photoshop CS6 基本工具的当前设置，沿任意路径创建绘画描边的效果。操作步骤如下：

① 选择路径。在“路径”面板上选择要描边的路径，或使用路径选择工具在图像中选择要描边的子路径，如图 7－34 所示。

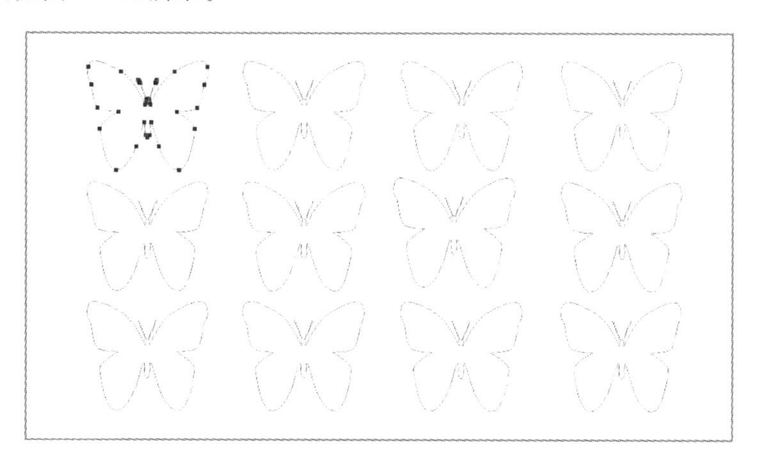

图 7－34

② 选择并设置描边工具。在工具箱中选择描边工具，对工具的颜色、模式、不透明度、画笔大小、画笔间距等属性进行必要的设置，如图 7－35 所示。

③ 描边路径。在“路径”面板上单击“用画笔描边路径”按钮，如图 7－36 所示。

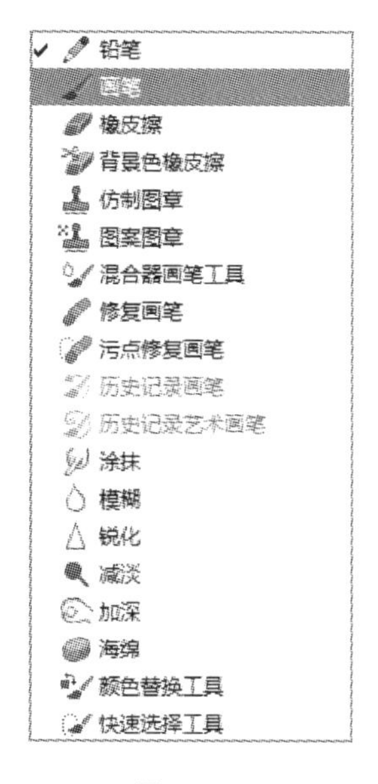

图 7－35

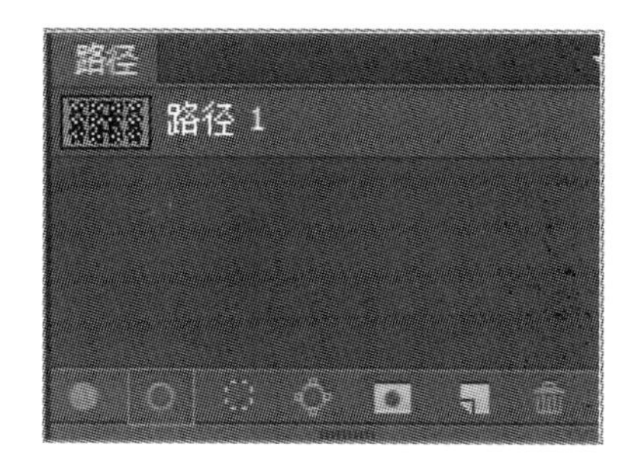

图 7－36

可使用当前工具对路径或子路径进行描边。也可以从“路径”菜单中执行“描边路径”或“描边子路径”命令，弹出相应的对话框，如图 7－37 所示。

④ 在对话框的下拉列表中选择描边工具，单击“确定”按钮，效果如图 7－38 所示。

上述操作中，各步骤可以颠倒。同时注意，描边路径的目标图层是当前图层，操作前应注意选择合适的图层。按住 Alt 键单击“路径”面板下方的“用画笔描边路径”按钮时，则会弹出“描边路径”对话框。若连续单击“用画笔描边路径”按钮则会累积描边效果。

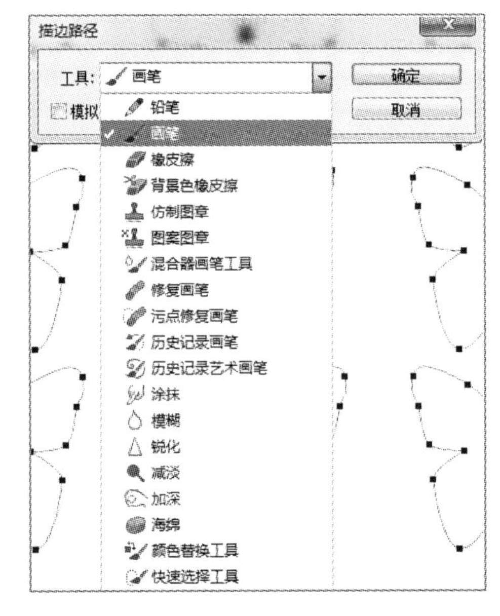

图 7－37

图 7－38

7.2.15 填充路径

“填充路径”是将指定的颜色、图案等内容填充到指定的路径区域。

1. 填充路径的设置

在“路径”菜单中执行“填充路径”或“填充子路径”命令，会弹出相应的对话框，如图 7－39 所示。

(1) “使用”下拉选项中包括“前景色”、“背景色”、“自定义颜色”和“图案”等，用于选择填充内容。

(2) “模式”用于选择填充的混合模式。

(3) “不透明度”用于指定填充的不透明度。

(4) “保留透明区域”复选项用于在当前图层上禁止填充所选路径范围内的透明区域。

图 7－39

(5)"羽化半径"用于设置要填充路径区域的边缘羽化程度。

(6)"消除锯齿"复选项用于在路径填充区域的边缘生成平滑的过渡效果。

2. 填充路径的操作

在"路径"菜单中选择要填充的路径,单击"用前景色填充路径"按钮,可使用当前前景色填充所选路径或子路径,位置如图 7－40 所示。

在弹出的对话框中设置好参数,单击"确定"按钮,完成路径填充,如图 7－41 所示。

图 7－40

图 7－41

7.2.16　路径与选区之间的转化

创建路径的目的通常是要获得同样形状的选区,以便精确地选择对象。

1. 选区参数的设置

在"路径"菜单中执行"建立选区"命令,弹出"建立选区"对话框,如图 7－42 所示。

(1)"羽化半径"用于指定选区的羽化值。

(2)“消除锯齿”复选项用于在选区边缘生成平滑的过渡效果。

(3)“操作”选项组用于指定由路径转化的选区和图像中原有选区的运算关系。

2. 路径转化为选区

在“路径”面板上选择要转化为选区的路径,单击底部的“将路径作为选区载入”按钮,在弹出的对话框中设置好参数,单击“确定”按钮。按钮的位置如图 7-43 所示。

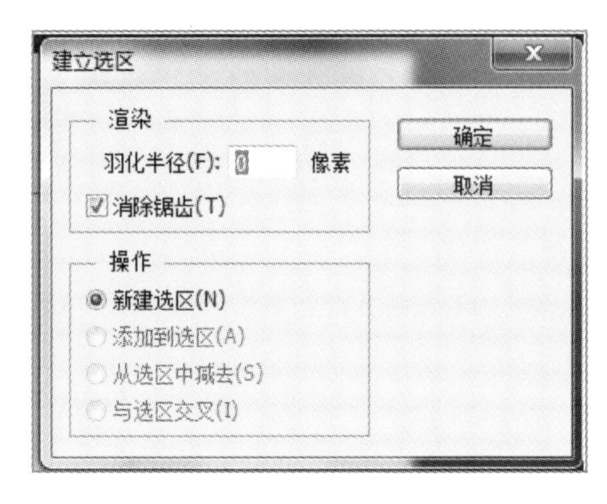

图 7-42

图 7-43

上述操作完成后,有时图像中会出现选区和路径同时显示的状态,这往往会影响选区的正常编辑。此时,应注意将路径隐藏起来。

3. 选区转化为路径

通过任何方式获得的选区都可以转换为路径,但是边界平滑的选区往往不能按原来的形状转换为路径。

将选区转换为路径时,可直接在“路径”面板上单击“从选区生成工作路径”按钮,也可在“路径”菜单中选择“建立工作路径”选项,在弹出的对话框中输入容差值,再单击“确定”按钮。

7.2.17 路径编辑技巧

使用路径工具时,掌握快速切换技巧可以显著提高路径编辑的效率。

(1) 在使用“钢笔工具”时,按住 Ctrl 键不放,可切换到“直接选择工具”;按住 Alt 键不放,可切换到“转换点工具”。

(2) 在使用“路径选择工具”时,按住 Ctrl 键不放,可切换到“直接选择工具”。

(3) 在使用“直接选择工具”时,按住 Ctrl 键不放,可切换到“路径选择工具”。

(4) 在使用“直接选择工具”时,将光标移到锚点上,按住 Ctrl+Alt 键不放,可切换到“转换点工具”。

(5) 在使用“转换点工具”时,将光标移到路径上,可切换到“直接选择工具”。

(6) 在使用“转换点工具”时,将光标移到锚点上,按住 Ctrl 键不放,可切换到“直接选择工具”。

(7) 在使用“转换点工具”时,将光标移到有双侧方向线的锚点上,按住 Alt 键单击,可去除锚点的单侧方向线。

(8) 在使用其他工具时(通常是路径创建工具),按 A 键或 Shift+A 键可直接转换为路径编辑工具,并在路径编辑工具之间切换。同样,在使用路径创建工具时,也可按P键切换路径创建工具。

7.3 路径高级操作

7.3.1 文字沿路径排列

文字沿路径排列是Photoshop CS6中的一项强大的功能,可以产生一种活泼灵动的视觉效果,常见于以儿童或女性消费为题材的平面广告设计作品。

1. 文字沿开放路径排列

创建开放路径后,选择“横排文字工具”或“直排文字工具”选项,光标定位在路径上,当显示“将文字插入路径”指示符时单击,路径上出现插入点,输入文字内容,效果如图7-44所示。

选择“路径选择工具”或“直接选择工具”选项,将光标置于路径文字上,当出现“拖拽路径上的文字”指示符时单击并沿路径拖移文字,可改变文字在路径上的位置。若拖移时跨过路径,文字将翻转到路径的另一侧,效果如图7-45所示。

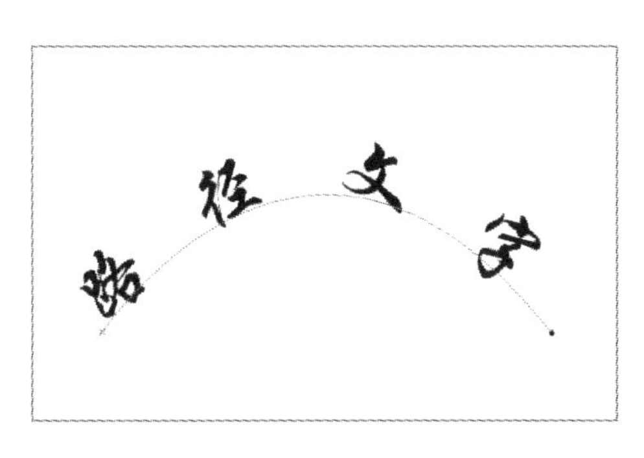

图7-44

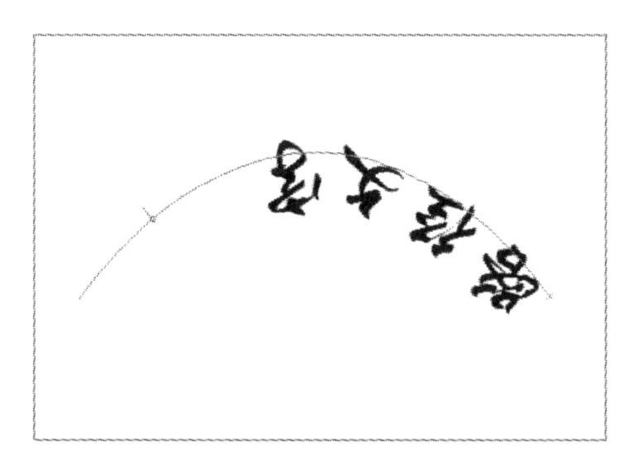

图7-45

当选择路径文字所在图层时,在“路径”面板上将显示对应的文字路径。使用“路径选择工具”改变该路径的位置,或使用“直接选择工具”等调整其形状,文字也随着一起变化。同样的,使用“横排文字工具”也可以在每条子路径上创建路径文字。

2. 文字在闭合路径内部排列

对于闭合路径,文字除了能够沿路径曲线书写外,还可以排列在路径内。

创建封闭路径后,选择“横排文字工具”或“直排文字工具”选项,对准闭合路径,出现“I”光标,在封闭路径内单击,确定插入点,输入文字内容,效果如图7-46所示。

7.3.2 文字转化为路径

文字转化为路径可以提取文字的边缘转换为路径,这项功能为设计师使用电脑进行字体设计带来很大方便。

(1) 使用“横排文字工具”或“直排文字工具”创建文字。

(2) 选择文字图层,执行“文字”→“创建工作路径”命令,Photoshop软件便会基于当前文字的轮廓创建工作路径,如图7-47所示。

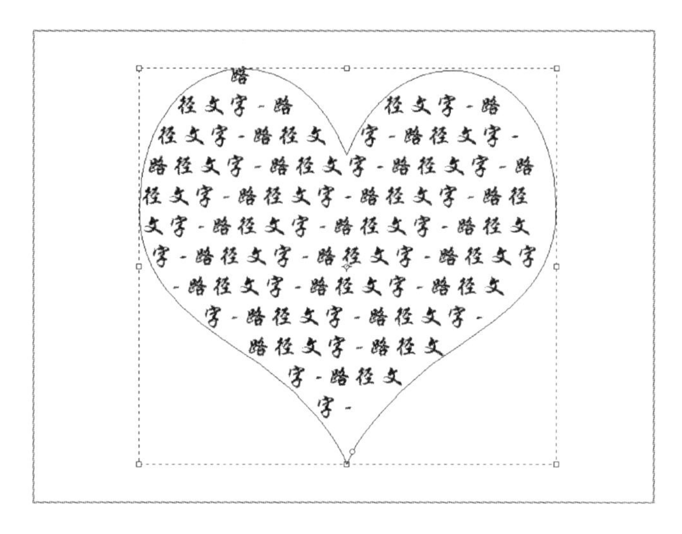

图 7－46

（3）使用“钢笔工具”、“直接选择工具”和“转换点工具”等对文字路径进行调整，如图 7－48 所示。

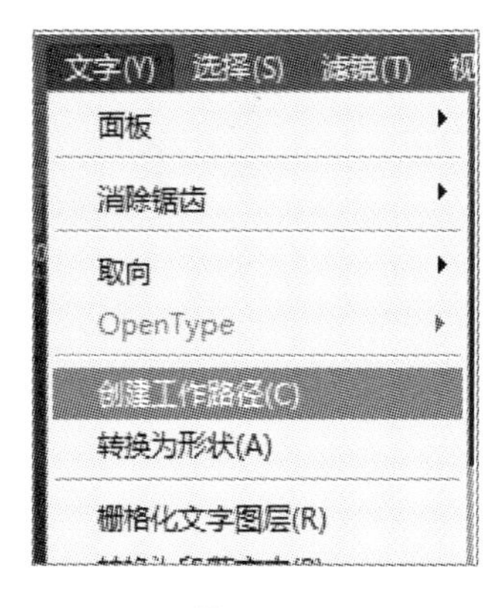

图 7－47

图 7－48

7.3.3　路径运算

路径运算指的是子路径之间的运算，不同路径之间不能直接进行运算。

1. 路径创建时的运算

使用“钢笔工具”或“形状工具”创建路径时，可以利用工具栏上的“路径操作”按钮组对先后创建的路径进行计算，如图 7－49 所示。

（1）“合并形状”用于将新创建的路径区域添加到已有的路径区域。

（2）“减去顶层形状”用于从已有路径区域减去与新建路径区域重叠的区域。

（3）“与形状区域相交”用于将新建路径区域与已有路径区域进行交集运算。

（4）“排除重叠形状”用于从新路径和已有路径区域的并集中排除重叠的区域。

2. 路径创建后的运算

路径在创建时不管采用何种运算关系，创建好之后仍可以对其中两个或两个以上的子路径选择新的运算方法，并重新进行运算。步骤如下：

① 使用“形状工具”，创建两个子路径，如图7-50所示。

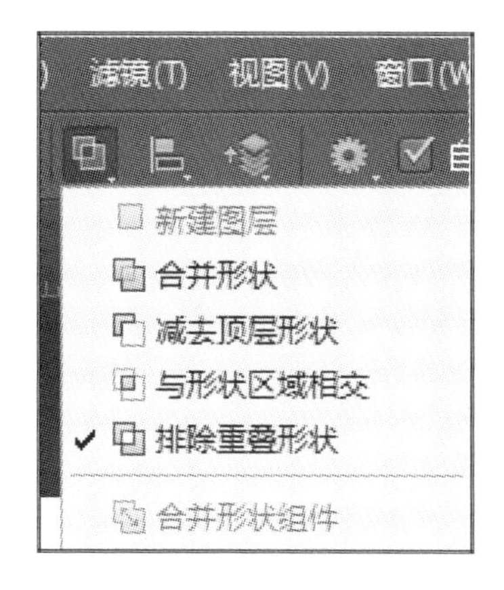

图7-49

图7-50

② 使用“路径选择工具”框选两个子路径，分别单击菜单上的“合并形状”、“减去顶层形状”、“与形状区域相交”和“排除重叠形状”按钮，得到不同于原来的其他结果。

③ 最后单击菜单上的“组合”按钮，Photoshop CS6软件将根据所选运算关系，将参与运算的多个子路径合并为一个子路径。其效果如图7-51所示。

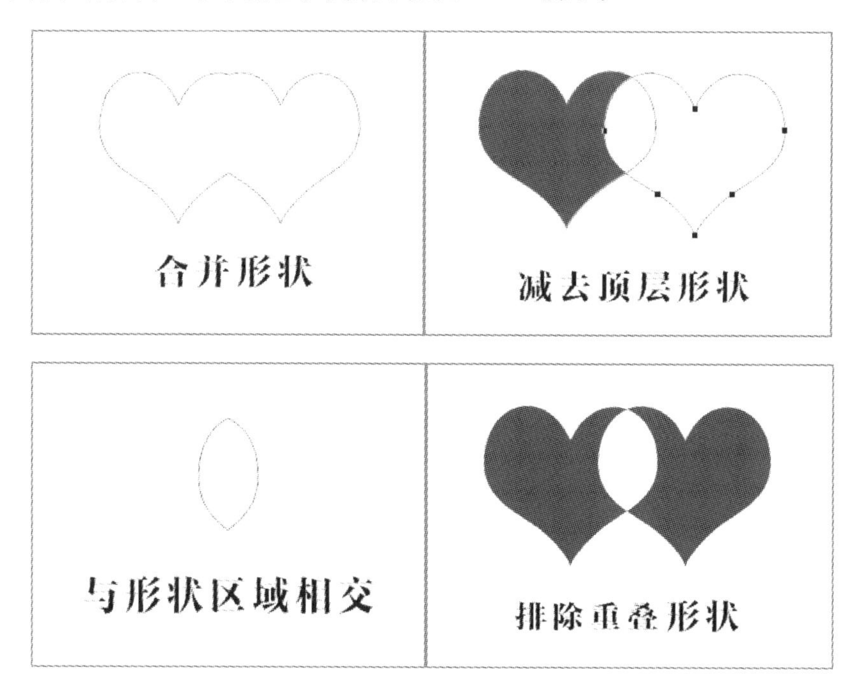

图7-51

第8章 蒙 版

8.1 概 述

“蒙版”起源于传统的摄影和绘画。需要控制画面的编辑区域时，一些画家会根据需要将塑料薄板或硬纸板的部分区域挖空，做成一个称为“蒙版”工具，覆盖在画面上；通过这种方法，可以在修改画面的同时保护被“蒙版”遮挡的区域。有时摄影师在冲洗底片前，通常也会将部分挖空的“蒙版”置于底片与感光纸之间，对底片进行局部曝光。

在 Photoshop CS6 中，“蒙版”可以用来创建选区的范围，也可以用来控制图像在不同区域的显示或隐藏的状况。“蒙版”可以分为“快速蒙版”、“剪贴蒙版”、“图层蒙版”和“矢量蒙版”4 种。蒙版有时也称为“遮罩”。与路径一样，蒙版不是 Photoshop 软件特有的工具，如 CorelDRAW、Flash、Fireworks、Premiere 等相关软件中都有蒙版的使用。由此可见，蒙版是一个相当重要的工具。

8.2 快速蒙版

8.2.1 快速蒙版的设置

“快速蒙版”主要用于编辑或修补选区、完成抠图等操作。在工具栏中，可以使用“以快速蒙版模式编辑”或“以标准模式编辑”按钮进行编辑状态的快速切换。

“以快速蒙版模式编辑”或“以标准模式编辑”按钮的位置在“拾色器”下方，默认状态为“以快速蒙版模式编辑”，单击后切换为“以标准模式编辑”状态。也可以通过执行“选择”→“在快速蒙版模式编辑”命令完成编辑状态的切换。

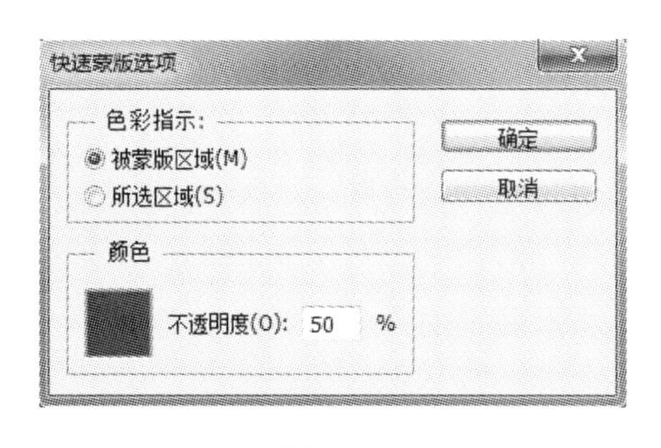

图 8-1

双击“以快速蒙版模式编辑”或“以标准模式编辑”按钮，弹出“快速蒙版选项”对话框，如图 8-1 所示。

(1) “色彩指示”选项组中包含“被蒙版区域”和“所选区域”2 个单选项。选择“被蒙版区域”选项时，工具栏中“以标准模式编辑”按钮显示为白色小球，同时在图像中用黑色绘画可扩大蒙版区域，用白色绘画可扩大选区；选择“所选区域”，工具栏中的“以标准模式编辑”按钮显示为黑色小球，同时在图像中用黑色绘画可扩大选区，用白色绘画可扩大蒙版区域。

(2) “颜色”选项组中“拾色器”用于选择快速蒙版在图像中的指示颜色，在默认状态下为红色；“不透明度”用于设置图像中快速蒙版指示颜色的不透明度，默认值为 50%。“颜色”和

“不透明度”的设置仅仅影响快速蒙版的外观，对其作用不产生任何影响。设置的目的是使快速蒙版与图像的颜色对比更加分明，以便对快速蒙版进行编辑。

8.2.2　使用快速蒙版编辑选区

以抠图操作为例，介绍“快速蒙版”的使用方法，具体操作步骤如下：

① 打开素材图片，创建需要蒙版的选区。

② 利用“套索”工具或其他选区工具，将选区尽量修整完全。

③ 在菜单栏中，执行“选择”→“在快速蒙版模式编辑”命令，进入快速蒙版编辑状态。默认状态下，图片中将会出现有 50% 透明度的红色区域，表示蒙版。其他颜色代表选区外部，如图 8－2 所示。

图 8－2

④ 选择硬度与透明度合适的画笔，对蒙版边缘进行修整。

⑤ 选择软边画笔，适当降低工具的不透明度，用黑色涂抹上述滤镜处理后的平滑边缘，在边缘创建透明的选区。

⑥ 打开“通道”选项卡，隐藏 RGB 复合通道，观察临时的快速蒙版通道。“通道”选项卡位置如图 8－3 所示。

⑦ 显示 RGB 复合通道。单击“以标准模式编辑”按钮，返回标准编辑状态。

⑧ 执行“图层”→“新建”→“通过拷贝的图层”命令，将图像复制到新建图层上。隐藏背景层，查看所选图像在透明背景上的效果，完成抠图，效果如图 8－4 所示。

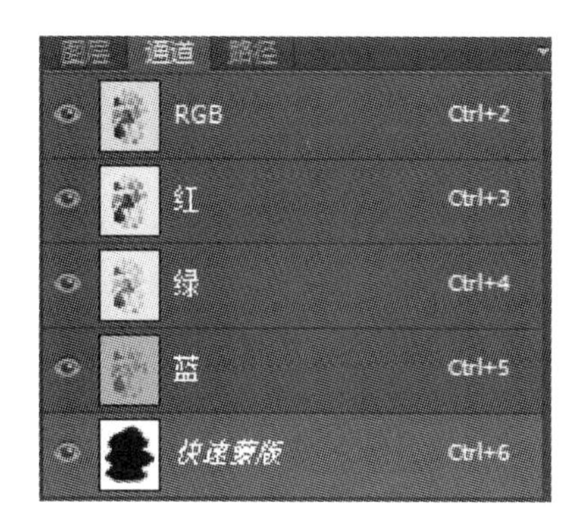

图 8－3

图 8－4

8.3 剪贴蒙版

“剪贴蒙版”是一种比较灵活的蒙版，可以通过一个“基底图层”控制多个内容图层的显示区域。“剪贴蒙版”不仅是 Photoshop CS6 合成图像的主要技术之一，还常用于遮罩动画的制作。

8.3.1 创建剪贴蒙版

1. 剪贴蒙版的创建

创建“剪贴蒙版”的步骤如下：

① 打开素材，分别创建“背景层”、“蒙版层”和“图像层”三个图层。

② 选择图像层，执行“图层”→“创建剪贴蒙版”命令。也可按住 Alt 键，将光标移至“图层”面板上“图像层”与“蒙版层”的分隔线上，此时光标显示为双环剪贴形状，单击。

“剪贴蒙版”创建完成后，带有图标并向右缩进的图层称为“内容图层”，又叫“图像层”，如图 8-5 所示。“内容图层”可以是连续的多个。

所有“内容图层”下面的图层称为“基底图层”，又叫“笔刷层”。这类图层名称上带有下画线，非常容易辨认。“基底图层”充当了“内容图层”的蒙版，其中包含像素的区域决定了“内容图层”的显示范围，如图 8-6 所示。

图 8-5

图 8-6

2. 基底图层的不透明度控制

“基底图层”中像素的颜色对“剪贴蒙版”的效果无任何影响，仅仅用于区分范围，如图 8-7 所示。像素的不透明度控制着“内容图层”的显示程度。不透明度越高，显示程度越高。

8.3.2 释放剪贴蒙版

完成编辑后需要释放“剪贴蒙版”。释放“剪贴蒙版”有以下 3 种方式：

(1) 选择“剪贴蒙版”中的某一内容图层，执行“图层”→“释放剪贴蒙版”命令可释放该内容图层。如果该图层上面还有其他内容图层，这些图层也同时被释放。

图 8－7

(2) 选择“剪贴蒙版”中的“基底图层”，执行“图层”→“释放剪贴蒙版”命令可释放该基底图层的所有内容图层。

(3) 按住 Alt 键在“内容图层”与下面图层的分隔线上单击，也可释放内容图层。

8.4　图层蒙版与矢量蒙版

8.4.1　图层蒙版

“图层蒙版”应用在图层上，能够控制图层中不同区域像素的显示或隐藏，并且保证了原有“图层图像”不被破坏。“图层蒙版”是以 8 位灰度图像的形式存储的，黑色部分表示对应区域是 100％透明的，白色部分表示对应区域是 100％不透明的，灰色部分表示对应部分是半透明的，透明程度由灰色的深浅程度决定。

1. 添加图层蒙版

执行“图层”→“图层蒙版”命令，弹出“添加图层蒙版”菜单，包含“显示全部”、“隐藏全部”、“显示选区”和“隐藏选区”4 个“添加图层蒙版”命令。

(1) 执行“图层”→“图层蒙版”→“显示全部”命令，或单击“图层”面板上的“添加图层蒙版”按钮可以创建一个白色的蒙版。白色蒙版对图层的内容显示无任何影响，如图 8－8 所示。

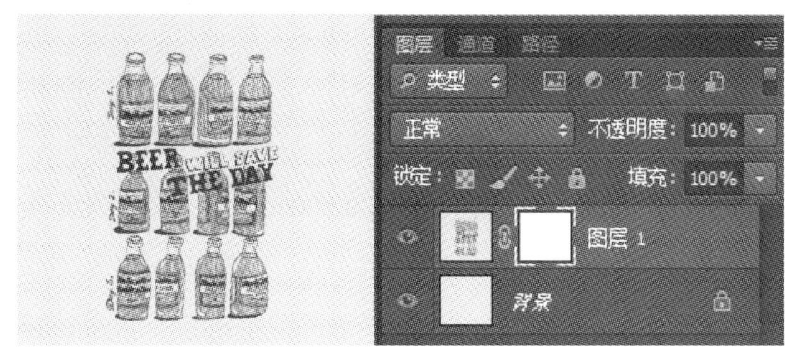

图 8－8

(2) 执行“图层”→“图层蒙版”→“隐藏全部”命令,或按住 Alt 键,单击“图层”面板上的“添加图层蒙版”按钮,可以创建一个黑色的蒙版。黑色蒙版隐藏了对应图层的所有内容,如图 8-9 所示。

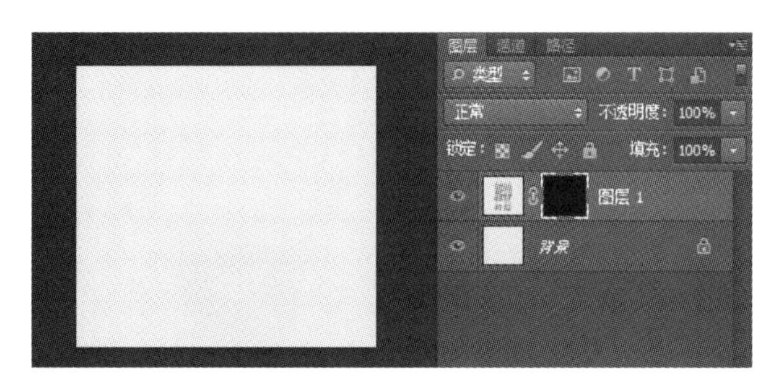

图 8-9

(3) 存在选区的情况下,执行“图层”→“图层蒙版”→“显示选区”命令,或单击“图层”面板上的“添加图层蒙版”按钮,将基于选区创建蒙版。此时,选区内的蒙版填充为白色,选区外的蒙版填充为黑色,如图 8-10 所示。

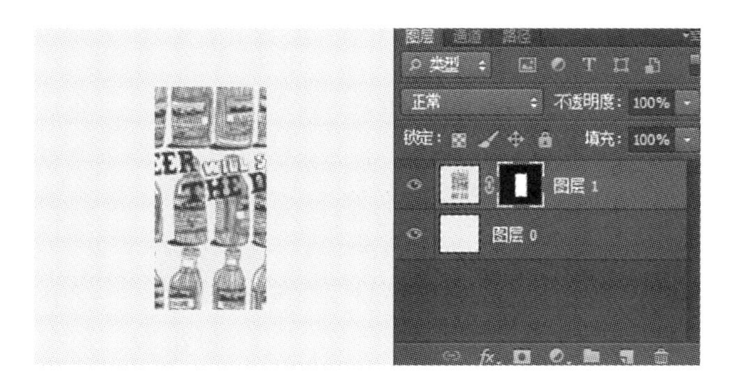

图 8-10

(4) 执行“图层”→“图层蒙版”→“隐藏选区”命令,或按住 Alt 键,单击“图层”面板上的“添加图层蒙版”按钮,所产生的蒙版恰恰相反,如图 8-11 所示。

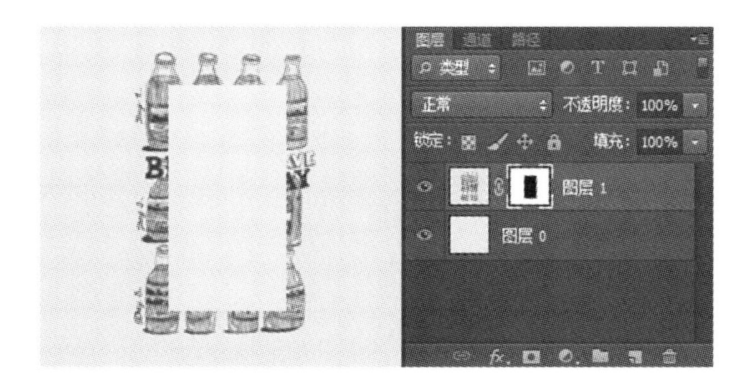

图 8-11

背景层和全部锁定的图层不能直接添加“图层蒙版”,只有将背景层转换为普通层或取消图层的全部锁定后才能添加。

2. 启用或停用图层蒙版

(1) “图层蒙版”的停用。按住 Shift 键，在“图层”面板上单击“图层蒙版”的缩览图可停用图层蒙版。此时，“图层蒙版”的缩览图上出现红色“×”号标志，“图层蒙版”对图层不再有任何作用，就像根本不存在一样，如图 8-12 所示。

图 8-12

(2) “图层蒙版”的启用。按住 Shift 键，在已停用的“图层蒙版”的缩览图上单击，红色“×”号标志消失，“图层蒙版”重新被启用，如图 8-13 所示。

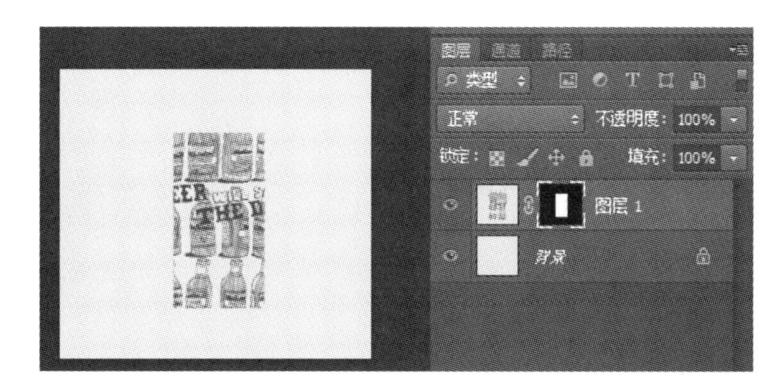

图 8-13

也可以选择“图层蒙版”后，右击，在弹出的快捷菜单中执行“停用图层蒙版”或“启用图层蒙版”命令，实现同样的功能，如图 8-14 所示。

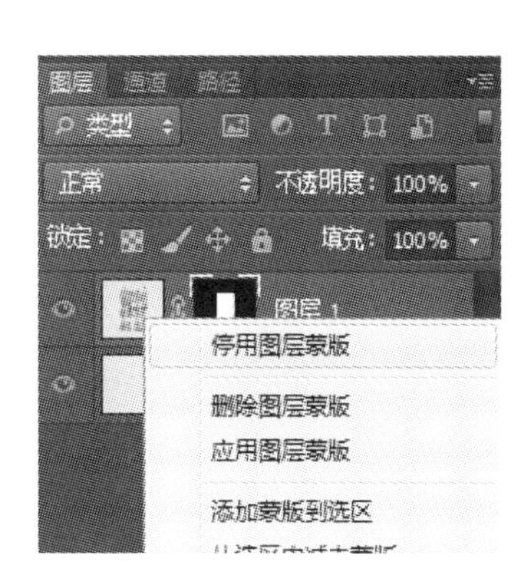

图 8-14

3. 删除图层蒙版

在“图层”面板上选择“图层蒙版”的缩览图，右击，在弹出的快捷菜单中执行“删除图层蒙版”命令，弹出提示框。单击“应用”按钮，将删除图层蒙版，蒙版效果不会应用到图层上，如图 8-15 所示。

4. 在蒙版与图层之间切换

在“图层”面板上选择添加“图层蒙版”的图层后，若图层蒙版缩览图的周围显示有白色边框，表示当前层处于蒙版编辑状态，所有的编辑操作都作用在“图层蒙版”上，当前图层在蒙版的保护下可免遭破坏。此时，若单击图层缩览图可切换到图层编辑状态。若图层缩览图的周围显示有白色边框，表示当前层处于图层编辑状态，所有的编辑操作针对的都是当前图层，对蒙版没有任何影响。

图 8－15

此时，若单击图层蒙版缩览图可切换到蒙版编辑状态。

另一种辨别的方法是，在默认设置下，当图层处于蒙版编辑状态时，工具栏上的“前景色/背景色”按钮仅显示颜色的灰度值。

5. 蒙版与图层的链接

默认状态下，“图层蒙版”与对应的图层是链接的。移动或变换其中的一方，另一方必然一起变动，如图 8－16 所示。

图 8－16

在“图层”面板上单击图层缩览图和图层蒙版缩览图之间的链接图标，取消链接关系。此时移动或变换其中的任何一方，另一方不会受到影响，如图 8－17 所示。再次在图层缩览图和图层蒙版缩览图之间单击可恢复链接关系。

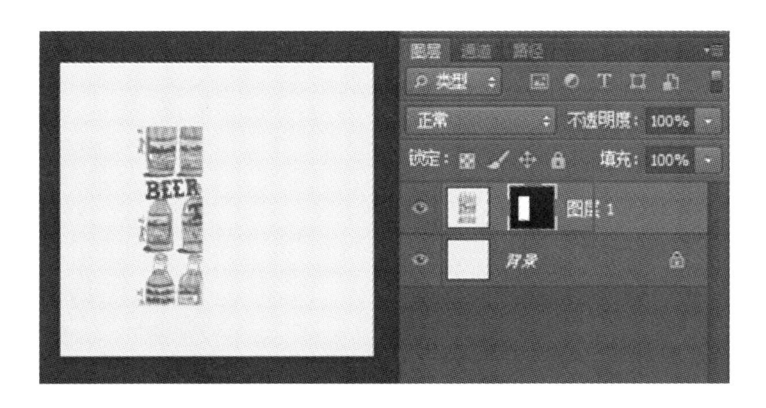

图 8－17

6. 在图像窗口中查看图层蒙版

为了确切地了解“图层蒙版”中遮罩区域的颜色分布及边缘的羽化程度，可按住 Alt 键单击图层蒙版缩览图。这时在图像窗口中就能查看图层蒙版的灰度图像，如图 8－18 所示。要在图像窗口中恢复显示图像，可按住 Alt 键，再次单击图层蒙版缩览图。

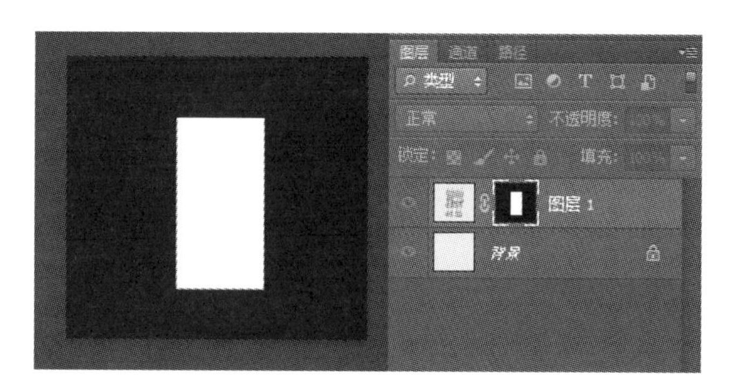

图 8－18

7. 将图层蒙版转化为选区

按住 Ctrl 键，在“图层”面板上单击图层蒙版缩览图，可在图像窗口中载入蒙版选区，该选区将取代图像中的原有选区，如图 8－19 所示。

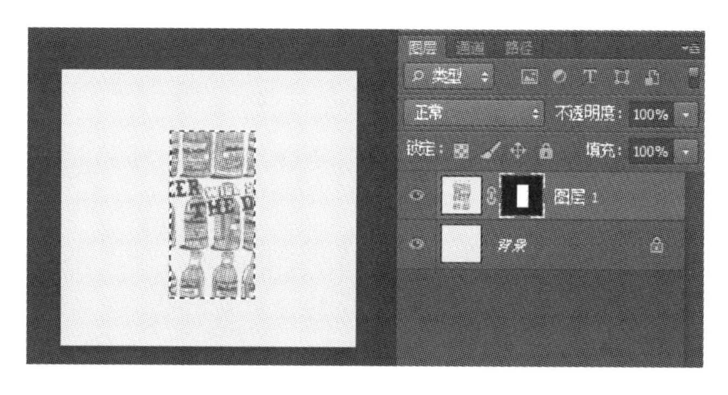

图 8－19

按住 Ctrl＋Shift 键，单击图层蒙版缩览图，或从“图层蒙版”的快捷菜单中选择“添加图层蒙版到选区”命令，可将载入的蒙版选区与图像中的原有选区进行并集运算，如图 8－20 所示。

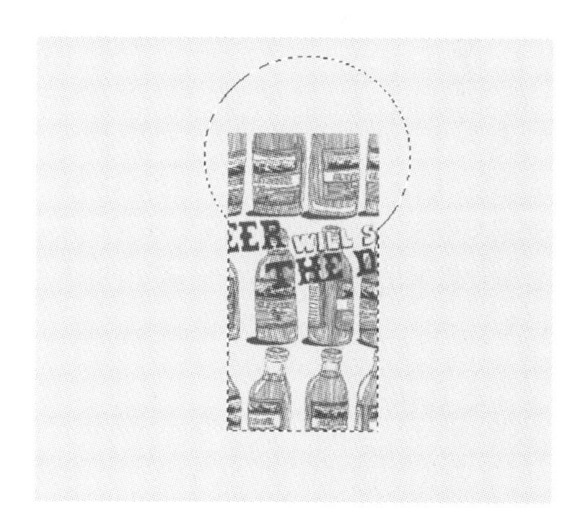

图 8－20

按住 Ctrl＋Alt 键，单击图层蒙版缩览图，或从“图层蒙版”的快捷菜单中选择“从选区中减去图层蒙版”命令，可从图像原有选区中减去载入的蒙版选区，如图 8－21 所示。

按住 Ctrl＋Shift＋Alt 键，单击图层蒙版缩览图，或从“图层蒙版”的快捷菜单中选择“使图层蒙版与选区交叉”选项，可将载入的蒙版选区与图像中的原有选区进行交集运算，如图 8－22 所示。

图 8-21

图 8-22

若图层蒙版的黑白像素间具有柔化的边缘，将蒙版转换为选区后，选区边界线恰好位于蒙版中渐变的黑白像素之间。在选区边框线上，像素的选中程度恰好从边框外的不足 50%增加到边框内的超过 50%，如图 8-23 所示。

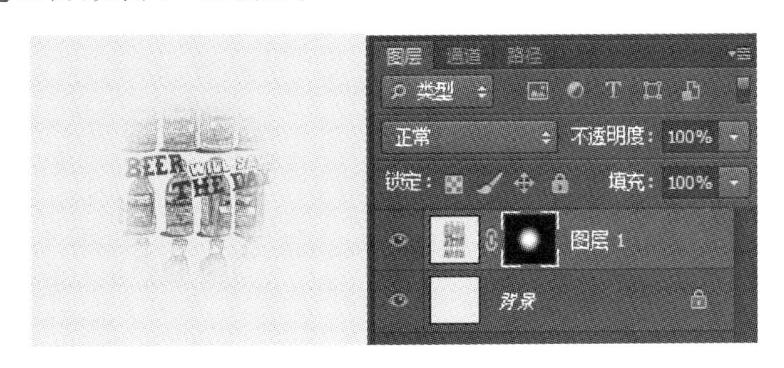

图 8-23

8. 接触图层蒙版对图层样式的影响

虽然“图层蒙版”仅仅是从外观上影响图层内容的显示，但在带有图层蒙版的图层上添加图层样式时，所产生的效果也会受到蒙版的影响，就像图层上被遮罩的内容根本不存在一样。要解除图层蒙版对图层样式的影响，只要打开“图层样式”→“混合选项”对话框，在“高级混合”选项组中选择“图层蒙版隐藏效果”复选项即可，如图 8-24 所示。

8.4.2 矢量蒙版

“矢量蒙版”用于在图层上创建边界清晰的图形。这种图形易于修改，特别是缩放后依然能够保持清晰平滑的边界。

1. 添加矢量蒙版

执行“图层”→“图层蒙版”命令，弹出“添加图层蒙版”菜单，包含“显示全部”、“隐藏全部”和“当前路径”3 个命令。

(1) 执行“图层”→“矢量蒙版”→“显示全部”命令，或按住 Ctrl 键，单击“图层”面板上的“添加图层蒙版”按钮，可以创建显示图层全部内容的白色矢量蒙版，如图 8-25 所示。

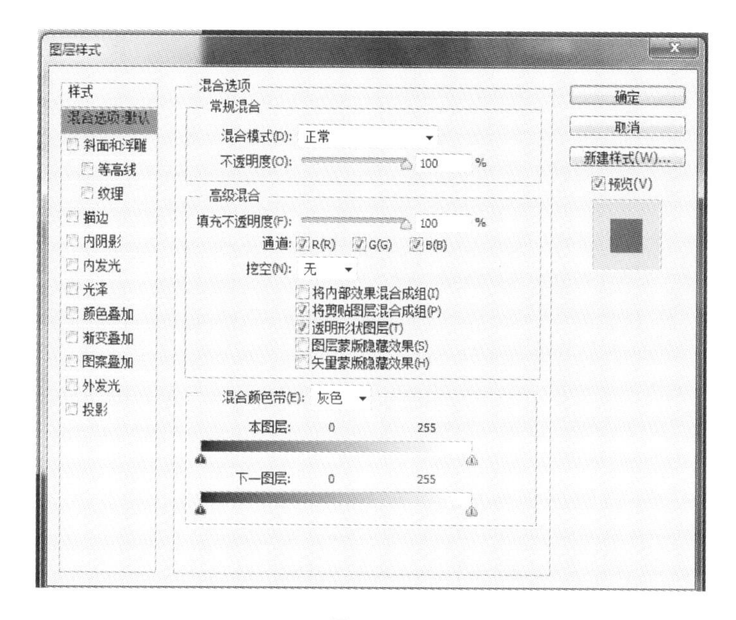

图 8－24

图 8－25

(2) 执行“图层”→“矢量蒙版”→“隐藏全部”命令,或按住 Ctrl+Alt 键,单击“图层”面板上的“添加图层蒙版”按钮,可以创建隐藏图层全部内容的灰色矢量蒙版,如图 8－26 所示。

图 8－26

(3) 执行“图层”→“矢量蒙版”→“当前路径”命令,或在“路径”面板上选择某个路径,按住

Ctrl 键，单击“图层”面板上的“添加图层蒙版”按钮，可以基于路径在图层上创建矢量蒙版，如图 8－27 所示。

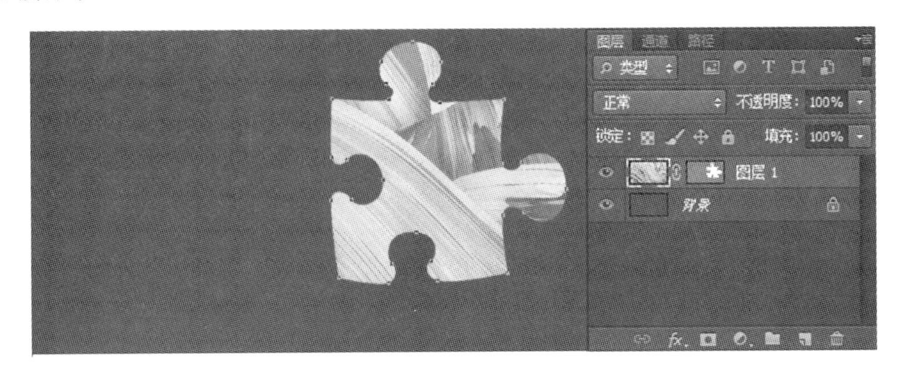

图 8－27

与图层蒙版类似，背景层和全部锁定的图层不能直接添加矢量蒙版。只有将背景层转换为普通层或取消图层的全部锁定后，才能添加矢量蒙版。

2. 编辑矢量蒙版

对矢量蒙版的编辑实际上就是对矢量蒙版中路径的编辑。在“图层”面板上选择带有矢量蒙版的图层后，即可在图像窗口中对矢量蒙版中的路径进行编辑。

3. 停用或启用、删除矢量蒙版

矢量蒙版的停用或启用、删除图层蒙版与“图层蒙版”的基本操作相似。

4. 将矢量蒙版转化为图层蒙版

选择包含矢量蒙版的图层，执行“图层”→“栅格化”→“矢量蒙版”命令，即可将矢量蒙版转化为图层蒙版。

8.5 与蒙版相关的图层

8.5.1 调整层

调整层是一种特殊的图层，通常调整层会带有图层蒙版或矢量蒙版。调整层能够保持图像的原有数据，并且在不破坏原有数据的前提下对下面的图层进行相应的调整。调整层是一个单独的图层，可以随时对调整层进行编辑，并且不影响其他图层。调整层本身不包含任何像素，却可以通过参数对调整层以下的图层进行调整。通过调整层上的蒙版功能，可以掌控调整的应用范围和强度，如图 8－28 所示。

8.5.2 填充层

填充层是自带蒙版的特殊图层，填充的内容包括纯色、渐变色和图案 3 种。调整填充层的蒙版和不透明度可以控制填充的范围和强弱，如图 8－29 所示。

通过调整填充层的图层模式，还可以制作出很多特殊效果，如图 8－30 所示。

在创建填充层时如果选择了某个路径，创建的填充层会自带矢量蒙版，填充的内容会被限制在封闭的路径内，如图 8－31 所示。

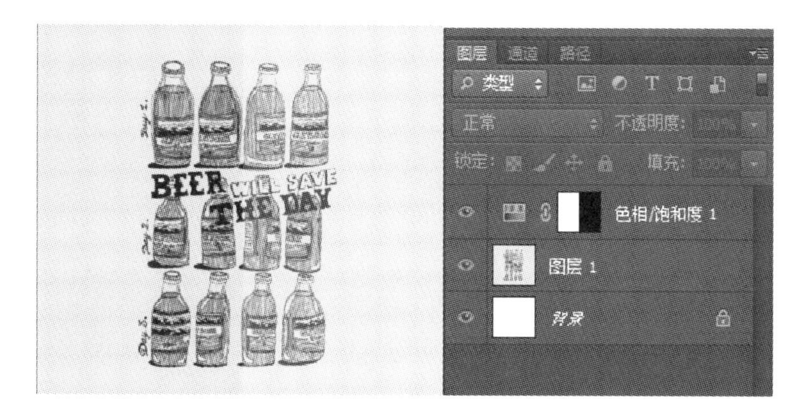

图 8 - 28

图 8 - 29

图 8 - 30

图 8 - 31

8.5.3 形状层

在使用“形状工具”、“钢笔工具”或“自由钢笔工具”时，若在选项栏上单击“形状图层”按钮，可以创建形状层。形状层实际上是一种带有矢量蒙版的填充层。形状层中的矢量蒙版存放的是用来定义形状的路径，而形状的填充色存放在图层中，如图 8 - 32 所示。

图 8 - 32

第9章　通　道

9.1　通道的工作方式

通道是 Photoshop CS6 最重要、最核心的功能之一，也是其最难理解和掌握的内容。对于初学者而言，虽然通道比较抽象，不能在短期内迅速掌握，但仍要给予充分重视。

基础阶段，在掌握各类通道工作原理及相关知识的同时，主要理解和掌握利用通道抠图的设计技巧，通过抠图训练加深对通道的理解与应用。而有关通道参与的调色、平面特效、创意合成等高级操作及技巧可以在今后的学习中逐步加以掌握。

9.1.1　通道概述

在 Photoshop CS6 中，通道共包含颜色通道、Alpha 通道和专色通道 3 种类型。其中使用频率最高的是 Alpha 通道，如图 9－1 所示。

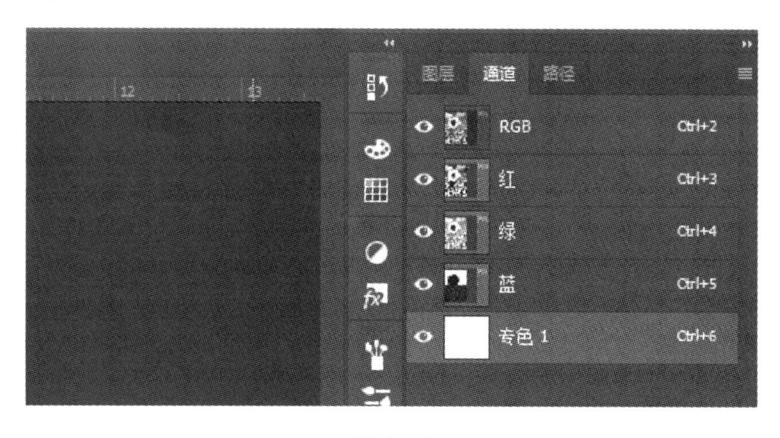

图 9－1

在学习通道之初，必须了解通道的作用。通道实际上是一个储存器，主要用于储存图像的颜色信息和相应的选区信息。储存颜色信息主要利用颜色通道，而储存选区信息则是利用了 Alpha 通道。使用者可以将使用选择工具等创建的选区转换为灰度图像，存放在通道中，然后对这种灰度图像做进一步处理，以获得符合实际需要的更加复杂的选区。

打开图像时，Photoshop CS6 分析图像的颜色信息，自动创建颜色通道。在 RGB、CMYK 或 Lab 颜色模式的图像中，不同的颜色分量分别存放于不同的颜色通道中。在“通道”面板顶部列出的是复合通道，由各颜色分量通道混合组成，其中的彩色图像就是在图像窗口中显示的图像。

图像的颜色模式决定了其颜色通道的数量。例如，RGB 图像包含红（R）、绿（G）、蓝（B）3 个颜色通道和一个用于编辑图像的复合通道。CMYK 图像包含青（C）、洋红（M）、黄（Y）、黑

(K)4 个颜色通道和一个复合通道。Lab 图像包含明度通道、a 颜色通道、b 颜色通道和一个复合通道。灰度、位图、双色调和索引颜色模式的图像都只有一个颜色通道,如图 9－2 所示。

图 9－2

除了自动生成的颜色通道外,使用者还可以根据实际需要,在图像中另外添加 Alpha 通道和专色通道。其中,Alpha 通道用于存放和编辑选区,专色通道则用于存放印刷中的专色。例如,在 RGB 图像中最多可添加 53 个 Alpha 通道或专色通道。需要注意的是位图模式的图像不能额外添加通道。

9.1.2 颜色通道

“颜色”通道用于存储图像中的颜色信息,主要包括颜色的含量与分布。下面以 RGB 图像为例,介绍“颜色”通道的使用方法。操作步骤如下:

① 打开图像,在“通道”面板上选择“红色”通道选项,在图像窗口查看红色通道的灰度图像,如图 9－3 所示。

亮度越高,表示彩色图像对应区域的红色含量越高,亮度越低的区域表示红色含量越低。黑色区域表示不含红色,白色区域表示红色含量达到最大值。根据上述分析可知,修改颜色通道将影响图像的颜色。

② 在“通道”面板上选择“绿色通道”选项,同时单击“复合”通道(RGB 通道)缩览图左侧的灰色方框,显示眼睛图标,如图 9－4 所示。这样可以在编辑“绿色”通道的同时,在图像窗口查看彩色图像的变化情况。执行“图像”→“调整”→“亮度”→“对比度”命令,设置参数,单击“确定”按钮。可以看出,提高绿色通道的亮度,等于在彩色图像中增加了绿色的混入量。

图 9－3

图 9－4

③ 将前景色设为黑色。在“通道”面板上选择“蓝色”通道选项，按住 Alt＋Delete 键，在红色通道上填充黑色。这样相当于将彩色图像中的红色成分全部清除，整幅图像仅由蓝色和绿色混合而成，如图 9－5 所示。由此可见，通过改变颜色通道的亮度可校正色偏，或制作具有特殊色调效果的图像。

④ 选择“红色”通道，执行“滤镜”→“风格化”→“风”命令，如图 9－6 所示。

滤镜效果主要出现在彩色图像中红色含量较高的区域，红色花朵以外的滤镜效果十分微弱。在“通道”面板上，单击“复合”通道，返回图像的正常编辑状态。

上述对颜色通道的分析是针对 RGB 图像而言的。打开一幅 CMYK 颜色模式的图像，在“通道”面板上选择某一颜色通道，提高 CMYK 图像某一颜色通道的亮度等于在彩色图像中降低该颜色的混入量，这与 RGB 图像恰恰相反。

通过以上操作可以看出，“颜色通道”是存储图像颜色信息的载体。调整“颜色通道”的亮度，可改变图像中各原色成分的含量，使图像发生变化。在原色通道上添加滤镜，仅影响图像

图 9－5

图 9－6

中包含该原色成分的区域。

9.1.3 Alpha 通道

Alpha 通道用于保存选区信息，也是编辑选区的重要场所。在 Alpha 通道中，白色代表选区，黑色表示未被选择的区域，灰色表示部分被选择的区域，即有羽化效果的选区。

1. Alpha 通道的特点

(1) 每个图像(除 16 位图像外)最多可包含 24 个通道，包括所有的颜色通道和 Alpha 通道。

(2) 所有 Alpha 通道都是 8 位灰度图像，可显示 256 级灰阶。

(3) 可根据需要，随时增加或删除 Alpha 通道。

(4) 可以为每个 Alpha 通道指定名称、颜色、蒙版选项和不透明度。不透明度影响通道的预览，而不影响原来的图像。

(5) 所有的新通道都具有与原图像相同的尺寸和像素数目。

(6) 使用绘图和编辑工具可编辑 Alpha 通道中的蒙版。

(7) 将选区存储在 Alpha 通道中可使选区永久保留,可在以后随时调用,也可用于其他图像中。

2. Alpha 通道与选区的关系

用白色涂抹 Alpha 通道或增加 Alpha 通道的亮度,可扩展选区的范围。用黑色涂抹或降低亮度,则缩小选区的范围。

9.1.4　专色通道

"专色"是印刷中特殊的预混油墨,用于替代或补充印刷色(CMYK)油墨。常见的专色包括金色、银色和荧光色等。仅使用青、洋红、黄和黑四色油墨打印不出这些特殊的颜色,要印刷带有专色的图像,需要在图像中创建存放专色的通道,即专色通道。

在"通道"面板中,执行"新建专色通道"命令,弹出"新建专色通道"对话框,如图 9－7 所示。

图 9－7

(1) "名称"用于输入专色通道的名称。选择自定义颜色时,Photoshop CS6 将自动采用所选专色的名称,以便其他应用程序能够识别。

(2) "油墨特性"选项组中选择"颜色"选项,可以打开"拾色器",选择 PANTONE 或 TOYO 等颜色系统中的颜色;"密度"用于在屏幕上模拟印刷后专色的密度,并不影响实际的打印输出,取值范围为 0%～100%。数值越大表示颜色越不透明。输入 100%时,模拟完全覆盖下层油墨的油墨(如金属质感油墨);输入 0%则模拟完全显示下层油墨的透明油墨(如透明光油)。另外,也可以使用该选项查看其他透明专色(如光油)的显示位置。

专色通道中存放的也是灰度图像,其中黑色表示不透明度为 100%的专色,灰度的深浅表示专色的浓淡。可以像编辑 Alpha 通道那样使用 Photoshop 的有关工具和命令对其进行修改。但与"新建专色"通道对话框的"密度"选项不同的是,对专色通道进行修改时,绘画工具或菜单选项中的"不透明度"选项表示用于打印输出的实际油墨浓度。

为了输出专色通道,应将图像存储为 DCS2.0 格式或 PDF 格式。如果要使用其他应用程序打印含有专色通道的图像,并且将专色通道打印到专色印版,必须首先以 DCS 2.0 格式存储图像。DCS 2.0 格式不仅保留专色通道,而且被 Adobe InDesign、Adobe PageMaker 等应用程序支持。

9.2 通道的基本操作

9.2.1 选择通道

在通道面板上，单击可选择任何一个通道。在选择背景层的情况下，按住 Shift 键单击可加选任意多个通道，如图 9-8 所示。

图 9-8

若选择的不是背景层，按住 Shift 键单击只能选择多个颜色通道或颜色通道外的多个其他通道，如图 9-9 所示。

图 9-9

在选择通道时，按住 Ctrl+数字键可快速选择通道。以 RGB 图像为例，按 Ctrl+1 键选择“红色”通道，按 Ctrl+2 键选择“绿色”通道，按 Ctrl+3 键选择“蓝色”通道，按 Ctrl+4 键选择“蓝色”通道下面第一个 Alpha 通道或“专色”通道，按 Ctrl+5 键选择第二个 Alpha 通道或“专色”通道，依次类推。

按 Ctrl+～键则选择“复合”通道。这样，不必切换到“通道”面板即可选择所需的通道。如果忘记了当前选择的是哪一个通道，可通过文档的标题栏查看。

9.2.2 通道的显示和隐藏

通道的显示和隐藏与图层类似，通过单击“通道”缩览图左侧的“眼睛”图标实现。

在 Alpha 通道中编辑选区时，常常需要参考整个图像的内容。这时可在选择 Alpha 通道的同时显示“复合”通道，如图 9-10 所示。要想查看单个通道，只须显示该通道并隐藏其他通道即可。

图 9-10

在查看多个颜色通道时，图像窗口显示这些通道的彩色混合效果，如图 9-11 所示。在显示复合通道时，所有单色通道自动显示。另一方面，只要显示所有单色通道，复合通道也将自动显示。

图 9-11

9.2.3 将颜色通道显示为彩色

默认设置下单色通道是以灰度图像显示的。执行“编辑”→“首选项”→“界面”命令，打开“首选项”对话框，选择“通道用原色显示”复选项，单击“确定”按钮，此时所有颜色通道都以原色显示。

9.2.4 创建 Alpha 通道

在图像处理中，根据不同的用途，可以从多种渠道创建 Alpha 通道。

1. 创建空白 Alpha 通道

在“通道”面板上单击“新建通道”按钮，可使用默认设置创建一个 Alpha 通道，如图 9－12 所示。

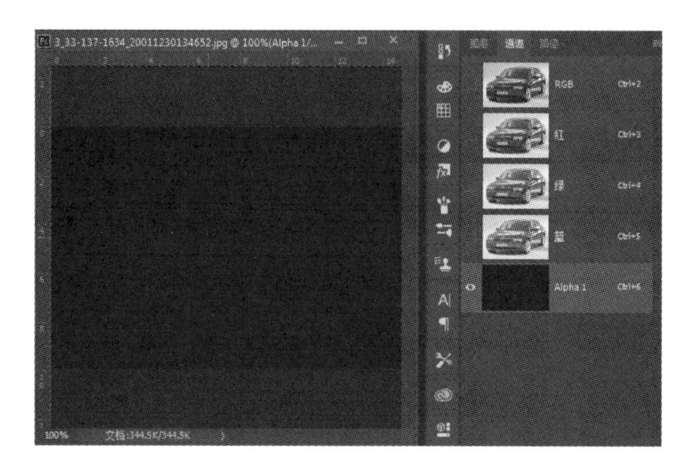

图 9－12

若选择“通道”面板菜单中的“新建通道”选项，或按住 Alt 键单击“新建通道”按钮，将打开“新建通道”对话框，如图 9－13 所示。

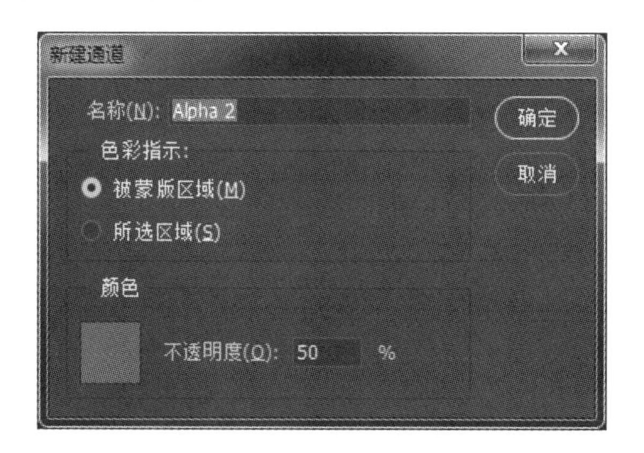

图 9－13

输入通道名称，设置色彩指示区域、颜色和不透明度，单击“确定”按钮，按指定参数创建 Alpha 通道。该对话框的参数设置仅影响通道的预览效果，对通道中的选区无任何影响。

2. 从颜色通道创建 Alpha 通道

将“颜色”通道拖移到“新建通道”按钮上，可以得到 Alpha 通道。该 Alpha 通道虽然是原颜色通道的副本，但两者之间除了灰度图像相同外，没有其他联系。

这种操作常用于抠图。首先寻找一个合适的颜色通道，复制颜色通道得到副本通道后，再对副本通道中的灰度图像做进一步修改，获得精确的选区。由于修改颜色通道将影响整个图像的颜色，因此不宜直接对颜色通道进行编辑修改。

3. 从选区创建 Alpha 通道

对于使用选择工具等创建的临时选区，可以通过“存储选区”命令将其转换为 Alpha 通道。具体操作可参阅本章后面的小节。

4. 从蒙版创建 Alpha 通道

图像处于“快速蒙版编辑模式”时，其“通道”面板上将显示一个临时的“快速蒙版”通道，如图 9 - 14 所示。

图 9 - 14

一旦退出“快速蒙版编辑模式”，“快速蒙版”通道就消失了。将“快速蒙版”通道拖移到“新建通道”按钮上，可以得到一个名称为“快速蒙版 副本”的 Alpha 通道，并永久驻留在“通道”面板上，如图 9 - 15 所示。

图 9 - 15

当选择带有图层蒙版的图层时，“通道”面板上将显示一个临时的“图层蒙版”通道，如图 9－16 所示。

图 9－16

将临时的“图层蒙版”通道拖移到“新建通道”按钮上，可以得到一个名称为“××蒙版 副本”的 Alpha 通道，并永久驻留在“通道”面板上，如图 9－17 所示。

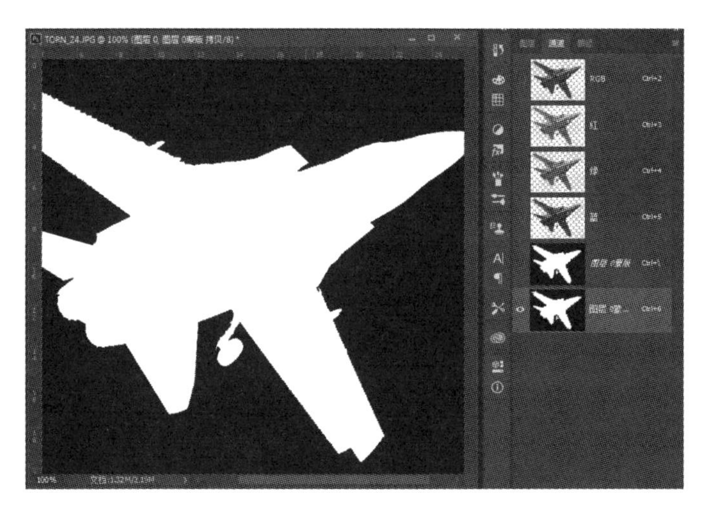

图 9－17

9.2.5　重命名 Alpha 通道

重新命名 Alpha 通道时，可以双击 Alpha 通道的名称，输入新的名称，按 Enter 键或在“名称”文本框外单击。也可以双击 Alpha 通道的缩览图，打开“通道选项”对话框，输入新的名称，单击“确定”按钮。

9.2.6 复制通道

1. 使用鼠标复制通道

在“通道”面板上，将要复制的通道拖移到“新建通道”按钮上，可得到该通道的一个副本通道。若将当前图像的某一通道拖移到其他图像的窗口中，则可以实现通道在不同图像间的复制。

2. 使用菜单命令复制通道

在“通道”面板上选择要复制的通道，从“通道”面板菜单中选择“复制通道”命令，打开“复制通道”对话框。

在“文档”下拉列表中选择当前文件(默认选项)，可将通道复制到当前图像内。若选择其他文件(这些都是已经打开并且与当前图像具有同样像素尺寸的图像文件)，可将通道复制到该文件中。如果选择“新建”选项，则将通道复制到新建文件中。

9.2.7 删除通道

在删除通道时，可以将要删除的通道拖移到“删除通道”按钮上。也可以选择要删除的通道，在“通道”面板菜单中选择“删除通道”命令。

如果删除的是颜色通道，图像将自动转换为多通道模式。由于多通道模式不支持图层，图像中所有的可见图层将合并为一个图层。

9.2.8 替换通道

下面举例说明替换通道的操作方法。

(1) 打开图像 1 素材，在“通道”面板上选择“红色”通道。按 Ctrl＋A 键将通道的内容全部选择，如图 9－18 所示。按 Ctrl＋C 键进行复制。

图 9－18

(2) 打开图像 2 素材，在“通道”面板上选择“蓝色”通道，如图 9－19 所示。按 Ctrl＋V 键用图像 1 的“红色”通道覆盖图像 2 的“绿色”通道。

同样的，替换通道操作也可以在一个图像内部进行。当然，也可以使用“颜色”通道替换

图 9-19

Alpha 通道,或用 Alpha 通道替换“颜色”通道。实际上,可以从任意的图层、蒙版或通道复制出图像内容替换指定的颜色通道或 Alpha 通道。

9.2.9 存储与载入选区

将临时选区存储于 Alpha 通道中,可以实现选区的多次重复使用,还可以通过编辑通道获得更加复杂的选区。

1. 使用默认设置存储选区

当图像中存在选区时,在“通道”面板上单击“存储选区”按钮,可将选区存储于新建的 Alpha 通道中。

2. 使用“存储选区”命令存储选区

执行“存储选区”命令可将现有选区存储于新建的 Alpha 通道或图像的原有通道中。当图像中存在选区时,执行“选择”→“存储选区”命令,弹出“存储选区”对话框,如图 9-20 所示。

图 9-20

(1) “文档”用于选择存储选区的目标文档。其中列出的都是已经打开且与当前图像具有相同的像素尺寸的文档。若单击“新建”按钮,可将选区存储在新文档的 Alpha 通道中。新文档与当前图像也具有相同的像素尺寸。

(2)"通道"用于选择存储选区的目标通道。默认选项为"新建"选项。可将选区存储在新建 Alpha 通道中,也可以选择图像的任意 Alpha 通道、"专色"通道或"蒙版"通道,将选区存储其中,并与其中的原有选区进行运算。

(3)"名称"用于在"通道"下拉列表中,选择"新建"选项时输入新通道的名称。

(4)"操作"选项组包括"新建通道"、"添加到通道"、"从通道中减去"和"与通道交叉"4 个选项,当选区存储于已有通道时,确定现有选区与通道中原有选区的运算关系。"新建通道"用当前选区替换通道中的原有选区;"添加到通道"用于将当前选区添加到通道的原有选区;"从通道中减去"用于从通道的原有选区减去当前选区;"与通道交叉"用于将当前选区与通道的原有选区进行交叉运算。

载入选区与存储选区操作类似。

9.2.10 分离与合并通道

分离与合并通道操作有着重要的应用。例如,存储图像时许多文件格式不支持 Alpha 通道和"专色"通道。这时,可将 Alpha 通道和"专色"通道从图像中分离出来,单独存储为灰度图像。必要时再将它们合并到原有图像中。另外,将图像的各个通道分离出来单独保存可以有效地减少单个文件所占用的磁盘空间,便于移动存储。

1. 分离通道

执行"通道"面板菜单中的"分离通道"命令可将"颜色"通道、Alpha 通道和"专色"通道依次从文档中分离出来,形成各自独立的灰度图像。在每个灰度图像的标题栏上,显示原图像通道的缩写。通道分离后,原图像文件自动关闭。值得注意的是,对于 RGB、CMYK、Lab 等颜色模式的图像,当图像中只有一个图层并且是背景层时,才能进行通道分离。

2. 合并通道

执行"通道"面板菜单中的"合并通道"命令,可以将多个处于打开状态且具有相同像素尺寸的灰度图像合并为一个图像。参与合并的灰度图像可以来自同一幅图像,也可以来自不同的图像。

第 10 章　实践案例

10.1　抽象插画绘制

10.1.1　项目要求

（1）以“城市夜景”为主题；

（2）A4 规格图像文件，分辨率 200 ppi，RGB，8 位，白色背景；

（3）图像立意鲜明、风格独特；

（4）画面构图完整、色彩搭配合理；

（5）抽象形态特色鲜明、细节表现合理。

10.1.2　项目分析

抽象插画力图运用最简单的图形来形象表现直观的场景和画面，在项目初期，应侧重画面的创意及构思，找准风格定位。

1. 主题场景确定及细节事物甄选

依据主题将想象到的符合主题的事物标示出来。在本项目中，细节性事物可以包括楼房、街道、汽车、路灯、月亮、星光、不同亮度的窗户、深色的背景、起飞的飞机等。

2. 草图的绘制

针对以上构思，绘制相应的草图，在草图中应适度结合构图关系及色彩搭配原理，同时配合抽象图像的描绘及归纳，把具体的形象利用草图形式体现出来。

（1）宾主关系。在构图中要宾主分明，有主次，不能平均对待。包括画面位置的安排，色彩的处理，笔墨的变化。既不能“宾主不分”，也不能“主宾倒置”，更不可“喧宾夺主”。但宾的部分也不能忽视，因为宾的部分处理适当，将有助于主体形象的鲜明与突出。

（2）虚实关系。在构图中物象的具体表现不外乎有无、多少、疏密、聚散、争让、详略、松紧、浓淡、干湿、轻重等。虚与实是处理构图层次的重要方法，好的构图，必须充分地考虑好虚实关系。无论是景物与花鸟的分布，还是笔墨浓淡、详略、干湿等关系的处理，都存在着“虚实”问题。虚实关系的关键在于虚的处理。初学者往往只注意“实”，而不敢用“虚”。只实不虚，则味道单薄。虚实并用，才显得丰满和富于变化。水落才能石出，有虚才能带实。

（3）纵横关系。在构图上纵横关系是指一些大的运动线而说的。过去也有人在构图变化上提出所谓“之”字形，在西洋的构图学里叫“S”形。从辩证法的高度去看，都可以叫做“纵横”关系。无纵不成横，反之也一样。这是常用的构图形式之一。

（4）开合关系。这是较抽象的对立统一关系。“开”表示展开，“合”表示终结，有如文章的起结一样。开合方向相背，不可相对，也不可相等。

10.1.3　项目制作

1. 建立图像

新建 210 mm×297 mm 文件，可根据实际草图需求创建横幅或竖幅画面，分辨率为 200 像素/英寸，RGB，8 位，白色背景，名称可命名为“抽象插画”，如图 10－1 所示。

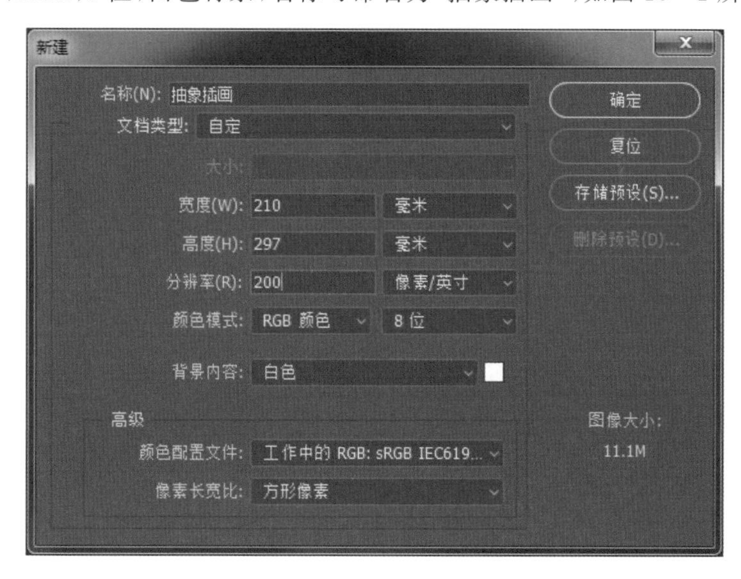

图 10－1

2. 背景的绘制

新建图层，在新图层上填充蓝色或蓝紫色配景，以体现城市夜景的整体色调，为以后图层分组具备条理性，可为背景图层起名为“夜景背景”，如图 10－2 所示。

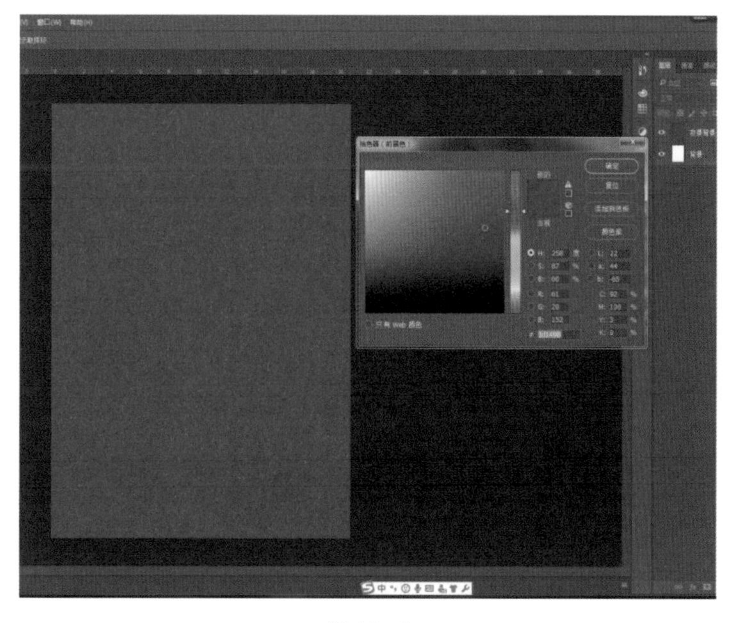

图 10－2

3. 绘制前景街道

在图像下方 1/4 处建立参考线，以找准前景街道大体位置，利用“矩形”选框工具建立选区。新建图层，填充灰色街道，取消选区，并取名为“街道”，如图 10－3 所示。

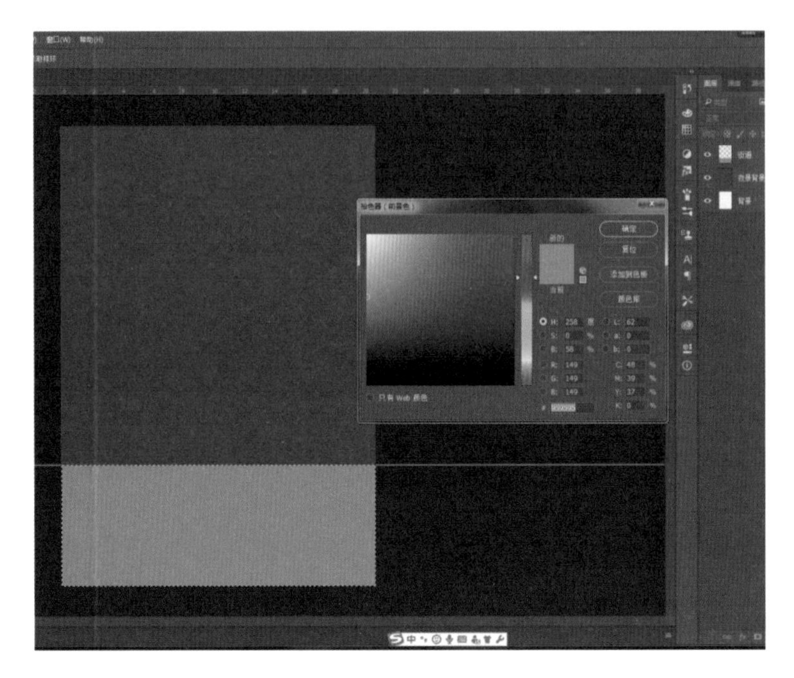

图 10－3

4. 绘制街道交通标识

街道的交通标识包括实线、虚线等，此步骤需要利用图层的排列方法进行标识的合理分布。

(1) 绘制实线。新建图层，利用选框工具在街道的中间偏下位置绘制整条实线，填充灰白色，取消选区，取名为“实线”。绘制实线时，需掌握实线的位置、宽度及颜色，由于是夜景，所以灰白色不宜过亮，如图 10－4 所示。

(2) 绘制虚线。为保留与实线相同的宽度和颜色，按住 Ctrl＋J 键复制“实线”图层，按住 Shift＋↑键将复制的“实线拷贝”图层向上移动一段距离，按住 Ctrl＋T 键由右向左进行缩放，按“回车”键确定，使实线的复制层变为等宽虚线的一段，取名为“虚线”，如图 10－5 所示。

(3) 排列虚线线段。为使虚线线段能够等距分布于实线上方，需预先估算虚线段数量，以估算 10 段为例，按住 Ctrl＋J 键复制“虚线”图层，并连续执行 9 次，加上底层共 10 层垂直罗列。

(4) 将最上一层按住 Shift＋→键水平移至画面最右侧，按住 Shift 键选中所有“虚线相关图层”，执行移动工具选项栏中的“按右分布”命令，上下两层不动，中间 8 层会以相同距离分布于两层之间，如图 10－6 所示。

此时，预先估算的 10 段似乎有些多，以至于中间 8 层分布后过于紧凑，没有间隙，这时可以在中间任选几层进行删除，然后重新选择全部，再次执行“按右分布”命令，完成虚线的绘制，如图 10－7 所示。

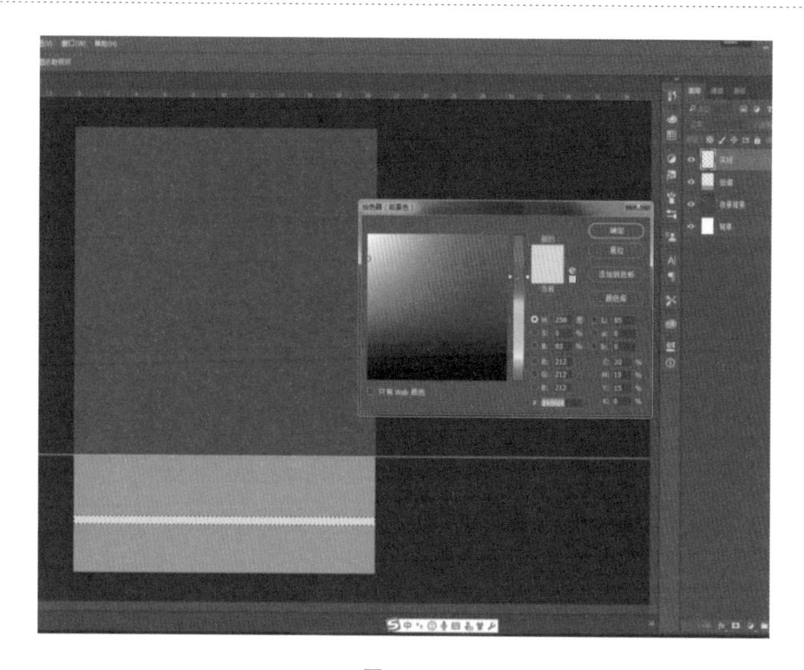

图 10－4

图 10－5

绘制到此，道路图层已经创建完毕，为使今后绘图更有章法，应及时将现阶段图层进行归组，并取名为“街道”，此时已完成一个阶段的操作应及时储存。

5. 绘制楼房

在绘制完街道后应合理规划下一个阶段的绘制内容，最好是由下向上，以便于今后的创作。楼房可根据草图确定好位置及颜色，以及每个楼房的间距及大小，在整体构图明确的情况下，再进行操作。

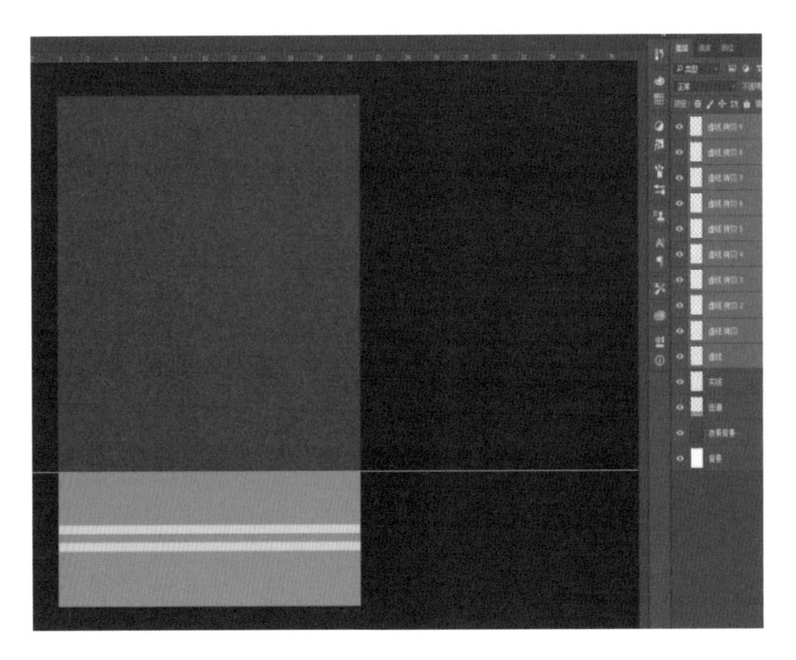

图 10－6

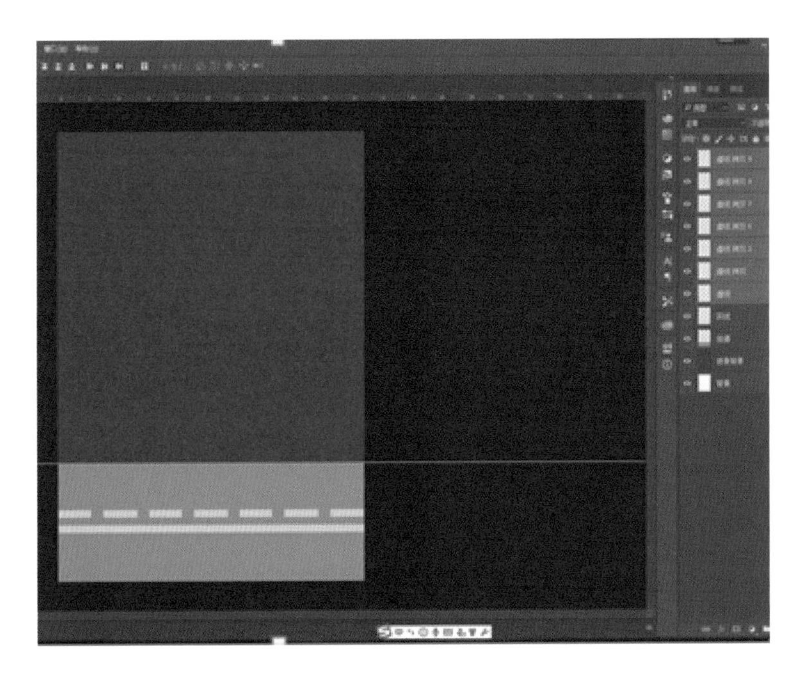

图 10－7

（1）绘制1号楼房背景。在街道上方新建图层，利用“矩形”选框工具选择合适的选区，并填充蓝绿色，取消选区，取名为“楼房1背景”，如图10－8所示。

（2）绘制1号楼房窗户。新建图层，利用“矩形”选框工具创建合适大小的窗户，并填充亮黄色，取消选区，取名为“窗户”，同时利用排列“虚线街道”的相同方法，进行横向排列，如图10－9所示。

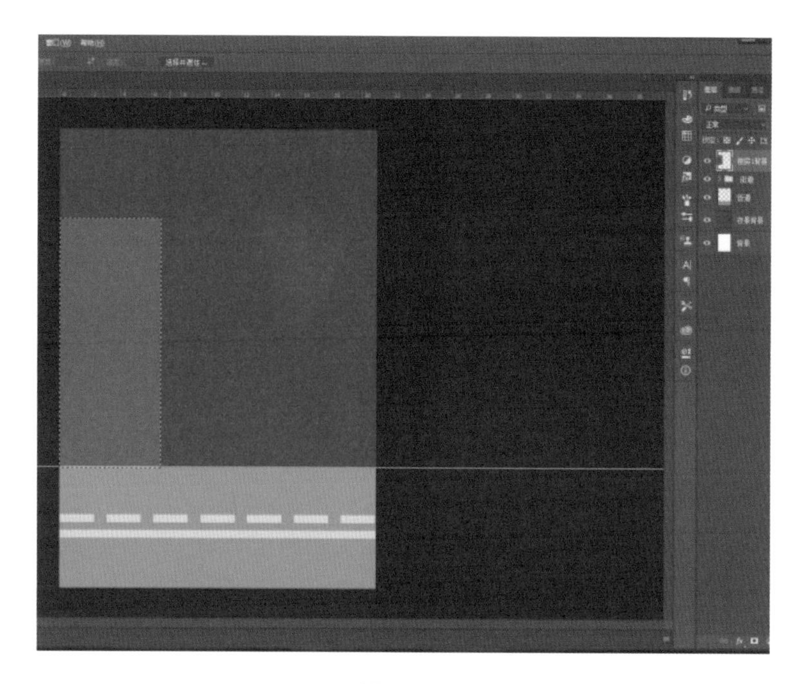

图 10－8

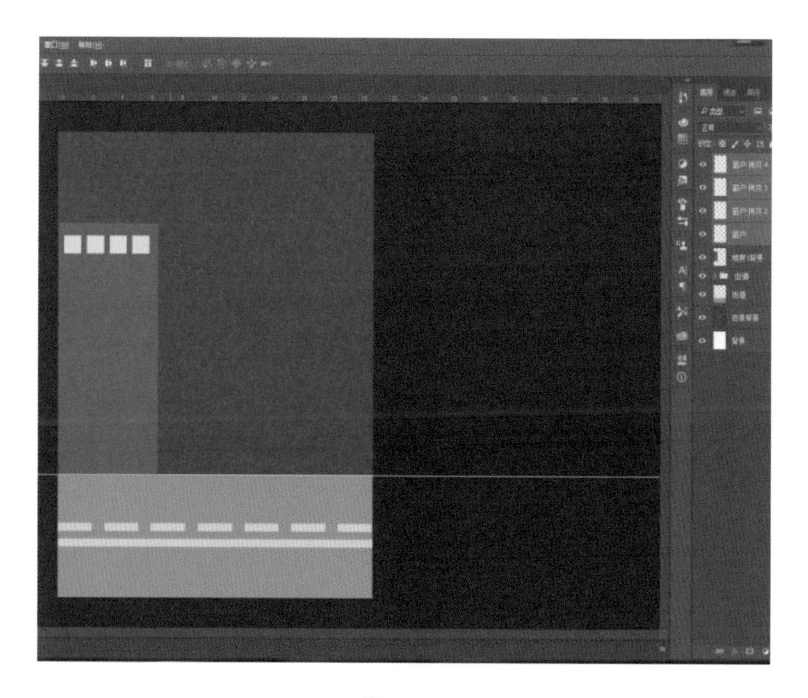

图 10－9

（3）将四个窗户归组，并估算整体共需要多少排窗户。以组为个体，按 Ctrl＋J 键复制图层组，利用上述方法再次进行垂直分布（按底分布），完成后可将所有组统一归组，取名为“楼房 1 窗户”。图层组也可视为单独个体进行分布，由于后期需要个别窗户进行改色，所以尽量不要合并图层，为今后的操作留有余地，如图 10－10 所示。

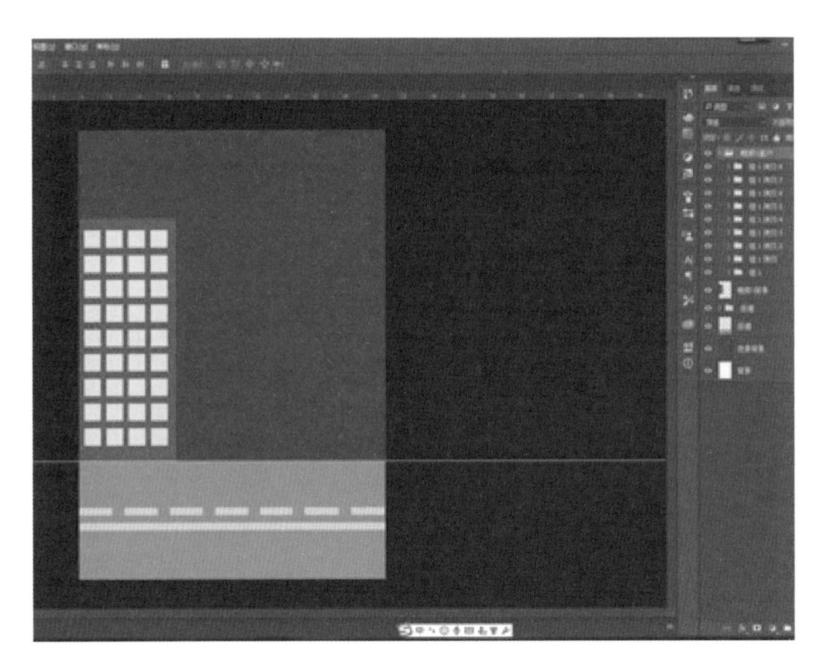

图 10 - 10

（4）在移动工具选项栏中选择“自动选择”→“图层”复选项，按住 Shift 键在窗口中任意同时选取合适的几块窗户，单击选“图层”调板上方的“锁定透明区域”按钮，使这几个图层的透明区域不变，在“拾色器”中选取黑灰色，按住 Alt＋Delete 键逐一对上锁的图层进行填色，形成个别窗户不亮的效果，执行结束后，须按住 Ctrl 键同时取消这几个图层的锁定状态，如图 10 - 11 所示。

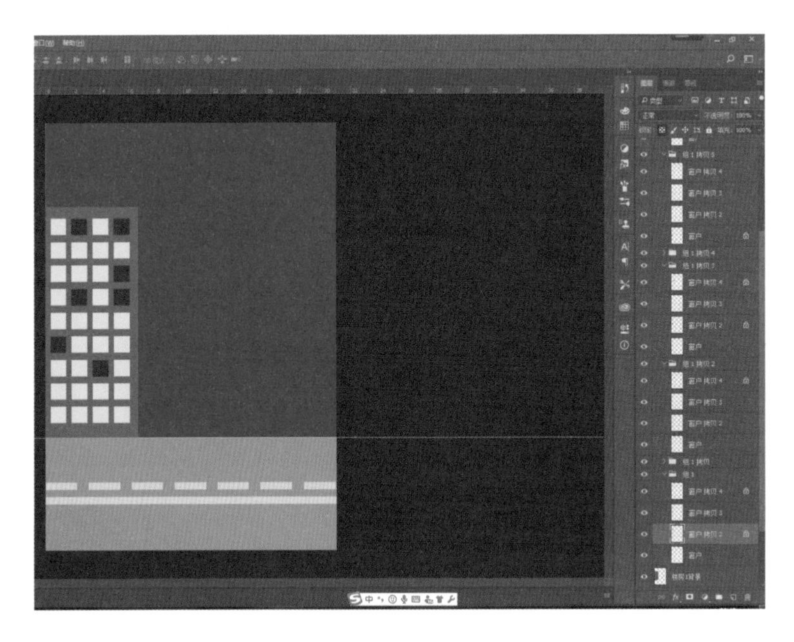

图 10 - 11

如有需要，可再次利用上述方法任意选取几个窗户，改变一轮颜色，使 1 号楼房的窗户形成三个色阶的变化，最后将“楼房 1 窗户”组与“楼房 1 背景”图层归组为“楼房 1”，完成楼房 1 的绘制。此时，第二个阶段业已完成，应及时储存。

(5) 利用相同方法绘制 2 号楼房和 3 号楼房，可根据实际情况直接复制 1 号楼房组，并按 Ctrl+T 键进行自由变换，排列布置好窗户位置及颜色，同时为使每个楼房的窗户排列更加自然，可以对 2 号楼和 3 号楼分别执行“编辑”→“变换”→“水平翻转”与“垂直翻转”命令，在所有楼房绘制完成后，统一归组为“楼房”。

(6) 在整个画面中，楼房的数量和高矮不宜分布得过于密集，中间可预留一些空间，使画面更具通透性和张力。其他楼房的位置、颜色、窗户的大小、排列应在草图阶段进行预先构思，做到心中有数，制作方法可随机应变，操作上注意一条原则：合并图层是万不得已的操作，不到关键时刻尽量不要合并，如果必须合并才可达到目的则须养成预先备份的习惯。整个楼群绘制结束后，应适时调整，以达到完美的画面状态，如图 10 - 12 所示。

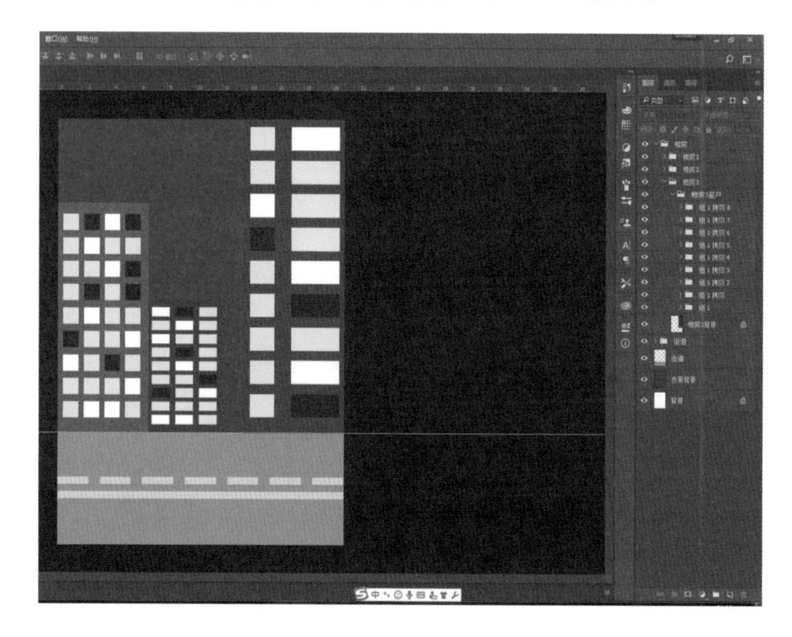

图 10 - 12

6. 绘制汽车及灯光细节

(1) 绘制车身。新建图层，利用“椭圆”选框工具在合适位置绘制合适大小的椭圆，并填充红色，取消选区，如图 10 - 13 所示。

将红色椭圆图层按 Ctrl+J 键复制 2 次，并把两个复制后的椭圆分别置于原先椭圆的两侧，同时使前方略长一些，后方略短一些。

在三个椭圆下方建立一个矩形选区，保持矩形选区不动，依次单击三个椭圆图层，分别按 Delete 键删除三个椭圆中矩形选区内的像素，形成车身的抽象形态，如图 10 - 14 所示。

(2) 绘制轮胎及轮眉。新建图层，按 Shift 键绘制一个合适位置与大小的正圆选区，填充黑色，将黑色圆形图层复制，保证复制层位置不动，对复制层按 Ctrl+T 键自由变换，之后按住 Shift+Alt 键向外拖拽，完成复制层的中心等比例缩放，使复制层比原黑圆图层略大，调整好后，按“回车”键确定。

图 10－13

图 10－14

之后按住 Ctrl＋单击图层图标获得选区的操作，获得大黑圆图层的选区，在三个车身图层上分别按 Delete 键删除该选区内的像素，完成一个轮眉与轮胎的绘制，为使视觉效果更加清晰，可在“图层”调板上方将大黑圆图层的不透明度临时调整为 30％。

最后将复制出来的大黑圆水平移至车头部分，准备前方轮眉的绘制，如图 10－15 所示。

在调整大黑圆选区的不透明度之前要先获得选区，完成删除操作，前方轮眉在删除车身像素前也要把不透明度调为 100％再获得选区加以删除，以免删除后的车身像素出现透明情况。

同样，利用上述方法删除前方车身轮眉内的像素，将后方黑色轮胎复制，水平移动到轮眉中心位置，完成红色车身及轮眉的绘制，轮胎绘制好后，作为过渡阶段的大黑圆图层已失去意义，可删除或隐藏，并及时储存文件。

图 10-15

以上轮胎与轮眉的绘制运用了Photoshop CS6中典型的“过河拆桥”逻辑思维方法，先绘制一个“桥梁”图层，再按住Ctrl+单击某一图层图标获得选区的方法，分别删除其他图层中该选区内的像素，最后“过河拆桥”。此方法可保证所要的选区尽可能有像素作为依托，使选区形态更加稳固，同时还应具备对于选区与图层间转换的高度理解。

(3) 绘制车窗。新建图层，利用“矩形”选框在车顶以下合适位置和车前机盖与车身交界处的垂直距离之间绘制一个贯通车身的矩形选区，该矩形选区应比车身略长，之后填充暗灰色，填色结束后应及时取消选区，如图10-16所示。

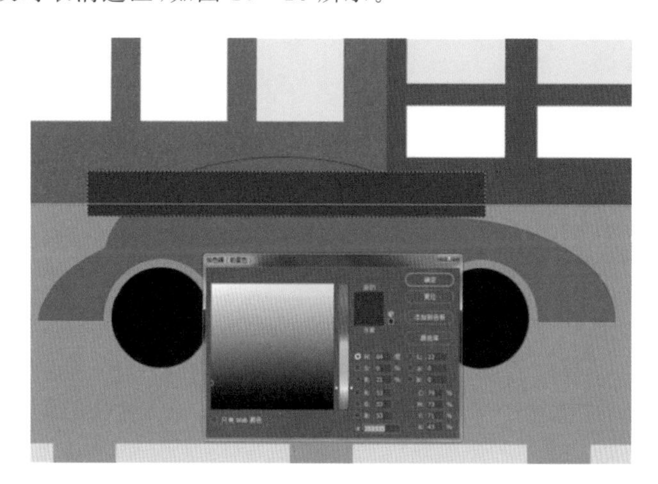

图 10-16

按住Ctrl+单击图层图标获得中部车身的选区，按Ctrl+Shift+I键反选，在暗灰色图层上删除该选区内的像素，获得整体车窗的形态，取消选区，如图10-17所示。

利用“矩形”选框工具在合适位置绘制一个小的纵向矩形，在车窗图层上按Delete键删除该选区内的像素，完成后暂时不要取消选区，在选中创建选区工具的前提下，水平移动选框，在车窗前部同样删除部分像素，形成B柱与C柱的间隔形态，总体完成后取消选区并储存文件，

图 10－17

完成车窗的绘制，如图 10－18 所示。

图 10－18

（4）绘制车灯。新建图层，在车头前方的合适位置绘制一个正圆形选区，并填充与车身相同的红色（此颜色可用吸管吸取车身颜色为前景色并填充），完成后取消选区，如图 10－19 所示。

按 Ctrl＋J 键复制该红色圆形图层，单击“图层”调板上方的“锁定透明区域”按钮，选取明黄色直接按 Alt＋Delete 键进行填充，填充结束后应及时取消该图层的锁定透明状态，按 Ctrl＋T 键将明黄色正圆收缩变形为垂直的椭圆，并摆好位置，明黄色椭圆应摆放在红色正圆前方并略微突出，如图 10－20 所示。

（5）绘制车灯灯光效果。新建图层，利用“矩形”选框工具在车灯前方合适位置绘制一个与车灯高度相同，长度稍长的矩形选区，并填充与车灯相同的明黄色，取消选区，将此图层的不透明度调整为 30％，如图 10－21 所示。

对透明光线图层按 Ctrl＋T 键自由变换，之后按住 Ctrl 键，分别将前端的两个节点调整至与地面相适应的透视方向，如图 10－22 所示。

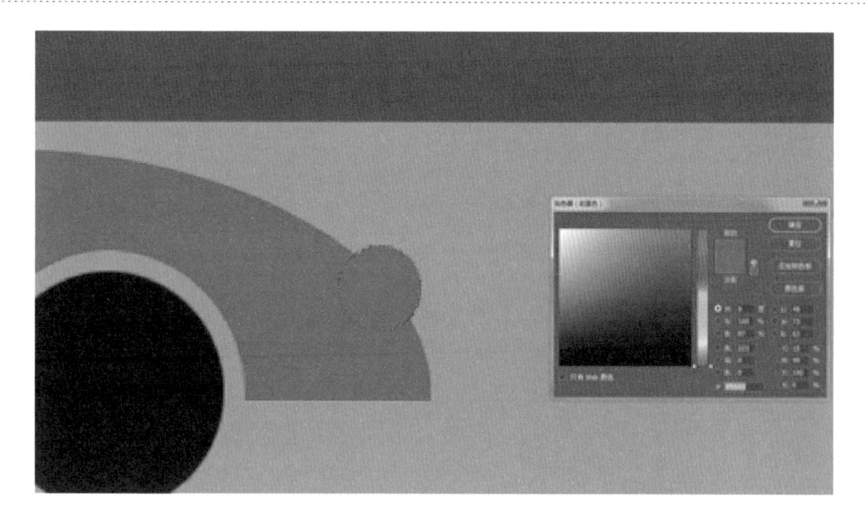

图 10 - 19

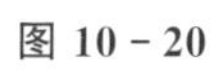

图 10 - 20

图 10 - 21

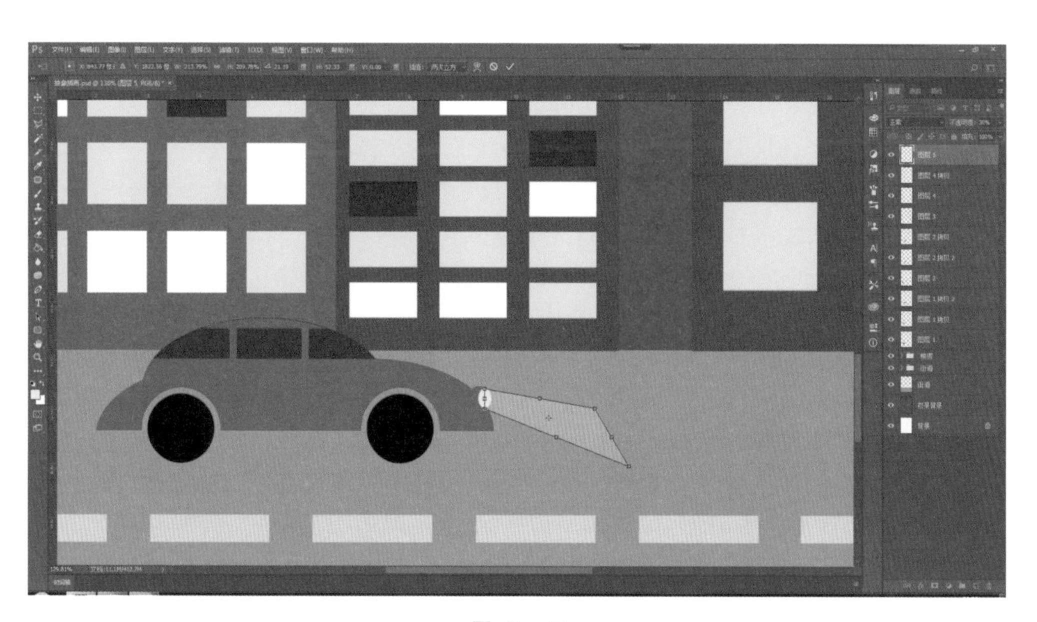

图 10 - 22

在调整透视过程中，应及时缩小观察角度，保证透视的合理与规范，特别应注意在透视效果没有调整到位之前，切记不要轻易按“回车”键加以确定，保证形态一次到位，避免二次变形后调节节点不对应形态，为操作制造障碍。

在光线透视角度调整好后，按“回车”键确认。选择透明灯光图层，单击“图层”调板下方的“添加适量蒙版”按钮，选择蒙版，利用画笔工具进行区域不透明度的绘制，画笔颜色为纯黑，笔刷大小为 200 像素，笔刷硬度为 0%，利用画笔边缘在灯光的前方绘制黑色蒙版，形成透明的渐变效果，如图 10－23 所示。

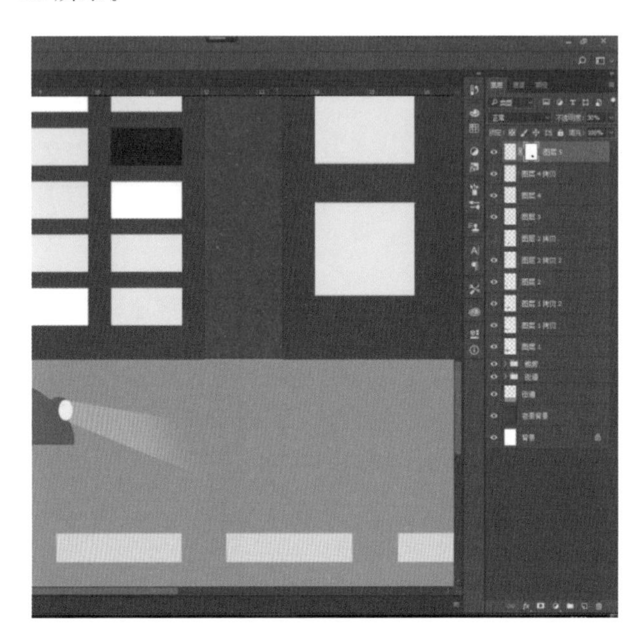

图 10－23

利用画笔绘制蒙版时，应注意随时调整笔刷大小以及边缘与图层的接触位置，如无把握可渐进点刷，轻微多次进行绘制。

此时，汽车已有多个图层参与绘制，须及时进行归组处理，可将灯光的三个图层归组命名为“灯光”，车身的三个图层归组命名为“车身”，车窗的一个图层改名为“车窗”，轮胎的两个图层和一个隐藏的“桥梁”图层归组命名为“轮胎”，最后把所有图层与组归组命名为“红色汽车”。

复制灯光组，向后上方移动一定距离，并把该组移至车身组下方。将两组灯光组同时再次复制，执行“编辑”→“变换”→“水平翻转”命令，并移至车尾合适位置。将车尾部的两组透明灯光层的不透明度调节为 20%。最后调整四组灯管与车身的上下位置关系，完成灯光的绘制，如图 10－24 所示。

此处灯光的绘制运用了蒙版的相关技法，应对蒙版的原理与应用加深理解。同时，应该意识到，在此抽象插画中车灯的绘制也可以应用“橡皮擦”工具，调整橡皮边缘不透明度进行擦除，但“橡皮擦”工具的缺点是不具备修改性，蒙版的优势是可以进行后期的修改，因此，要习惯应用蒙版来代替橡皮擦的使用。

(6) 绘制排气管及尾气。新建图层，绘制一个小的矩形选区，填充黑色，按 Ctrl＋T 键进行自由变换，旋转 30°，将排气管层移至车身图层下方。

图 10-24

新建图层，在排气管后部新建椭圆形选区，按 Shift+F6 键对选区进行羽化，羽化半径为 10 像素，填充黑色，取消选区，调整尾气图层不透明度为 30%，旋转相应角度以适应排气管角度，再复制两个尾气图层，依次调节大小、角度及不透明度，将归组尾气及排气管图层命名为“排气管及尾气”，完成排气管及尾气的绘制，如图 10-25 所示。最后整理汽车所有图层及分组。

图 10-25

7. 绘制另一辆不同形态的汽车

依据上述思路及方法在画面右侧绘制另一辆不同形态的汽车，可以设计为大客车。在绘制大客车时应注意大客车车身应适度出血于画面边缘，以达到自然的图像构成形态。大客车车窗可适当提亮颜色，以体现客车的宽大和通透。可适度加入轮毂的绘制，以丰富画面效果。大客车车窗中部的间隔较多，为使间隔能够得以平均，应采取图层分布配合“过河拆桥”法加以绘制，如图 10－26 所示。

图 10－26

8. 绘制路灯

（1）绘制灯杆。新建图层，在相应合适区域绘制长条形选区，并填充黑色，取消选区完成灯杆底部绘制。复制灯杆，上下缩短一定长度，向上移动相应距离，旋转 15°，与灯杆对接，完成灯杆顶部绘制，如图 10－27 所示。

（2）绘制灯头及灯光。新建图层，绘制一个相应大小的椭圆形选区，并填充黑色，取消选区，旋转 15°，完成与灯杆顶部的对接。复制黑色椭圆，缩小并向下移动相应距离，单击“图层”调板上方的“锁定透明区域”按钮，直接填充明黄色，取消锁定，然后利用之前车灯灯光的绘制方法，绘制路灯灯光，归组为“路灯”，完成单体路灯的绘制，如图 10－28 所示。

图 10－27

图 10－28

（3）复制多个路灯组。同时选中这些组，选择移动工具选项栏中的"按右分布"选项，平均分布这些路灯图层组，使其平均分布于道路一侧，如需调整高度则统一选中这些路灯按 Ctrl+T 键进行垂直调整，最后统一归组为"路灯"，完成路灯的绘制。此时，画面主体元素已大致绘制完成，须及时储存文件，如图 10－29 所示。

9．绘制飞机倒影

为体现都市场景及画面动感，应在空中合适位置加入飞机倒影，此时应注意画面的整体密度，剩余的元素应尽量缩小并拉开间距，以保证画面的疏密有度。

（1）新建图层，在画面合适位置绘制一个矩形选区，填充为黑色。再新建图层，在矩形选区的顶部绘制一个相同宽度的黑色椭圆，如图 10－30 所示。

（2）复制最初的黑色矩形图层，按 Ctrl+T 键进行自由变换，旋转并结合按住 Ctrl 键单独调整单个节点的方法，将复制后的矩形调整为单个机翼形态，此时仍应注意第一次要调整到位方可按"回车"键确认，如图 10－31 所示。

图 10－29

图 10－30

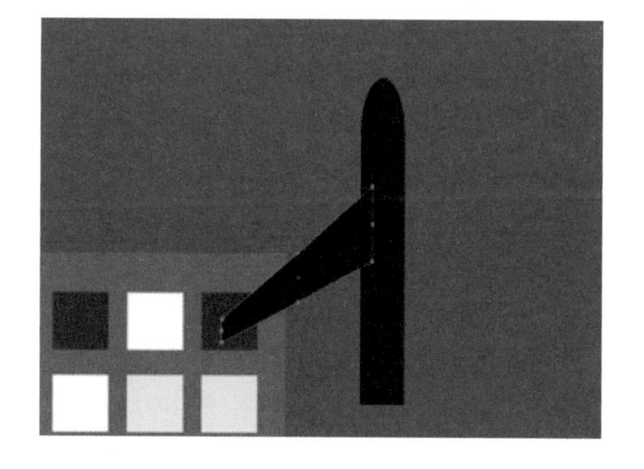

图 10－31

（3）复制机翼，执行"编辑"→"变换"→"水平翻转"命令，水平调整至另一侧，保证两侧对称，由于剩余区域有限，需将飞机适度缩小，旋转，尾部掩埋至楼房底层（不用绘制），最后调整整个飞机组的不透明度，完成飞机倒影的最终效果，如图 10－32 所示。

图 10 - 32

10. 绘制月亮及星光

(1) 绘制月亮,新建图层,在合适区域绘制一个正圆选区,利用选区的运算,在选区存在的前提下,按住 Alt 键减去另一个正圆,得到月牙形态的选区,按 Shift＋F6 键进行羽化,羽化值为 5 像素,为羽化后的月牙填充明黄色,取消选区,完成月亮绘制,如图 10 - 33 所示。

(2) 绘制星光,新建图层,选择画笔工具,前景色为黄白色,笔刷大小为 120 像素,硬度为 0%,在保证画笔不透明度和流量为 100%的前提下,在新建的图层上单击,绘制一个边缘羽化的圆点,如图 10 - 34 所示。

对此圆点按 Ctrl＋T 键进行自由变换,将上下或左右两端尽量缩小靠近,形成一条两端呈放射状的射线,按"回车"键确认,如图 10 - 35 所示。

(3) 复制此射线图层,执行"编辑"→"变换"→"顺时针旋转 90°"命令,再按 Ctrl＋T 键进行自由变换,按住 Alt 键对称拖拽两侧任意一端,使横向略比纵向短一些,按"回车"键确认,归组为"星光",调整大小及位置,完成单个星光的绘制。

图 10 - 33

图 10 - 34

(4) 复制多个星光组,位置与大小依次调整,完成整体月亮与星光的归组与绘制,如图 10 - 36 所示。

至此,项目"城市夜景"的抽象插画所有元素均已绘制完成,整体效果与图层归组情况如图 10 - 37 所示。

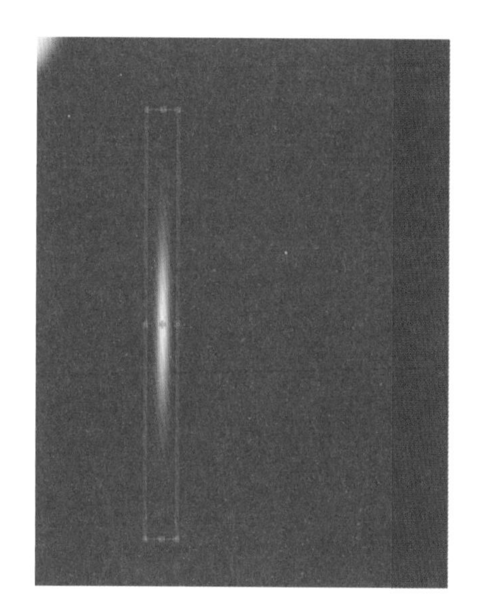

图 10－35

图 10－36

图 10－37

10.1.4 项目总结

(1) 本项目是针对创意、构思、构图、色彩搭配包括整体软件基础操作的归纳与总结,具有一定的基础技能综合应用的实践意义。

(2) 本项目 PSD 文档所包含图层近 500 个,要注意对图层的管理及分组归纳,有助于训练制图规范,形成明晰的制作流程。

(3) 本项目涉及 Photoshop CS6 的基础操作;选区的编辑、羽化、运算;图层的编辑、变换、排列与分布;初级蒙版特效的应用;形态与色彩构成的实际应用等多种设计技法,要领会和掌握平面设计与制图的常规思维模式与应用技巧。

(4) 本项目所涉及的设计行为习惯与规范包括:

① 阶段性储存文件。

② 一个选区的任务结束后,应及时取消选区,以开始下一步工作。

③ 获得带有不透明度图层的选区前后,应合理调节图层的不透明度。

④ 实时合理复制多组图层,以达到更加快捷有效的制作效率。

⑤ 实时合理归纳图层与图层组,以便明晰制作思路,同时为后期修改提供便捷。

⑥ 在选区与图层的结合应用方面,应合理实时运用"过河拆桥"法,提高制作效率。

10.2 扁平化图标的临摹

10.2.1 项目要求

(1) 临摹"新浪微博"图标;

(2) 文件大小为 955 像素×955 像素,分辨率 72 像素/英寸,RGB,8 位,白色背景;

(3) 图标绘制结构规范,特效效果清晰;

(4) 字体效果完整,符合原图图标规范样式;

(5) 形状图层利用规范形运算绘制,特殊路径的锚点须简洁、清晰。

10.2.2 项目分析

广义的图标是具有指代意义的图形符号,具有高度浓缩并快捷传达信息及便于记忆的特性。图标的应用范围很广,软硬件网页、社交场所、公共场合无所不在,例如男女厕所标志和各种交通标志等。狭义的图标是指应用于计算机软件方面,包括程序标识、数据标识、命令选择、模式信号或切换开关、状态指示等。

一个图标是一个小的图片或对象,代表一个文件、程序、网页或命令。图标有助于用户快速执行命令和打开程序文件,也用于在浏览器中快速展现内容。所有使用相同扩展名的文件具有相同的图标。

一个图标实际上是多张不同格式的图片的集合体,并且还包含了一定的透明区域。因为计算机操作系统和显示设备的多样性,导致了图标的大小需要有多种格式。

在本项目中,图标整体由黄、橘黄、红、白、黑五种颜色组成,大致分布于 7～8 个图层中,个别图层须进行投影特效处理。

在制作图标时，难点在于整体比例与不规则形的绘制，因此需要改变透明度进行必要的透视临摹。同时，为规范后期处理及形状修正，须摆脱简单的选区与图层，进行细致的路径刻画。

10.2.3　项目制作

1. 打开文件

找到素材文件 Weibo，或在百度图片中搜索“新浪微博图标”，获得图标素材，在软件中打开。

2. 查看文件

在已打开的文件中执行“图像”→“图像大小”命令，获得图像信息。其中，大小为 955 像素×955 像素，分辨率为 72 像素/英寸，RGB，8 位，如图 10 - 38 所示。

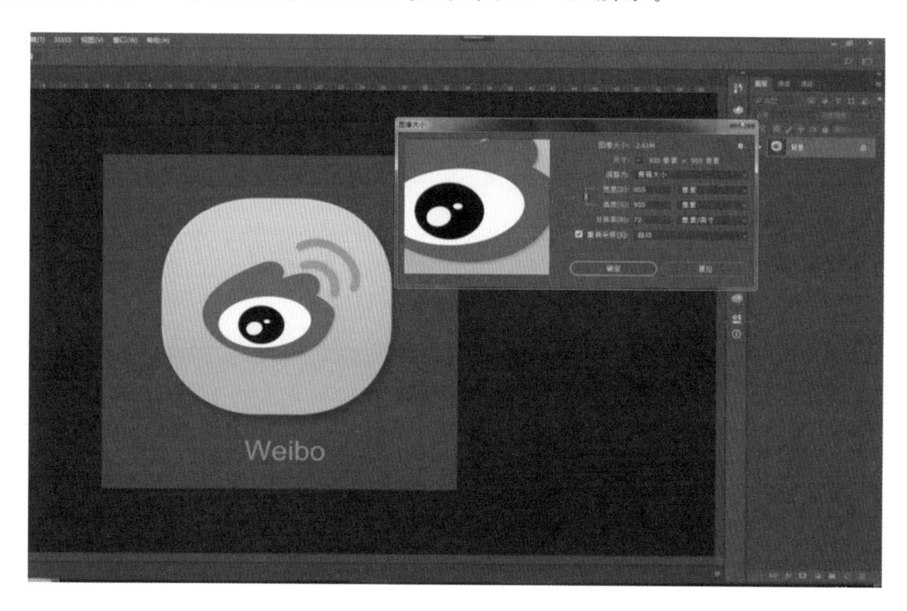

图 10 - 38

3. 新建文件

新建一个上述大小的文件，背景为白色，名称为 weibo。将素材图片复制到新文件中，调整位置，关闭素材文件，并把新复制进来的素材图层起名为“素材”。然后单击该图层调板上方的“锁定位置”按钮，锁定临摹稿，如图 10 - 39 所示。

4. 确定大小及位置

为规范标识比例，须预先进行辅助线与辅助图形的绘制。

(1) 新建图层。任意绘制一个完整的正方形选区（按住 Shift 键拖拽矩形选框），并填充为天蓝色（与黄色形成明显对比），然后调整天蓝色图层的不透明度为 40%。

(2) 将图像放大，按 Ctrl＋T 键使天蓝色正方形图层上边及左边同时对齐黄色图标的最上缘与最左缘的像素，如图 10 - 40 所示。

(3) 对齐上、左两边后对蓝色图层按 Ctrl＋T 键，再按住 Shift 键拖动右下角，在保证左上位置不变的情况下，对齐右下两边。

此方法是对齐规则边缘图形的常用方法，在保证两端已经完成对齐的前提下，利用等比例

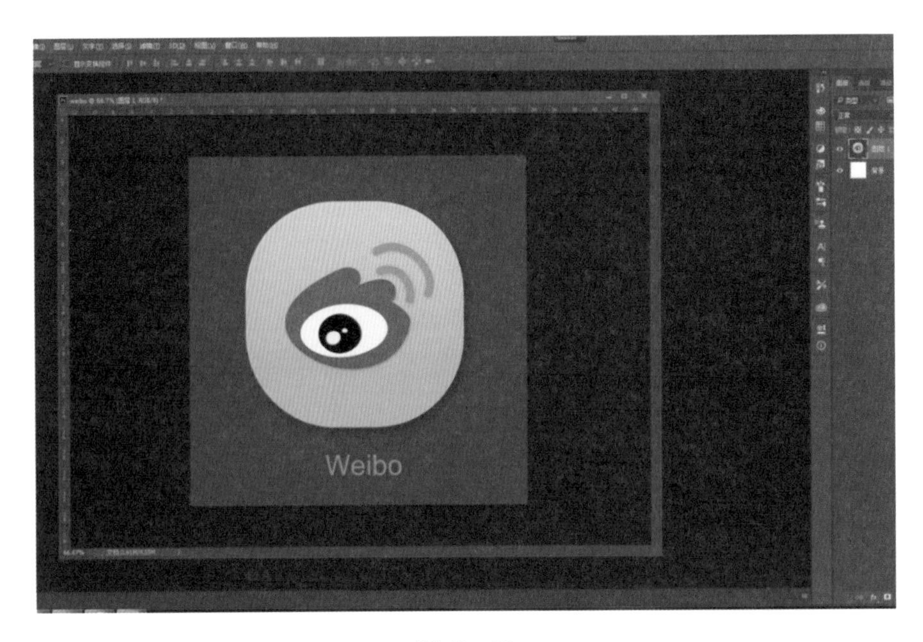

图 10－39

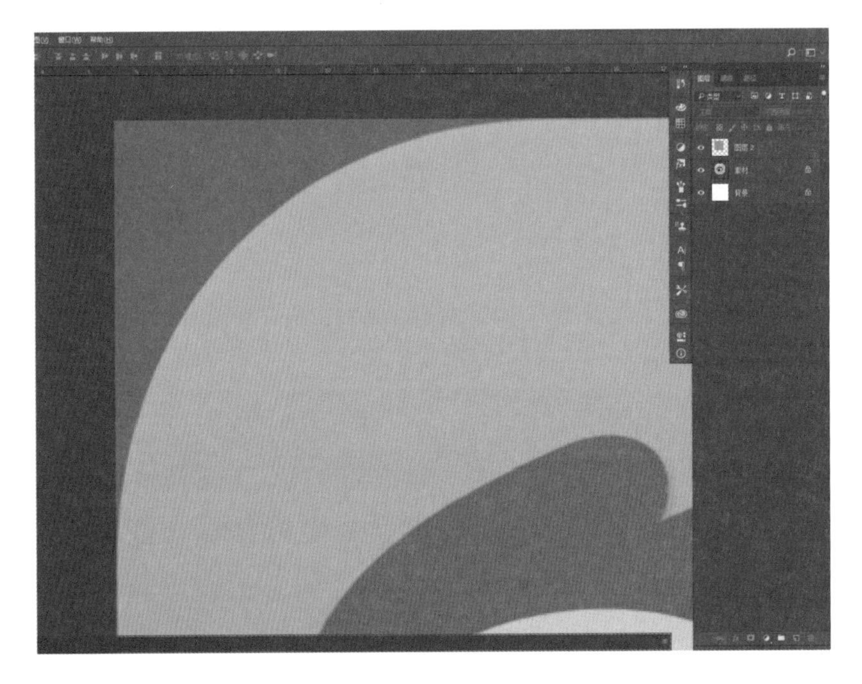

图 10－40

缩放完成剩余两边的对齐。这里值得注意的是，参考图形是 JPG 高压缩图形，即使原图形是规则图形，但在对齐过程中很可能会出现 1～2 像素的误差，这是存储 JPG 图像时的误差，因此不必拘泥于这细微的误差，下方的临摹图形仅仅是一个参考，自己建立的图形需要适度摆脱底部素材的细微干扰，最终效果如图 10－41 所示。

有了这个蓝色图层作为参考，下一步建立参考线就十分便捷了。参考线在这个图层中心

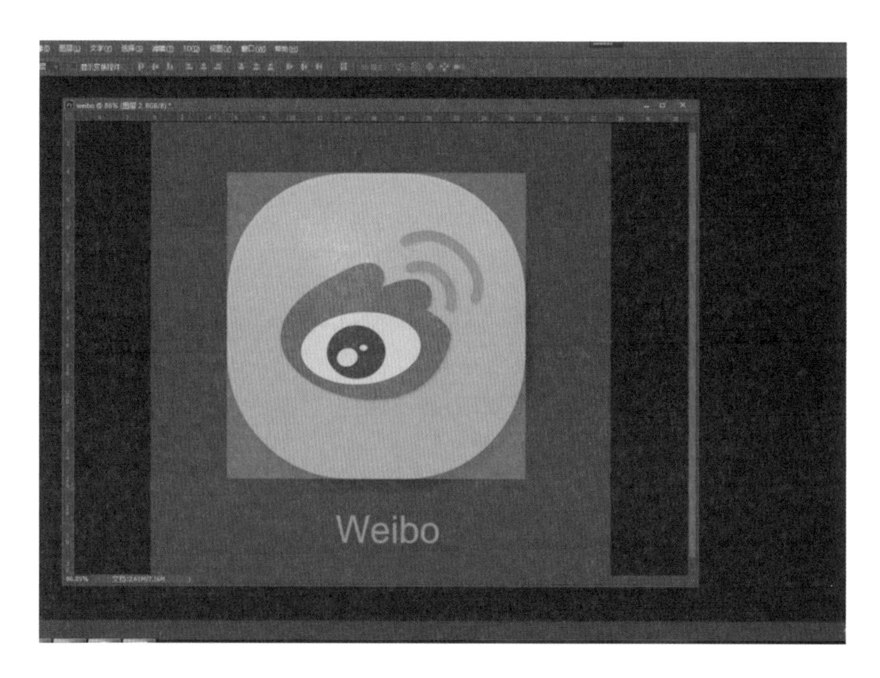

图 10－41

及四周会自动吸附，如果没有这个图层作为参考，将失去参考线的吸附功能，因此需要手工对齐像素，但这样建立的参考线不但有可能不是正方形，而且还会存在很大误差。

（4）在蓝色方形图形的中心及四周分别拖拽建立 6 根参考线，完成标识的比例规范与测量。

5．绘制底板

（1）选择“圆角矩形工具”，并确保工具选项栏中的首项为“形状”选项，在图层中先任意绘制一个圆角矩形形状图层。

第一次绘制的圆角矩形只是实验品，目的是预览一下圆角的弧度，以估算弧度半径数值，如果不成功，则需按 Ctrl＋Alt＋Z 键重新调整圆角弧度半径数值再次实验，经过反复几次实验后，最终得到精确的圆角矩形形状图层。

在实验圆角半径弧度的过程中，尽量以最左上两条参考线为起点按住 Shift 键画形状，这样可以第一时间得到近似的数值，再经过 2～3 次实验，很快可得出精确的半径数值为 250 像素。

绘制圆角矩形形状时，不要在意该形状的颜色（颜色可以后期调整），主要精力应放在形状的准确上，绘制完成后，可双击形状图层图标，另外任意改变一个比较鲜艳的颜色，同时调整透明度，观察一下这几层的位置与关系，以检验精确程度，如图 10－42 所示。

（2）为两层修改名称分别为“黄色底板”和“蓝色参考”，将“黄色底板”层的不透明度调整回 100％，并分别隐藏这两层，以露出素材图层，完成吸管取色。

（3）底板上色。底板露出后，黄色底板其实是有由上到下的细微渐变的，因此双击已被隐藏的“黄色底板”层，为其添加“渐变叠加”的图层样式，如图 10－43 所示。

（4）“图层样式”参数中，“渐变的角度”设置为 90°，“渐变样式类型”设置为“线性渐变”，“缩放”设置为 100％。

（5）“渐变编辑器”参数中，“透明度色”设置为 100％～100％，“颜色”色标设置为黄

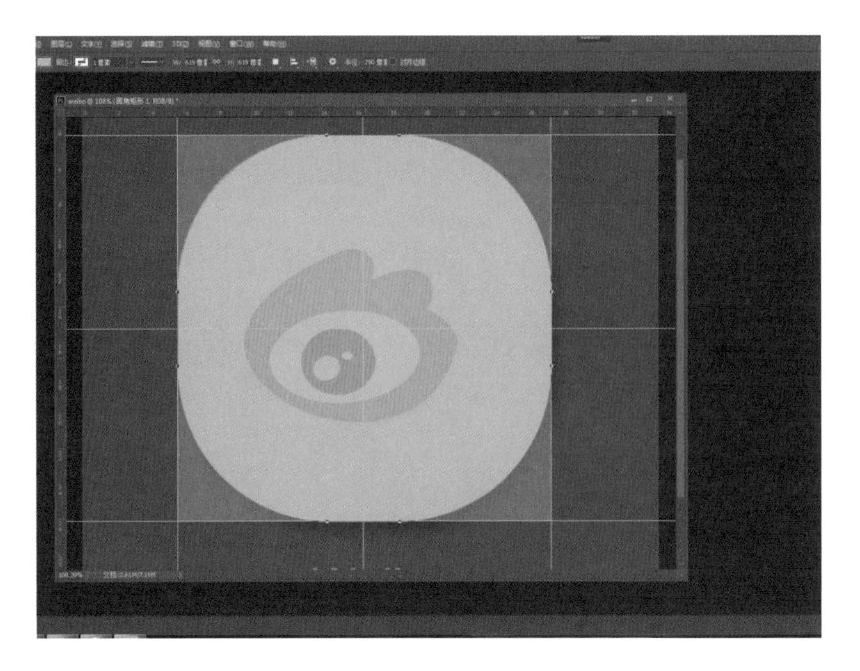

图 10－42

图 10－43

e9ba5e～黄 f0dd8e。

（6）所有参数设置完成后，连续单击“确定”按钮，显示隐藏的“黄色底板”图层，完成底板绘制，如图 10－44 所示。

在 Photoshop CS6 中，“图层样式”调板、“渐变编辑器”调板、“拾色器”调板这三块调板有依次上下覆盖的关系，即上层调板显示时，下层调板无法移动和编辑。因此，为实时观察图像、取色等操作提供便利，应事先做好底层调板的位置摆放工作，以免在上层调板显示时底层调板成为取色或观察的障碍。

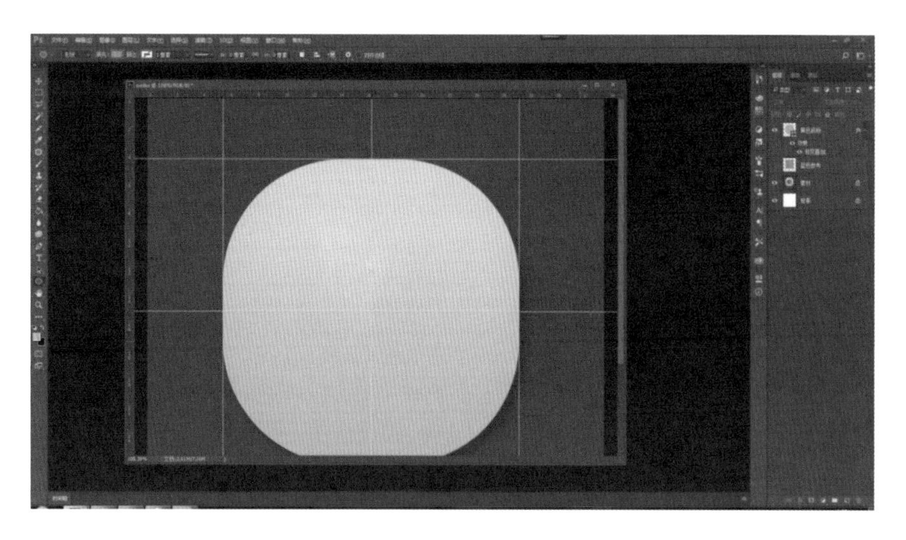

图 10-44

6. 绘制红色火炬图形

(1) 隐藏“黄色底板”层,选择“椭圆工具”(椭圆图形绘制工具),在图像中合适位置任意绘制一个椭圆形状图层,命名该图层为“火炬”,并调节不透明度为40%,如图10-45所示。

图 10-45

(2) 利用“路径选择工具”、“直接选择工具”、“钢笔工具”以及其他路径编辑工具对这个椭圆的毛坯进行对齐和修正,原则是在保证锚点尽量少的情况下,完成路径的顺滑过渡。

首先利用“路径选择工具”将椭圆位置尽量对正(可找火炬顶点对正);其次运用“锚点优先决定法”,利用“直接选择工具”在几个明显转折处安放上锚点,如需增加锚点则选择“钢笔工具”,在确保工具选项中选择“自动添加”→“删除”选项的情况下,在路径上单击,以最少的锚点安放于最明显的转折处,如图10-46所示。

在形状路径的绘制过程中,关键是路径创建工具(“钢笔工具”、“形状工具”)与路径编辑工

图 10－46

具（“直接选择工具”、“路径选择工具”）之间的实时切换与熟练程度的配合，同时对贝塞尔曲线的熟练把控，以及对路径的绘制都需要经过长时间的积累与练习，并在合理方法的指导下完成。

（3）在锚点的位置安放完成之后，需要调节每个锚点的方向把手，以确保路径的顺滑，原则是能完成双边把手一起动，绝不轻易动单边把手，在角点转折处，需要运用“转换点工具”进行把手的修正。这里需要指出的是，在绘制不规则形状的过程中，或多或少都会存在误差，只要在练习过程中掌握合理的方法，形态完整顺畅，不必过于拘泥于1～2像素的细节。最终调节的效果如图10－47所示。

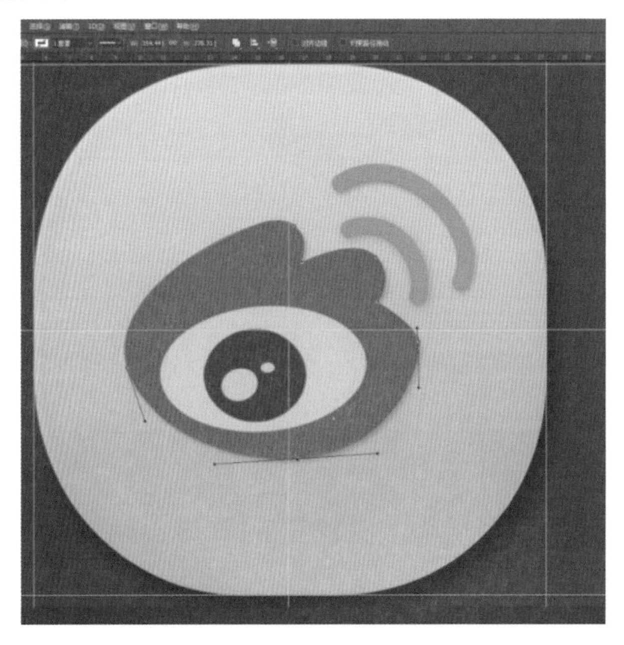

图 10－47

(4) 调节好火炬形态后,恢复“火炬”图层的不透明度,并将其隐藏,观察下部的火炬原图,只是单一的红色,因此无须添加图层样式,只须双击“火炬图层”图标,弹出“拾色器”对话框,吸取原图颜色,单击“确定”按钮即可,此时须存储文件。

7. 绘制眼睛图形

(1) 隐藏“火炬”图层,露出素材图层,使用“椭圆工具”在图像中合适位置绘制一个椭圆,建立形状图层,命名为“眼睛”,双击该层的图标,将形状暂时变为黑色,调整图层不透明度为30%。

(2) 使用“路径选择工具”选取全部的椭圆路径,按Ctrl+T键进行大小及位置、旋转方向的对齐,对齐结束后单击“回车”按钮确认,把不透明度调回来,隐藏该层,双击该层的图标,吸取原图的白色进行填色(原图有可能不是纯白),如图10-48所示。

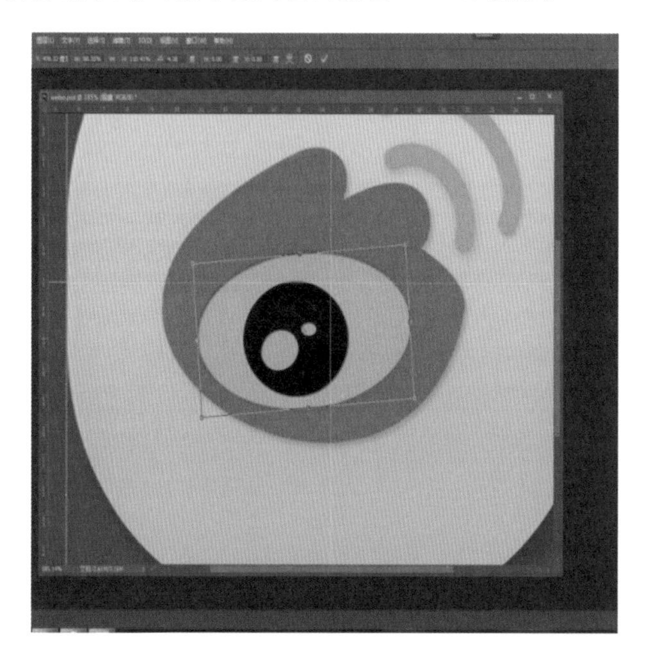

图10-48

(3) 绘制眼球。在“眼睛”图层隐藏的状态下,使用“椭圆工具”绘制椭圆,画出黑色眼球及两个白色高光,方法与“眼睛”图层完全相同,注意两个白色高光可以复制再调节,最后分别取名为“眼球”“高光1”“高光2”,完成眼睛整体绘制。存储后的阶段性效果,如图10-49所示。

8. 绘制Wi-Fi信号图形

由于不存在覆盖关系,因此无需隐藏眼睛图层,但“黄色底板”层仍需隐藏。两个Wi-Fi信号并不是规则图形,因此在进行规则绘制后,还需细节调整。

(1) 处理里层的小Wi-Fi图形。建立一个椭圆形状图层(趋近于正圆),且大小、位置关系对齐原图的外侧边缘,由于不规则,个别锚点仍需单独处理,如图10-50所示。

(2) 利用“路径选择工具”整体选择这个路径,按Ctrl+C→Ctrl+V键,在同一形状图层中复制出两个相同的椭圆路径,把第二个椭圆路径调整位置、方向和大小,以对齐原图的内侧边缘,如图10-51所示。

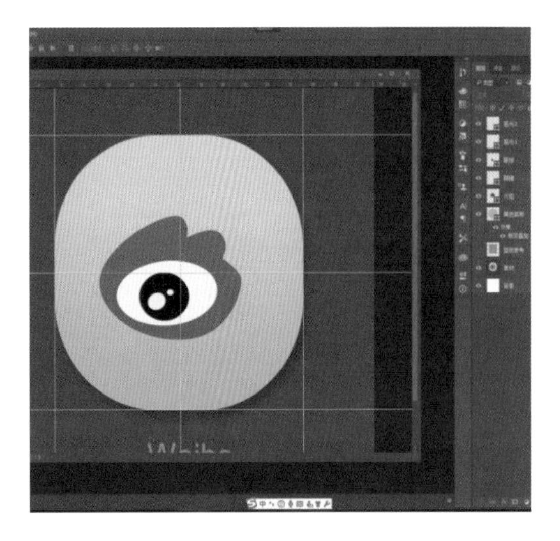

图 10－49

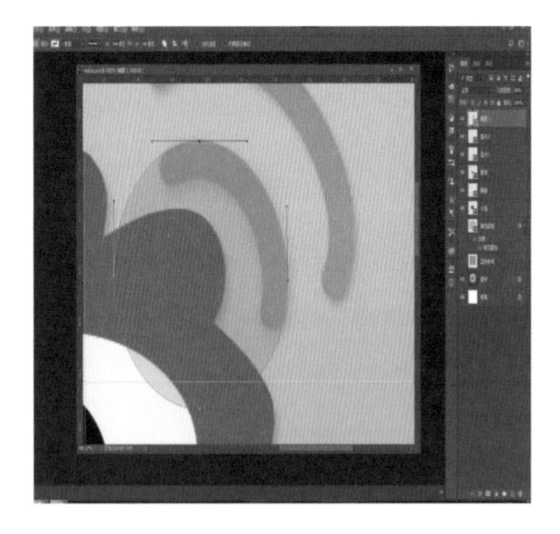

图 10－50

图 10－51

（3）选择“路径选择工具”，按住 Shift 键同时选中两个路径，选择“路径选择工具”选项栏中的“排除重叠形状”选项，得到想要的图形，如图 10－52 所示。

（4）利用“钢笔工具”添加锚点，利用“路径编辑工具”调整两端的锚点及把手，使得两端的弧度与原图对齐（原则上两端对齐就可以，其他部分可以不用修理），如图 10－53 所示。

（5）调整该层的不透明度为 100％，双击该层图标，在大的 Wi-Fi 图形上取色，完成填色，如图 10－54 所示。

大的 Wi-Fi 信号图形的绘制方法与上述方法相同，也可对小 Wi-Fi 进行复制，再逐个锚点进行编辑，最终 Wi-Fi 的效果如图 10－55 所示。

图 10－52

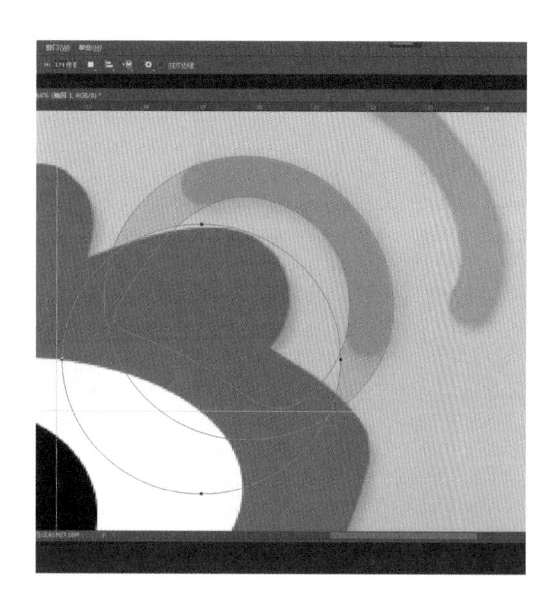

图 10－53

图 10－54

图 10－55

9. 添加阴影特效

（1）添加特效前，需把背景层添加灰色效果，以对之后的阴影提供视觉借鉴。在素材层上新建图层，取名为“背景”，单击“拾色器”按钮，直接吸取素材层的灰色背景，按 Alt＋Delete 键填充该颜色，同时覆盖住素材层。

（2）在新的图像窗口中打开原素材文件，将两个窗口以最大化的形式并列摆放好。

（3）双击“黄色底板”层，打开“图层样式”调板，为“黄色底板”添加合适的投影效果，各参数需适时与原图对比调节。

（4）分别双击“火炬”层和大小 Wi-Fi 层这三层分别对比原图，调节添加合适的投影效果。

（5）右击小 Wi-Fi 层，执行“拷贝图层样式”命令，右击大 Wi-Fi 层，执行“粘贴图层样式”

命令,完成相同图层样式的复制。

至此,Weibo 图标绘制完毕,最终效果如图 10－56 所示。

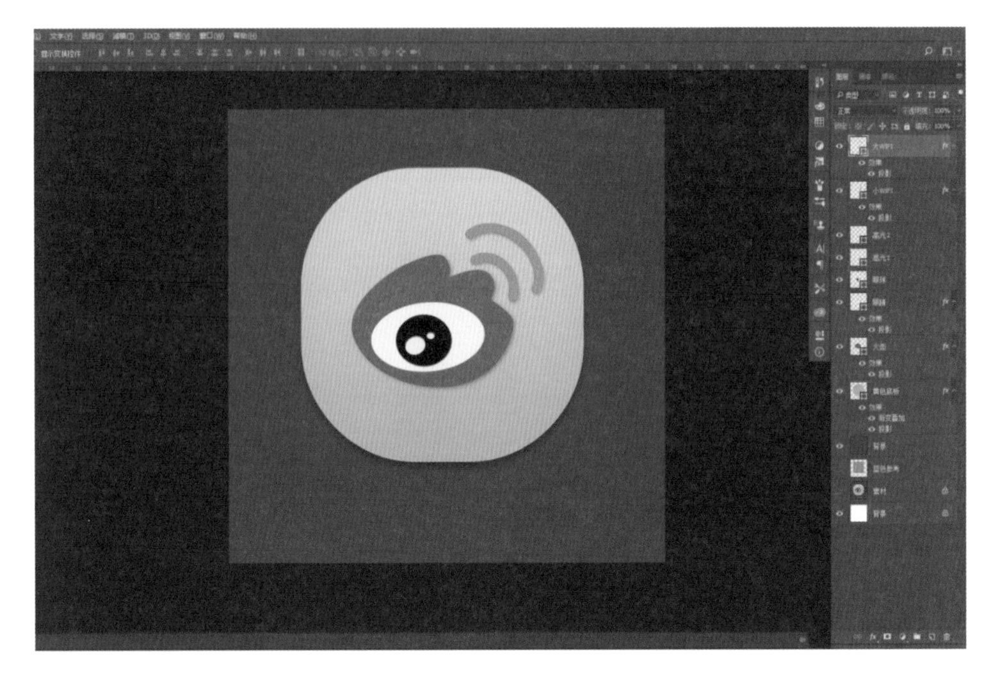

图 10－56

10.2.4 项目总结

(1) 本项目是针对扁平化图标绘制中的图层样式、形状图层绘制及相关路径操作的归纳与总结。

(2) 本项目涉及 Photoshop CS6 的形状图层绘制、路径运算操作;“直接选择工具”“路径选择工具”的应用;

(3) 本项目所涉及的设计行为习惯与规范包括:

① “直接选择工具”与“路径选择工具”的适时切换与熟练使用。

② “路径选择工具”与“路径编辑工具”的适时切换与熟练使用。

③ 锚点的数量控制与规范化处理。

④ 对于路径运算的理解及熟练使用。

10.3 特效图标的绘制

10.3.1 项目要求

(1) 临摹 Audi 图标;

(2) 文件大小为 27 cm×17 cm,分辨率 72 像素/英寸,RGB,8 位,白色背景;

(3) 图标绘制结构规范,特效效果清晰;

(4) 字体效果完整,符合原图图标规范样式;

（5）渐变特效须进行细节处理，环形结合部须进行特效的剪切。

10.3.2 项目分析

绘制奥迪标志如图10-57所示。

（1）奥迪标志由四个圆环水平交错形成，间距相同，同时内外两侧分别带有不同方向的光效及金属质感，最上方有高光顶部结构。

（2）明暗关系上除三个部分的光影变化之外，每个圆环的结合部为设计制作难点，需统一规划完成。

（3）标志的字体有细微字体变形，需要路径参与变形设计。

图10-57

10.3.3 项目制作

1. 打开文件

找到素材文件"audi"，或在百度图片中搜索"奥迪图标"，获得图标素材，在Photoshop CS6软件中打开。

2. 查看文件

在已打开的文件中执行"图像"→"图像大小"命令，查看图像大小，获得图像大小信息为：27 cm×17 cm，分辨率为72像素/英寸，RGB，8位。

3. 新建文件

（1）新建一个上述大小的文件，背景为白色，名称为"奥迪图标"。

（2）将素材图片复制到新文件中，调整位置，关闭素材文件。

（3）把新复制的素材图层起名为"素材"。

（4）单击该"图层"调板上方的"锁定位置"按钮，锁定临摹稿，如图10-58所示。

图10-58

4. 确定大小及位置

(1) 为规范标识比例,需预先进行辅助线与辅助图形的绘制。新建图层,任意绘制两个相同大小的正方形选区和一个矩形选区,并填充为黑色。

(2) 调整黑色图层的不透明度为 30%。

(3) 将图像放大,按 Ctrl+T 键使三个黑色图层上边及左边同时对齐奥迪标志的最上缘与最左缘的像素,分别命名为“参考 1”“参考 2”“参考 3”,并归组为“参考图层”。

5. 建立参考线

以上面三个参考图层为基础,为此图像建立参考线,如图 10-59 所示。

图 10-59

为使图像的绘制操作更清晰,参考线可分阶段建立,三个黑色参考图层能分别确定单个圆环的位置、大小、圆环的间距、字体的位置、大小,因此无需在最初建立所有的参考图层和参考线。

6. 绘制单个圆环

(1) 以参考线为基准,利用“椭圆工具”绘制一个正圆,并对齐参考线。

(2) 双击该图层,为正圆选区填充“渐变叠加”图层样式,并以右侧露出的圆环为取色源为此图层添加图层样式。

分析奥迪圆环外侧的渐变形式为黑、白、灰三层过渡的线性渐变,其色标与参数值,如图 10-60 所示。

7. 切取圆环

(1) 为使底部素材边缘能够看得清晰,可临时将圆形形状图层的不透明度设置为 30%。

(2) 使用“路径选择工具”选中正圆路径,按 Ctrl+C→Ctrl+V 键,在同一层相同位置复制此路径。

(3) 将复制后的路径按 Ctrl+T 键,再按住 Shift+Alt 键由四角上的节点向中心拖拽,完成中心等比例缩放,对齐内部边缘后,按 Enter 键确认。

(4) 按住 Shift 键,使用“路径选择工具”同时选中内外两层圆形路径。

(5) 在工具属性栏中选择“路径操作”→“排除重叠形状”选项,把次图层的不透明度调回 100%,完成外部圆环的绘制,取名为“外部圆环”,如图 10-61 所示。

图 10-60

8. 绘制内部圆环

（1）复制“外部圆环”图层，隐藏下方的“外部圆环”图层。

（2）将新复制出来的“外部圆环”图层更名为“内部圆环”。

（3）将其不透明度临时调整为 50%，使用“路径选择工具”单独选中外侧的圆环路径。

（4）按 Ctrl+T 键，再按住 Shift+Alt 键由四角向中心等比例缩放，缩放最终位置落在白色高光带内部即可。

（5）将不透明度调回 100%，如图 10-62 所示。

图 10-61

图 10-62

（6）为内部圆环调整渐变特效。此时，最初的黑色参考图层暂时没有参考价值，为方便操作，可将其暂时隐藏。

（7）打开内部圆环图层的“图层样式”对话框，以右侧露出的标志圆环作为取色源，重新为内部圆环添加线性渐变叠加特效，（根据实际情况可将原渐变叠加 -45°线性渐变角度直接改为 135°，观察调节后的结果）具体参数，如图 10-63 所示。

图 10－63

9. 绘制高光圆环

此处高光圆环没有渐变变化，只是一个白色的细环，因此，只需利用路径描边就可以完成。

（1）复制“内部圆环”图层，取名为“高光。

（2）利用“路径选择工具”删除内侧的圆形路径，得到渐变圆形图层，调节“图层”调板上方的“填充”不透明度为 0%，将图层本身的像素隐藏。

（3）删除此图层的渐变叠加特效，这样图层本身变为透明，渐变特效也没有了，仅剩相应位置的路径。

（4）双击此图层，为其添加描边特效，描边可为中部的白色描边，具体参数，如图 10－64 所示。此步骤需充分理解图层固有像素、特效叠加二者之间的相互依附与覆盖关系。

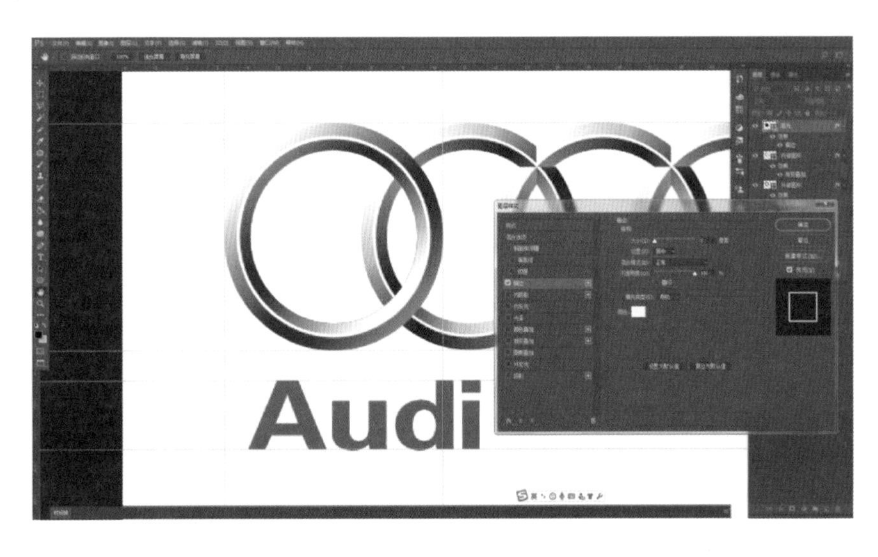

图 10－64

至此,圆环的三层主体结构已绘制完成,可将三层归组,取组名为“圆环”,接下来进行交界处的处理。

10. 交界处的处理

通过观察分析可以看到,每个圆环的最右侧都有两对三角形缺口,且每个缺口都是直角三角形。因此,只需利用蒙版将右侧的两对缺口打通,再进行复制就可以完成交界处的绘制。

(1) 将“圆环”组的不透明度临时降为30%,露出下部形体。

(2) 在组内新建图层,利用“矩形选框工具”绘制一个距形,其中两条直角边对齐其中一个缺口,剩余直角边随意,填充红色,如图10-65所示。

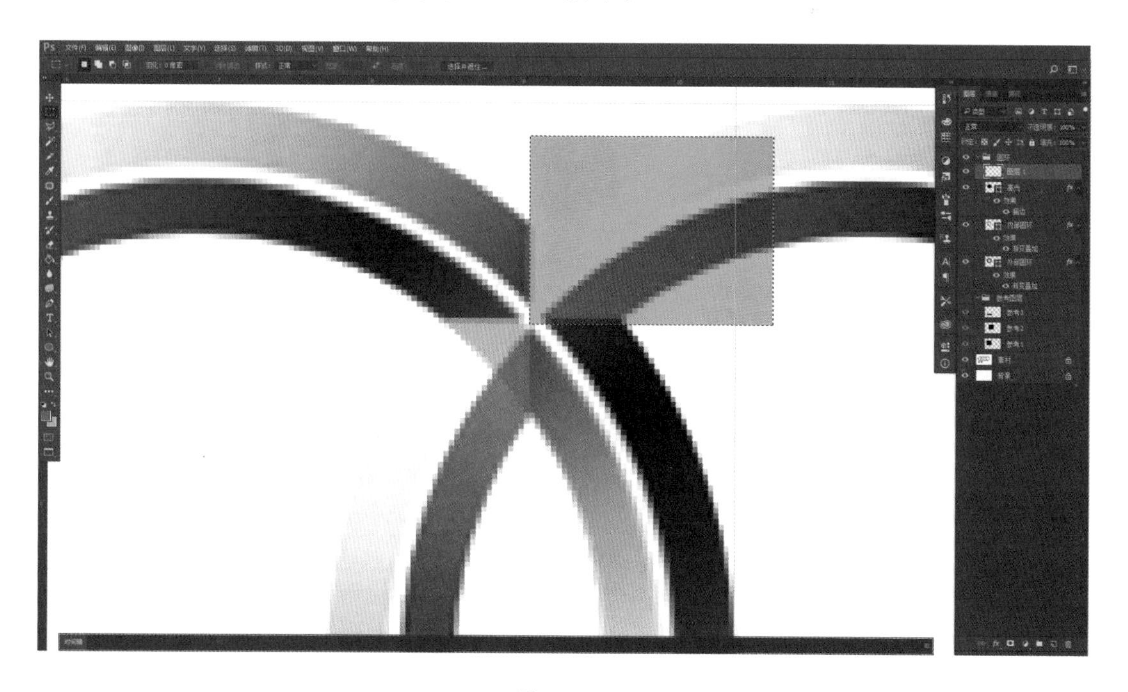

图10-65

(3) 将此红色图层复制,复制后的图层移至左下方45°中心对称位置,注意此时最好将对角点重叠一像素,以便蒙版添加时能够更加自然,如图10-66所示。

(4) 将两个红色图层合并,移出圆环组,为圆环组添加图层蒙版,获得红色图层的选区。

(5) 在圆环组蒙版上填充纯黑色,隐藏红色图层,利用“过河拆桥”法完成蒙版的添加,如图10-67所示。

(6) 利用相同方法,复制红色图层至右下方,水平翻转,完成右下两对缺口的蒙版。两个蒙版完成后,单独的圆环就制作成功了,得到的效果,如图10-68所示。

11. 排列四个圆环

将圆环组复制四次,水平移动,依次对齐相应缺口,调节好四个图层的上下位置关系,注意第四个圆环需要将图层蒙版删除,如图10-69所示。

图 10 - 66

图 10 - 67

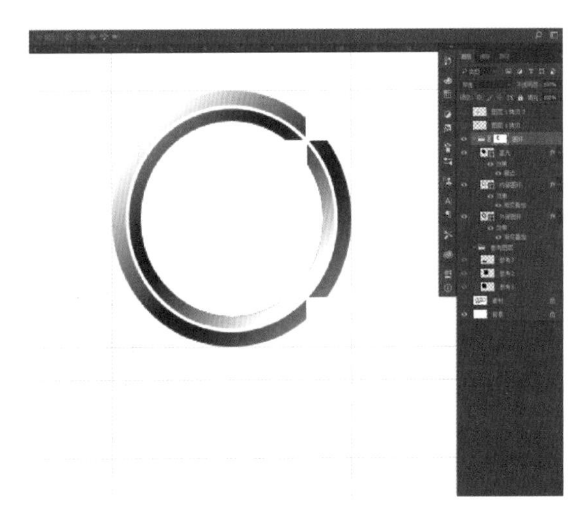

图 10 - 68

图 10 - 69

12. 绘制红色字体

(1) 显示“素材”图层和“参考 3”图层，将屏幕缩放至字体位置，在屏幕中打字“Audi”，新建文字图层，选中“方正综艺简体”字体，按 Enter 键确认。

(2) 调整字体参数，虽然此字体近似原图像字体，但仍有细微差别，所以需要调节“字符”调板中的文字属性，配合自由变换命令使文字更加符合原字体形态，具体属性参数，如图 10 - 70 所示。

(3) 选中文字图层，右击，选择“转变为形状”选项，隐藏文字图层，和“素材”图层，为新的形状图层吸取原素材文字颜色，利用“路径选择工具”将每个字母的路径水平移动至原素材位置，如图 10 - 71 所示。

至此，奥迪图标绘制完毕，最终的效果如图 10 - 72 所示。

图 10－70

图 10－71

图 10－72

10.3.4　项目总结

通过两个阶段针对路径及形状图层、图层蒙版、图层矢量蒙版、图层样式等核心技能的训练，对形状图层绘制图标及相关图形有了更加深层次的了解和认识。通过本项目应该了解形状图层对于图标绘制的重要意义，摆脱以往简单的选区和普通图层的绘制方法，通过形状图层完成图形细节的调整是具有深刻内涵的。

10.4　滤镜项目训练

10.4.1　项目要求

（1）绘制“火焰字”特效；

（2）文件大小为 20 cm×10 cm，分辨率 72 像素/英寸，RGB，8 位，白色背景；

（3）滤镜特效清晰明确，程度合理；

(4) 字体效果完整,符合规范样式;

(5) 颜色调节适度合理。

10.4.2 项目分析

本项目重点了解滤镜的一般知识以及配合滤镜所使用的颜色模式变化规律,掌握滤镜的应用、颜色模式的转换、图层、选区的创建与编辑等操作方法。通过本项目训练,增强对于滤镜的理解与应用,特别是对于图层颜色的调节与把握。

10.4.3 项目制作

1. 新建文件

尺寸 20 cm×10 cm,灰度模式,8 位,黑色背景,分辨率 72 像素/英寸,名称为“火焰字”,如图 10-73 所示。

2. 选取前景色为白色

使用合适字体在图像中输入“火焰字”,新建文字图层。字体为“方正魏碑”,字号为 100 点,其他字符调板参数,如图 10-74 所示。

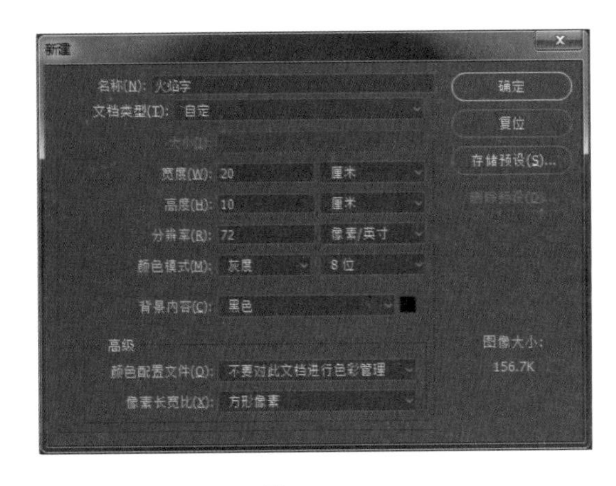

图 10-73

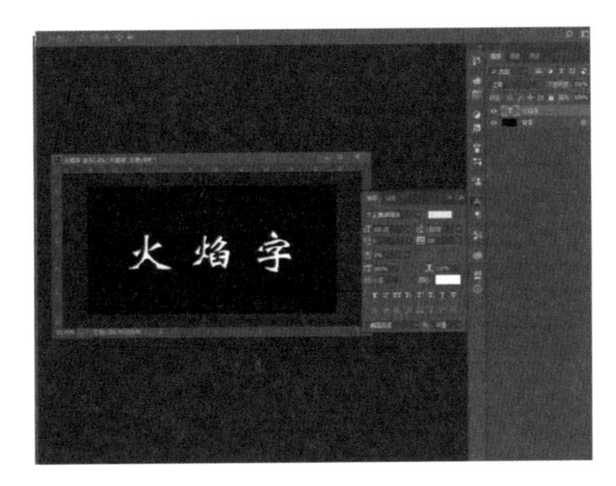

图 10-74

3. 复制文字图层

将其栅格化变为普通图层,执行“编辑”→“变换”→“顺时针旋转 90°”命令,使新图层垂直于原文字图层,如图 10-75 所示。

4. 设置效果

(1) 针对该普通图层执行“滤镜”→“风格化”→“风”命令,选择“从左”选项,根据情况重复使用几次以达到想要的效果,如图 10-76 所示。

(2) 针对该普通图层执行“编辑”→“变换”→“逆时针旋转 90°”命令,将图像回正,此时,普通图层与原文字图层有位置上的差别,需手动将两个图层的文字部分完全重合,如图 10-77 所示。

(3) 针对普通图层中“风”的部分的像素进行滤镜特效处理,使其文字部分不动,风的部分产生波纹效果。

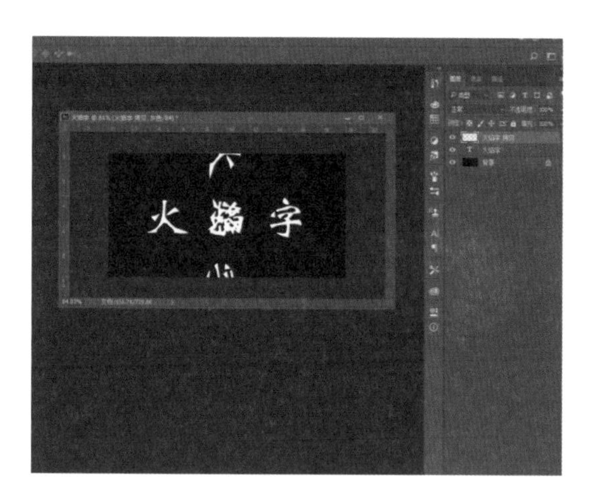

图 10 - 75

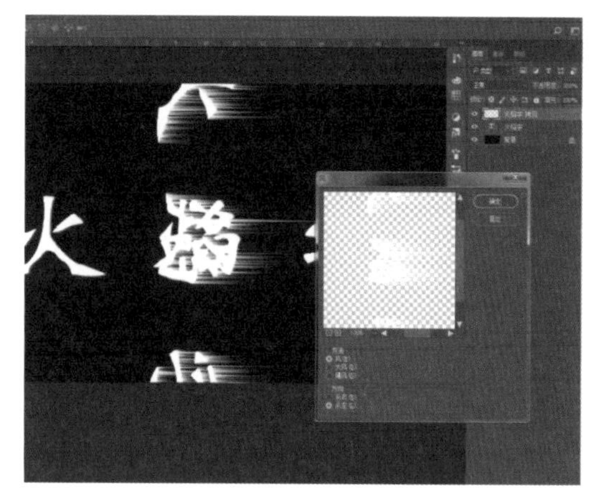

图 10 - 76

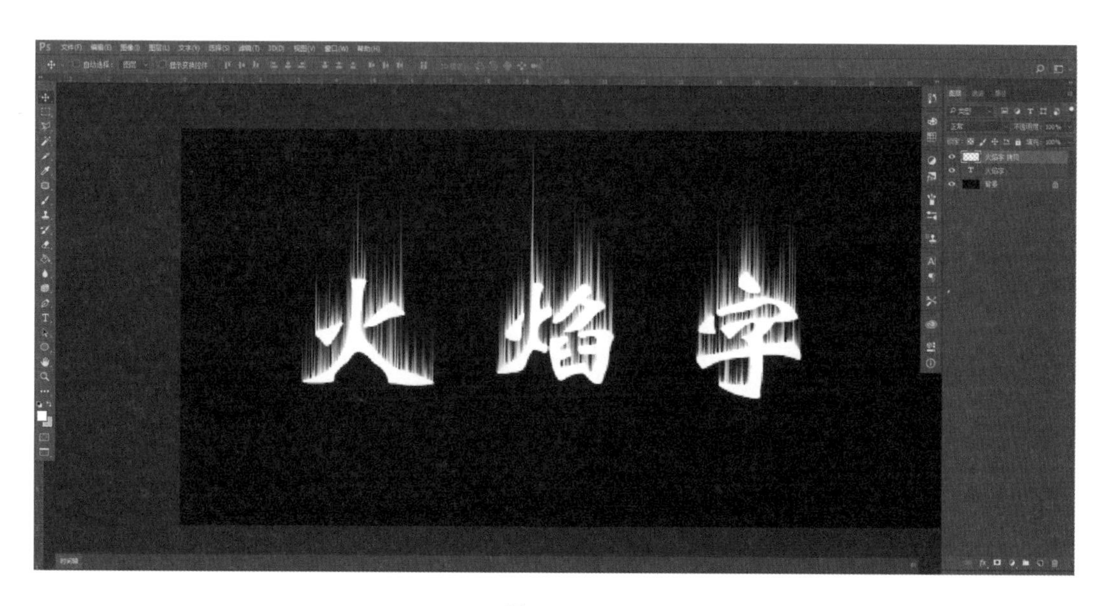

图 10 - 77

(4) 按住 Ctrl 键单击图层图标，获得文字图层的选区，按 Ctrl＋Shift＋I 键反选，在普通图层上执行“滤镜”→“扭曲”→“波纹”命令，如图 10 - 78 所示。

5. 制作火焰色

(1) 针对已做好的图像，添加火焰色效果，主要利用索引颜色表中的固有预设颜色进行编辑，因为只有灰度模式图像能直接转换为索引颜色模式，这就是为什么最开始的文件设置成索引颜色的原因。

(2) 针对图像文件，执行“图像”→“模式”→“索引颜色”命令，拼合图层，将灰度图像转化为索引颜色图像，如图 10 - 79 所示。

(3) 执行“图像”→“模式”→“颜色表”命令，打开索引颜色表，选择上方的颜色表为“黑体”，如图 10 - 80 所示。

图 10－78

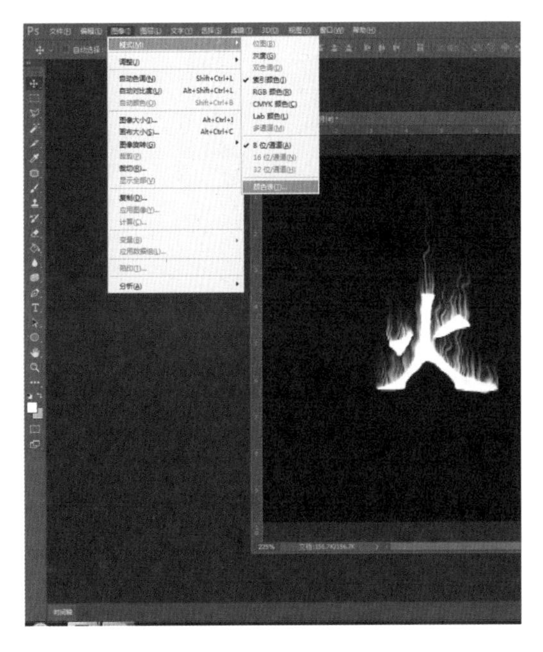

图 10－79

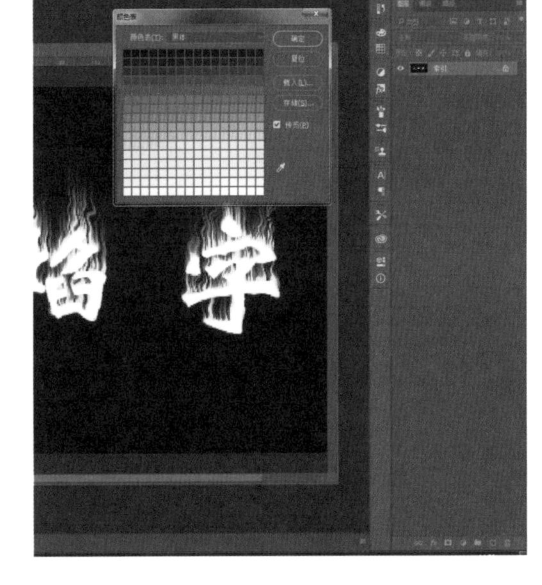

图 10－80

6. 调节颜色

此时，火焰字的大体效果已经具备，但颜色偏艳，火焰与文字相互混淆，需要进行下一步颜色调整。执行“图像”→“调整”→“曲线”命令，完成火焰字的最终制作。调整参数如图 10－81 所示。

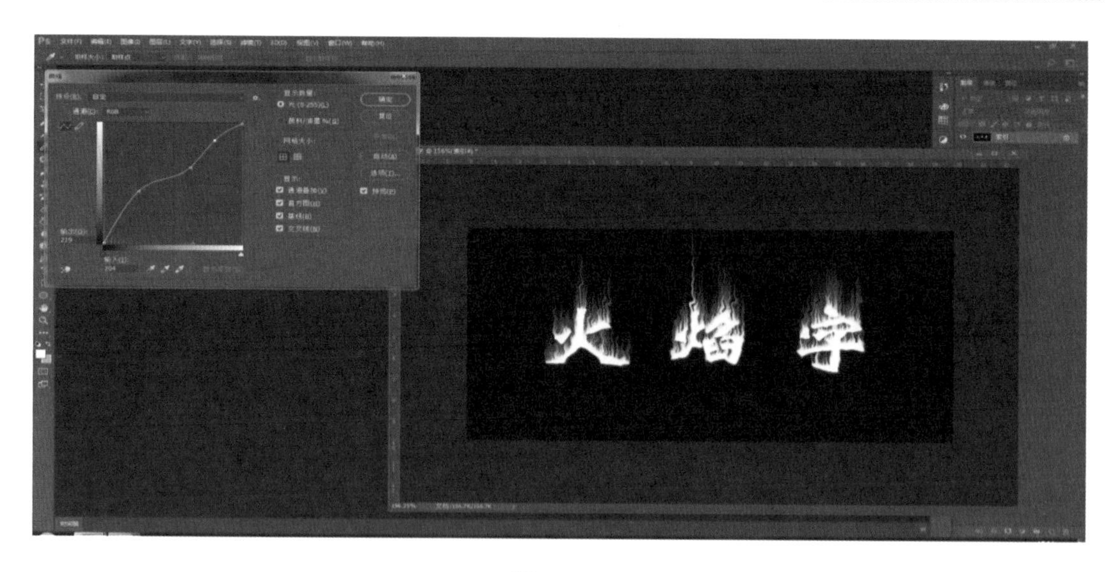

图 10－81

10.4.4　项目总结

通过“火焰字”特效的设计训练，应意识到滤镜操作的深层次原理，与图层样式特效不同，滤镜是针对像素的“手术”与“整容”，而图层样式则是针对像素的“化妆”与“穿戴”，两者有着本质的区别。同时也应意识到，对于诸如滤镜、图层样式、图层混合模式、颜色调节等图层特效技法的熟练运用需要经过长期的实践和总结，在学习期间应把精力集中于对现有基础原理的理解和掌握，并结合实践训练达到理论联系实际的功效。

10.5　通道抠图训练

10.5.1　项目要求

（1）利用通道进行人像抠图；

（2）了解通道的一般知识，并配合色彩调整、绘图工具对所使用的人物及毛发抠图的原理；

（3）本项目训练的重点在于对通道抠图的理解与应用；

（4）对于通道颜色的调节与把握；

（5）颜色调节适度合理。

10.5.2　项目分析

1. 对于通道抠图的理解

（1）通道抠图需要理解利用通道的真正目的，就是运用颜色调整、绘图等手段调整通道中的颜色对比度，使“想要的”像素与“不想要的”像素黑白对比明显，从而达到获取选区的目的。

（2）初学者在使用通道抠图时，总习惯把通道的效果看作图层的效果，通道与图层、“通道”调板与“图层”调板之间的关系没有明晰，导致思路发生混乱。

(3) 在通道抠图过程中应用到的综合技法较多，不同图像的抠图方法也不尽相同，需要随机应变、因地制宜，因此，不应拘泥于固定步骤的学习，应做到真正理解、举一反三。

图 10－82

2. 通道抠图中图片情况的分析

(1) 简单背景、简单人物的抠图。通道抠图的难易程度以及方法的选择，不在于人物形态的复杂与否，而在于毛发部分与配景相结合部位的颜色差别，如图 10－82 所示，此图属于简单的人物抠图，头发部分没有与身体产生过多形态变化，最关键的就是头发周围的背景比较单一，且与头发形成鲜明对比，因此处理起来相对简单。

(2) 人物结构复杂、背景相对简单的抠图。当图像中出现规则形体时，在通道抠图的基础上，应尽量利用规范形与路径配合抠图，摆脱千篇一律的钢笔路径，如图 10－83 所示。

(3) 背景与抠图主体颜色差别明显，容易混色。当出现的背景虽然无太多变化，但颜色过于鲜明时，使用通道抠图后很可能会出现混色情况，此时需利用羽化的选区对相应区域进行色彩调整，如图 10－84 所示。

(4) 人物图像与背景的颜色差别有两种变化，需分别抠图。人物左侧的头发与背景的差别为头发深、背景浅，人物右侧的情况正好相反。在抠图过程中，应将一个图片分为两个部分进行抠图，如图 10－85 所示。

图 10－83

图 10－84

(5) 背景比较复杂，头发内部颜色变化较多，头发与背景的颜色差别变化丰富。此图抠图难度较大，在抠图前需对图像进行细致的颜色及绘图处理，如图 10－86 所示。

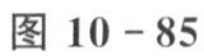
图 10－85

图 10－86

10.5.3　项目制作

1. 前期处理

打开素材文件，进行前期处理，从图片中可以看到，这张图像的上部边缘有一道蓝色的水印，右侧有白色的混合颜色需要在抠图前期进行相应处理，如图 10－87 所示。

（1）复制图像图层。通道抠图有时会针对图像进行调色处理，后期也会针对通道进行“手术”，为了保证源文件不受破坏，最终获取的图像能够保持原图像颜色关系。因此，通道抠图之前应养成备份的习惯，通道调节的最终目的是获得想要像素的选区，中间的任何操作都是为这个目的服务的，因此“备份图层”与“备份通道”是通道抠图的“双保险”。

图 10－87

（2）裁剪上部水印。上部的水印仅有 1～2 像素宽，如果应用图章等工具进行处理不但影响效率，还会事倍功半，1～2 像素不会影响图像的整体效果，因此，选择裁剪的方法直接将上部蓝色水印裁除。选择“裁剪工具”选项放大图像至上部边缘，将裁剪框向下拖动 2 像素，排除蓝色水印后，按“回车”键确认。

（3）处理右侧白色背景。右侧的白色背景与整体不协调，容易影响后期通道调色，因此需简单进行处理，此处没有人物部分干扰，利用仿制图章进行处理比较便利，最终处理效果如图 10－88 所示。

2. 将图像分为两部分

此图像左侧与右侧分别处于两种不同的情况，因此需要将一幅图分成两幅分别进行抠图，最后在合并为一，得到想要的完整抠图形象。

（1）利用选框工具，在图像左侧规划出一定区域，作为左右侧的分界点，根据本图特点，此

图 10 - 88

分界点最好落在人物头发出血部位，这样后期处理起来就比较自然。

(2) 分界点确定好后，在图层 1 上按 Ctrl＋Shift＋J 键将之前选中的区域"剪切至新图层"，这时，须将两个图层的位置进行锁定，以免出现位移的风险，如图 10 - 89 所示。

图 10 - 89

3. 使用通道抠图

隐藏图层 1 和背景图层，先来处理图层 2 的抠图，利用"通道"调板，选择一个主体特别是头发部位与背景颜色差别较大的通道，复制此通道，在这里选择的是蓝色通道，如图 10 - 90

所示。

4. 调整色阶

（1）针对复制后的通道，按 Ctrl＋L 键进行色阶处理，先将整体的色阶进行适度对比。

（2）利用色阶加大通道黑白对比度的方法是，将两个颜色滑块适度接近，具体接近多少，在什么位置接近，需要在调色的过程中实时调整，在这个过程中不要力求一步到位，应实施逐步推进方针，让画面自然过度，切勿“过犹不及”。

（3）由于通道调节的目的是想让背景尽可能变白，人物尽可能变黑，同时保证发丝自然呈现，因此在调节过程中要循序渐进，此时不应受到右侧白色部分的影响，只要头发位置能够与背景形成对比，右侧的部分之后都可以统一处理，如图 10－91 所示。

（4）色阶处理过后，感觉左侧的背景还是不够白，但是左下部有一段身体与背景结合的部位，此处的背景比较难以处理，因此，选择把右侧的白色大区域先进行填黑处理。

此处可直接利用画笔填黑，在填色的过程中，应实时调节笔刷大小及画笔边缘的硬度，特别是临近头发边缘的区域，应细致处理，如图 10－92 所示。

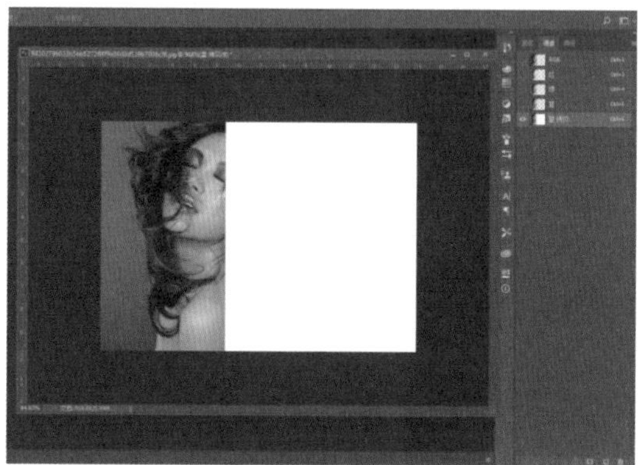

图 10－90

图 10－91

（5）画笔处理过后，想要的部分与不想要的部分就有了一个初步的对比结果，但此时，左侧背景的部分还是不够理想，需进一步减淡处理，由于黑色区域已经确定，因此，在保证发丝尽量细致的同时，再进行一步色阶对比的处理，使背景进一步提亮，如图 10－93 所示。

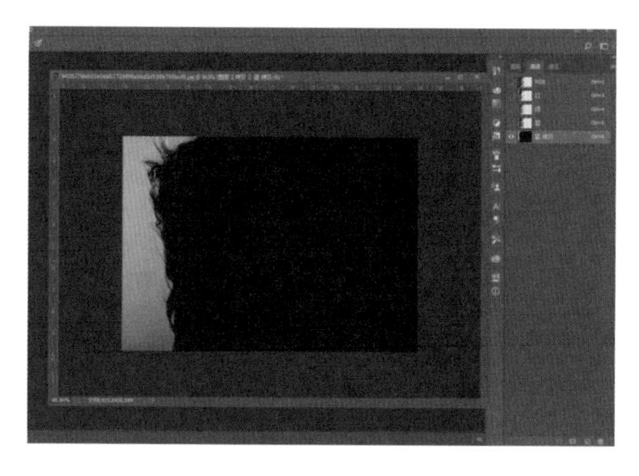

图 10－92

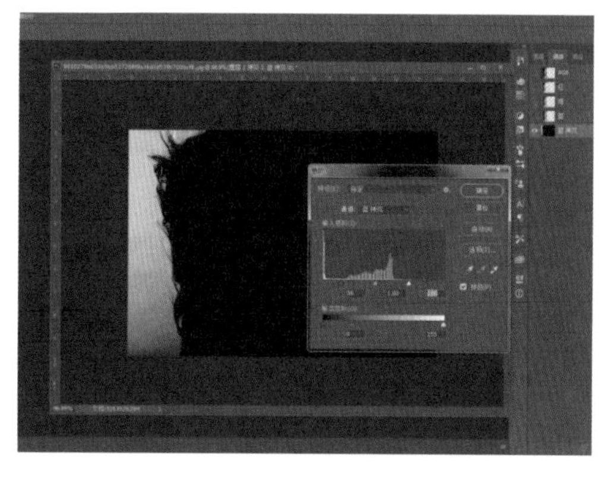

图 10－93

(6) 左侧背景细节性调亮，先运用画笔工具把远离头发的区域填白，注意不要接触到头发区域，画笔的软边也应设置得当，如图 10－94 所示。

(7) 画笔处理好后，只剩下与头发接触的区域还不完美，此时应利用加深减淡工具进行细节处理。

加深减淡工具在通道抠图过程中具有举足轻重的作用，因为它可以完成相同区域不同色调的加深减淡处理，这就为处理交接区的细节提供了便利。

分析此图，需要把亮部的灰调提亮，同时不影响头发的黑色，因此需要选择减淡工具，把属性范围调整为中间调(只针对中间调进行减淡)。

需要注意的是，即使加深减淡工具可以保护不想编辑的像素，但这种保护是有限的，非中间调的像素或多或少还是会受到影响，因此，在减淡的过程中，仍需谨慎小心，尽量“少吃多餐”，切勿急于求成，如图 10－95 所示。

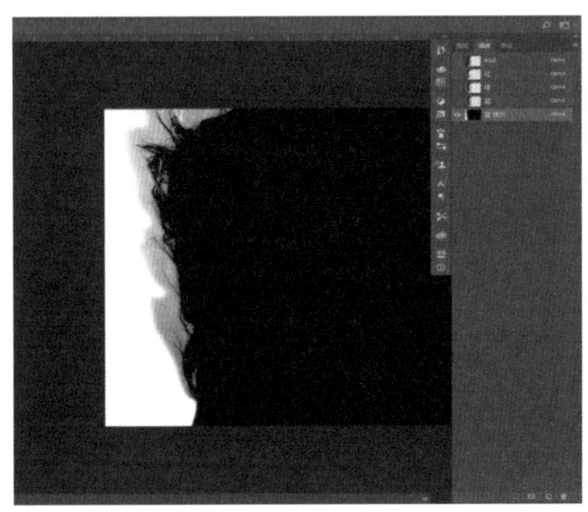

图 10－94

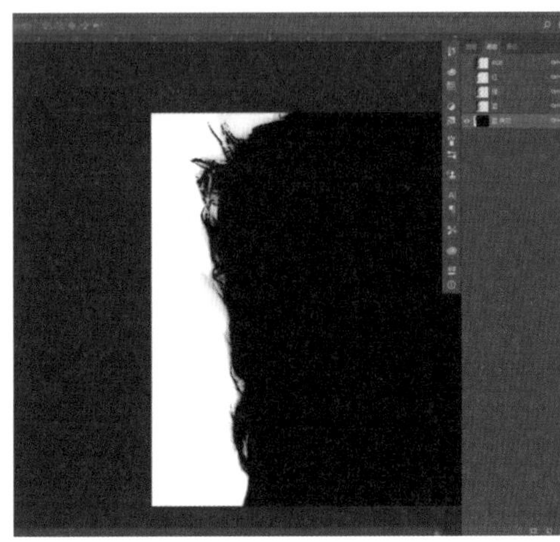

图 10－95

到此为止，已经完成了通道颜色调节的目的(想要与不想要的区域黑白对比强烈，同时毛发部分自然过渡)。

5. 图像羽化

(1) 按住 Ctrl 键单击通道图标可获得白色部分的选区，同时头发周围的选区完成自然的羽化效果。

(2) 获得选区后，此通道的任务就结束了。回到原图层，直接按 Delete 键删除选区内的像素，完成左侧部分的抠图，如图 10－96 所示。

(3) 取消选区后，隐藏图层 2，点亮图层 1，开始右侧部分的抠图，与上述方法相同，选择通道调板，选择一个头发区域与背景黑白对比强烈的通道，进行复制，这里选择红色通道。

通道的选择不应过于拘谨，它只是起到相应的辅助作用，并不起决定性作用，即使通道选择得不完美，也可以通过后期的处理加以完善。

(4) 左右两侧与人物相隔较远，有很大区域可以自由发挥，可以进行先期处理，因此，选择画笔工具将左右两侧先进行黑白处理，这里注意中间的区域要适度留出画笔的软边过渡，特别是右下侧头发的区域，这是本图像抠图的难点，如图 10－97 所示。

图 10－96

（5）画笔大体处理过后，需要整体处理，按 Ctrl＋L 键，调整色阶，如图 10－98 所示。

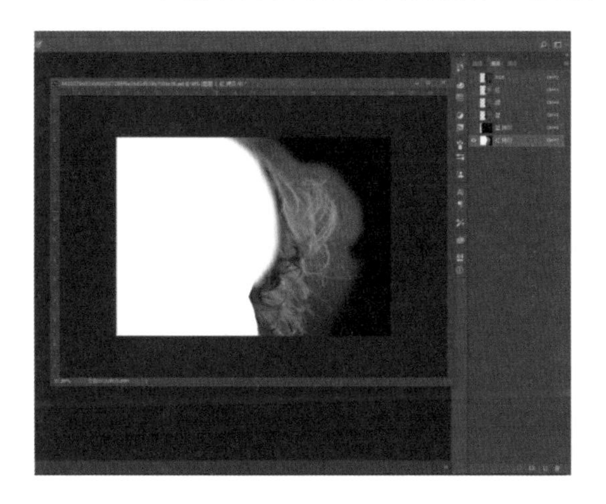

图 10－97

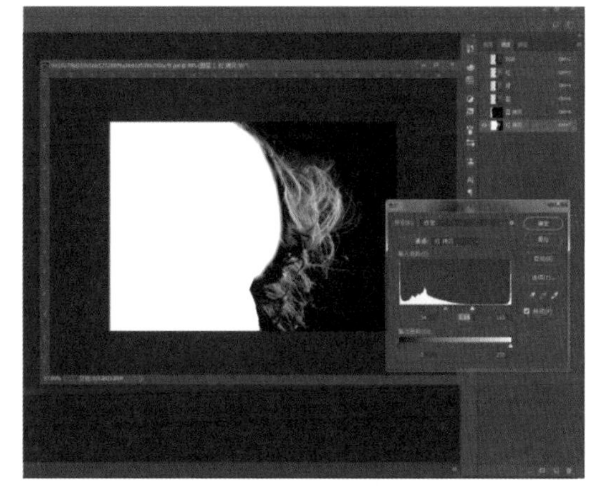

图 10－98

（6）针对右下头发难点进行细致处理，右下头发外围是亮色，头发是黑色，不远处又有背景的黑色，需要把发丝和头发衔接好，统一提亮。先应用减淡工具处理细节，中途配合画笔工具进行细致刻画，此阶段可能需要花费一定的时间和精力。

通道抠图即使再细致也无法达到 100％的完美，因此，在进行细致刻画的同时，还应注重效率。大多数通道抠图都需要进行必要的后期处理。抠图是一个综合处理的过程，单一的方法只是这个过程中的一个部分，如图 10－99 所示。

（7）在进行细致处理后，需要对发丝周边及中间的灰色背景区域进行降调处理，仍需加深减淡工具的参与。最终效果如图 10－100 所示。

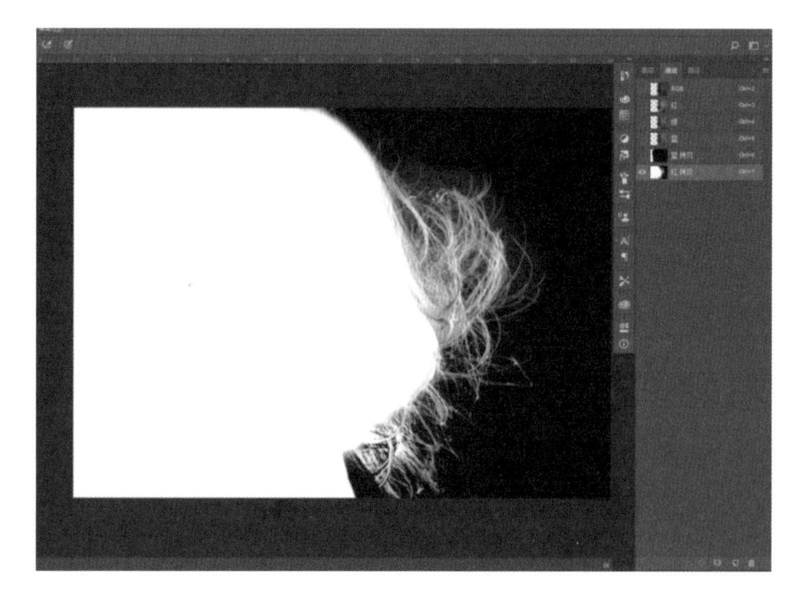

图 10－99

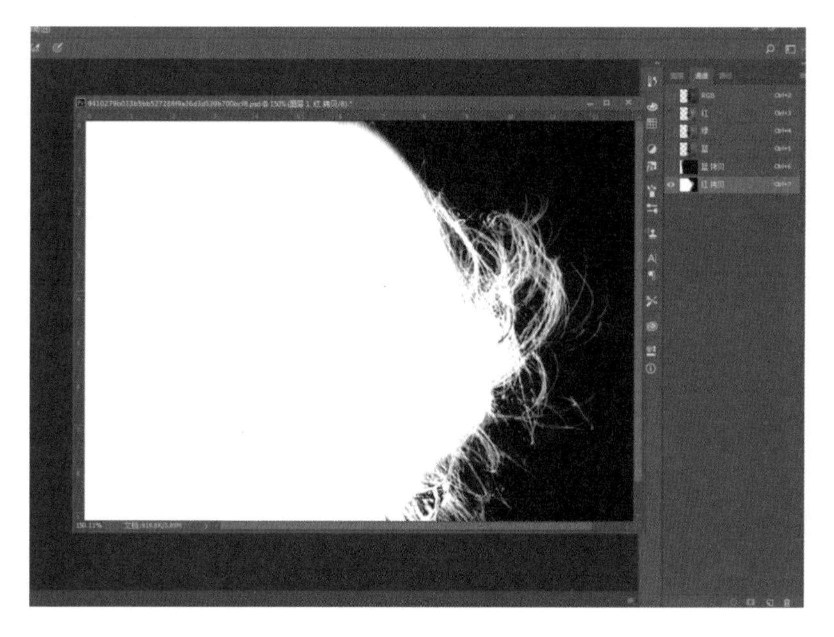

图 10－100

此时，右侧部分的处理已经完成，按住 Ctrl 键单击通道图标获得选区，回到原图层。与左侧部分刚好相反，这时获得的是人物的选区，因此需要按 Ctrl＋Shift＋I 键反选，在图层中删除选区内的像素，如图 10－101 所示。

6. 合并图层

左右两部分均已抠图完毕，将左侧图层点亮，将图层 1 与图层 2 合并，完成抠图，如图 10－102 所示。

图 10－101

图 10－102

10.5.4　项目总结

利用通道抠图是 Photoshop CS6 软件的核心技能，其中包含了通道的编辑、画笔工具、绘图工具、色彩调整、图层编辑等多项综合技能。针对不同图像的抠图过程也是综合了多种技法的实践过程，应做到随机应变。同时，还应意识到通道抠图只是为了获取像素的多种方法之一，具体抠图过程中还应视具体情况采取多种抠图方法综合应用。

参考文献

[1] 美国 Adobe 公司. Adobe Photoshop CS6 中文版经典教程[M]. 北京:人民邮电出版社,2014.
[2] 李金明,李金荣. 中文版 Photoshop CS6 完全自学教程[M]. 北京:人民邮电出版社,2012.
[3] 雷波. 中文版 Photoshop CS6 标准教程[M]. 北京:中国电力出版社,2014.
[4] 王宇,任远,吴华堂. 中文版 Photoshop CS6 案例教程[M]. 北京:中国青年出版社,2018.
[5] 唐旭军,史景宵,史原. Photoshop CS6 技术精粹与平面广告设计[M]. 北京:中国青年出版社,2015.
[6] 赵侠. Photoshop CS6 从入门到精通[M]. 北京:中国青年出版社,2014.